21世纪信息通信系列教材

计算机导论与程序设计基础

（第 2 版）

张雷　周春燕　艾波　等编著

北京邮电大学出版社
·北京·

内 容 简 介

全书共分4篇。第1篇主要介绍计算机、计算机系统、程序设计语言的初步知识，以及子程序和递归程序设计初步，使学生能够尽快了解计算机以及程序设计。第2篇主要介绍计算机中数的表示与编码、计算机算术和逻辑运算原理、计算机工作原理和可编程结构模型、图灵机和计算模型以及形式语言的初步知识，旨在培养学生的抽象和建模能力。第3篇主要介绍数据和信息的抽象模型——数据结构，包括数据结构的数学基础、数据结构的逻辑表示、存储结构和对数据的操作，并对递归程序设计进行了深入一步的探讨。第4篇再次探讨计算的本质，提出了学科的主要问题，进而提出学科方法论以及学科知识体系。

本书可作为计算机科学与技术专业计算机导论与程序设计类课程教材，也可供其他专业的学生自学和参考。

图书在版编目(CIP)数据

计算机导论与程序设计基础/张雷,周春燕,艾波等编著. 2版. —北京:北京邮电大学出版社,2006 (2024.8重印)

ISBN 978-7-5635-1325-3

Ⅰ.计... Ⅱ.①张...②周...③艾... Ⅲ.①电子计算机－理论②程序设计 Ⅳ.TP3

中国版本图书馆 CIP 数据核字(2006)第 104067 号

书　　　名：	计算机导论与程序设计基础(第2版)
编　　著：	张　雷　周春燕　艾　波
责任编辑：	张珊珊
出版发行：	北京邮电大学出版社
社　　　址：	北京市海淀区西土城路10号(100876)
发 行 部：	电话:010-62282185　传真:010-62283578
E-mail：	publish@bupt.edu.cn
经　　销：	各地新华书店
印　　刷：	河北虎彩印刷有限公司
开　　本：	787 mm×960 mm　1/16
印　　张：	19.75
字　　数：	420 千字
版　　次：	2002年9月第1版　2006年9月第2版　2024年8月第9次印刷

ISBN 978-7-5635-1325-3　　　　　　　　　　　　　　　　　　定价:39.00元

· 如有印装质量问题,请与北京邮电大学出版社发行部联系 ·

前言及再版说明

1. 本书的对象及目的

本书主要面向计算机科学与技术专业一年级的本科新生,通过阅读本书,要使学生达到以下几方面的要求:

(1) 具备基本的程序设计能力,特别是能够掌握自顶向下、逐步求精的程序设计方法;

(2) 初步了解计算机的组成及原理、程序设计语言的编译和执行的机制;

(3) 能够初步认识作为科学的计算学科,认识到数学在计算机专业中的作用;

(4) 对计算机学科的知识体系有初步的了解;

(5) 初步掌握学科的方法论,能够为今后计算机专业基础课和专业课的学习打下良好的基础。

2. 本书的编写背景及特色

本书的编写借鉴了教育部最新推荐的美国CC2001教学大纲的思想,继承了由北京邮电大学艾波教授在1989年编写的《计算机科学导论》的思路。艾波教授的教材在当时的计算机工科专业教材中无疑是一种全新的概念,在大家普遍认为"计算机系统概论"就是"计算机导论"的时候,艾波教授就已经提出了应该将计算机科学的数学基础作为计算机导论的主要内容。

在实际的"计算机导论与程序设计"课程的教学实践中,我们发现国内很少有将《计算机导论》与《程序设计》结合在一起的教材。往往是要选择两本或两本以上的教材及教学参考书来完成一门课的教学,而这些教材都具有不同的教学思想和体系,要么偏重于理论,要么偏重于实践,很难进行结合与统一。教师在教学过程中需要把握不同教材的风格,容易造成顾此失彼;同时学生在学习过程中也容易造成混乱。所以很多学校采取了将这两门课分开进行教学的方式。

但是就我们所了解的情况看,目前国内大多数高校还是按照"计算机导论与程序设计"一门课程来安排教学计划的。那么如何解决上面提出的问题?通过十几年来教学实践的总结,我们认为应该编写一本能够将计算机理论与程序设计实际有机结合的教材,因此二者的结合是我们这本教材的主要特色。那么如何结合呢?

本书强调了"抽象、设计和理论"3个形态的学科方法论。本书首先通过程序设计语言和程序设计方法的讲述,引出算法和算法设计的概念和方法,并通过大量的实例讲解加深读者对算法和算法设计的理解;进而提出了图灵机和有限状态自动机等抽象的计算模型,论述了如何应用抽象的计算模型指导算法设计的方法,结合实际的设计实例,将设计和抽象形态进行有机的结合。比如"交通观测统计程序"就是先抽象出自动机模型,然后设计算法进行实现。其次是将"递归程序设计"贯穿于程序设计的始终。递归函数作为一种计算模型,是计算机专业的学生应该熟练掌握的基本思想和方法,而我们传统的教材中往往只是简单地将递归程序设计部分作为单独的一个章节进行讲述,使学生只是在这一章中进行递归程序设计的训练,造成了递归程序设计能力的欠缺。另外,在算法设计方法方面,本书通过丰富的实例,详细讲解了"自顶向下、逐步求精"的结构化程序设计方法。

本书的最后对整个学科的知识体系、学科的基本问题等进行了总结,使学生在本课程的学习之后能够初步了解学科体系,为后续课程的学习奠定基础。

3. 本书的编写思路

全书共分4篇,其中第1篇主要是通过介绍计算机、计算机系统、计算机语言和程序设计语言的初步知识,使学生能够尽快了解和接触计算机,在实际教学过程中就可安排学生进行上机实验。接着讲述了算法的概念和算法的设计方法,教师在这个时期内要注意培养学生算法的描述方法(本书采用结构化的N-S流程图)和自顶向下、逐步求精的设计方法。本书并没有具体的程序设计语言的讲述,所以教师在采用本书教学的时候,应结合一本具体的程序设计语言书穿插进行教学。需要强调的是,要培养学生先进行算法设计,再进行程序编码的程序设计方法。本篇的最后讲述了子程序和递归程序的设计,在实际教学中可结合程序设计语言中的函数和递归函数进行实际操作。

本书第 2 篇的目的是培养学生的抽象和建模能力,强调模型和理论在计算机学科中的作用。这部分教学中需注意理论与实际的结合,注意纠正学生对计算机科学与技术专业的错误认识。本篇的序言部分主要讲述了抽象和模型的基本概念,通过哥尼斯堡七桥问题使学生初步理解抽象的意义和作用。第 7 章介绍信息量的概念和香农定理,使学生了解计算机中数的表示,即为什么计算机中要采用二进制的编码。第 8 章通过数理逻辑的知识介绍,使学生认识到计算机中的算术运算和逻辑运算是统一的。第 9 章通过解释程序在计算机中的执行过程,使学生能够初步了解计算机的工作原理,进而抽象出"可编程结构"的计算机模型。第 10 章结合学生对程序语言和自然语言的了解,抽象出了形式语言的概念和方法,进而明确形式语言对计算机程序语言的翻译(编译)所起的作用。本篇最后着重介绍了图灵机和计算模型,使学生初步了解对算法的抽象。

本书的第 3 篇主要是介绍数据和信息的抽象模型——数据结构,包括数据结构的数学基础和数据结构的逻辑表示、存储结构及对数据的操作。在这里我们重新分析了简单数据类型并详细讲述了构造类型的数据类型,其目的是使学生能够理解数据结构的概念,特别是数据结构与数据类型的关系。以线性表为例来阐述数据结构作为数据抽象的模型的概念和操作,为数据的封装和抽象数据类型的概念引出奠定了基础。本篇的另一个重点是结合前面讲述的算法模型,提出了程序设计的方法,即"算法+数据结构=程序"。这部分教学中应注意强调从实际到抽象的过程,同时要注意基于抽象的数据模型和算法指导程序的设计。本篇的最后再深入地探讨了递归程序设计,特别是基于"数据结构+回溯算法"实现的骑士巡游的递归算法。

本书的第 4 篇主要是阐述了学科知识体系。通过反复强调的循环式方法,再次探讨计算的本质,提出了学科的主要问题,进而提出学科方法论以及学科知识体系。

本书是按照教育部的课程指导思想,并结合本校近十几年来的教学实践总结出来的。但由于各学校的教学大纲和教学思想不同,学时安排也不尽相同,建议教师在使用本教材的过程中能够结合自己学校实际,有选择性地讲授本教材的相关章节。

下面给出一些本教材的使用建议。首先可以讲授本书第1、2、3、4章,然后进入到程序设计语言教材。在讲函数时,可以结合本书第5章来讲。然后继续本书第6章,让学生能较早接触递归,让递归程序设计能力的培养尽可能地贯穿在整个教学过程中。到这里为止,学生已经具备了简单程序的设计能力,此时可以进入本书第2篇,让学生从实际回到理论,培养学生的抽象和建模能力。接着,可以结合本书第3篇详细讲解数组。然后进入本书第16章,进一步讲解递归程序设计。接着结合本书第3篇详细讲解指针、结构、链表、文件等内容。最后介绍本书第4篇。

本书的编写过程中得到了艾波教授的亲自指导,他对本书的编写思路及具体内容提出了富有建设性的意见,在此表示感谢。同时本书的编写工作也得到了周春燕、张艳梅、郑岩老师的支持,他们分别完成了本书各章节的编写工作。其中,本书的第1、2、3、4、6、7、16章由周春燕老师执笔;本书的第8、9章由张艳梅老师执笔;第11章由郑岩老师执笔。全书其余部分的编写、全书的编写思路确定和统稿由张雷完成。

由于作者学术水平有限,书中难免存在错误和不足,敬请读者批评指正,本人在此表示由衷的感谢。

作　者

2006 年于北京

目 录

第1篇 计算机概述与程序设计初步

引言 ··· 3
第1章 计算机系统概述 ·· 5
   1.1 计算与计算工具 ·· 5
   1.2 计算机发展简史 ·· 8
   1.3 计算机应用 ·· 13
   1.4 计算机的基本原理与组成 ·· 16
   1.5 计算机系统 ·· 22
   习题 ·· 27
第2章 程序设计语言概述 ·· 29
   2.1 语言的演化 ·· 29
   2.2 构建和运行程序 ·· 32
   2.3 语言的分类 ·· 34
   习题 ·· 41
第3章 程序设计语言初步 ·· 42
   3.1 标识符 ·· 43
   3.2 数据类型 ··· 43
   3.3 变量 ··· 44
   3.4 常量 ··· 46
   3.5 输入和输出（I/O） ··· 47
   3.6 表达式 ·· 48
   3.7 语句 ··· 50
   3.8 函数 ··· 54
   3.9 C语言程序实例 ·· 56
   习题 ·· 58

第 4 章 算法设计方法 ······ 60
4.1 算法的概念 ······ 60
4.1.1 程序设计的目的 ······ 60
4.1.2 算法的概念 ······ 60
4.1.3 计算机算法及其特性 ······ 61
4.2 算法的 3 种基本结构 ······ 65
4.3 算法的描述方法 ······ 67
4.3.1 用自然语言描述算法 ······ 68
4.3.2 用流程图描述算法 ······ 68
4.3.3 用 N-S 流程图描述算法 ······ 71
4.3.4 伪代码描述算法 ······ 75
4.3.5 用计算机语言描述算法 ······ 77
4.4 结构化程序设计方法 ······ 78
4.5 算法设计实例研究 ······ 83
习题 ······ 90

第 5 章 子程序设计 ······ 91
5.1 子程序概述 ······ 91
5.1.1 引入子程序的目的 ······ 91
5.1.2 子程序的控制和调用机制 ······ 92
5.2 子程序的定义与执行 ······ 93
5.3 子程序的参数机制 ······ 94
5.4 子程序设计实例 ······ 95
习题 ······ 96

第 6 章 递归算法设计(一) ······ 98
6.1 递归的概念 ······ 98
6.2 递归过程 ······ 100
6.3 递归算法的设计要点 ······ 105
习题 ······ 105

第 2 篇 抽象与模型,从实际到理论

引 言 ······ 109

第 7 章 计算机中数的表示与编码理论 ······ 112
7.1 信息论初步 ······ 112
7.2 计算机中的数制 ······ 115

7.3 计算机中数据的表示法 …………………………………………………… 118
7.4 计算机中的其他编码 ……………………………………………………… 123
习题 ……………………………………………………………………………… 124

第8章 计算机运算基础(数理逻辑初步) …………………………………… 125
8.1 命题逻辑 …………………………………………………………………… 126
8.2 谓词逻辑 …………………………………………………………………… 136
8.3 计算机中的加法运算 ……………………………………………………… 138
8.4 计算机中的逻辑运算 ……………………………………………………… 141
习题 ……………………………………………………………………………… 143

第9章 计算机工作原理与可编程结构模型 …………………………………… 145
9.1 计算机程序的执行 ………………………………………………………… 145
9.2 可编程结构模型定义 ……………………………………………………… 147
9.3 可编程结构工作原理 ……………………………………………………… 149
9.4 可编程结构的连接和组合 ………………………………………………… 150
9.5 再谈计算机系统 …………………………………………………………… 151

第10章 图灵机与计算模型 …………………………………………………… 154
10.1 图灵机模型概述 …………………………………………………………… 154
10.2 关于计算 …………………………………………………………………… 160
10.3 有限状态自动机基本概念和理论 ………………………………………… 162
10.4 实例研究(一) ……………………………………………………………… 165
10.5 实例研究(二) ……………………………………………………………… 169
10.6 有限状态自动机的应用 …………………………………………………… 175
习题 ……………………………………………………………………………… 182

第11章 形式语言 ……………………………………………………………… 183
本章序言 ………………………………………………………………………… 183
11.1 形式语言的定义 …………………………………………………………… 184
11.2 文法 ………………………………………………………………………… 186
11.3 推导与句型、句子 ………………………………………………………… 190
11.4 实例 ………………………………………………………………………… 191
习题 ……………………………………………………………………………… 192

第3篇 算法＋数据结构＝程序

引言 ……………………………………………………………………………… 195
第12章 数据结构的理论基础 …………………………………………………… 197

12.1 集合 197
　　　　12.1.1 集合的定义 197
　　　　12.1.2 集合之间的关系 198
　　　　12.1.3 集合的运算 199
　　12.2 关系 202
　　　　12.2.1 序偶 202
　　　　12.2.2 笛卡儿积 202
　　　　12.2.3 二元关系 203
　　　　12.2.4 二元关系 R 上的关系集 204
　　　　12.2.5 二元关系的性质 204
　　12.3 函数 206
　　　　12.3.1 函数的定义 206
　　　　12.3.2 函数的性质 207
　　　　12.3.3 逆函数和复合函数 207
　　习题 208
第13章 简单数据类型 209
　　13.1 整型 209
　　13.2 字符类型 211
　　13.3 枚举类型 213
　　13.4 实数类型 214
第14章 构造型数据类型 216
　　14.1 数组类型 216
　　14.2 记录类型 224
　　14.3 指针 226
　　14.4 文件 234
　　习题 242
第15章 线性数据结构 244
　　15.1 线性表的逻辑结构 245
　　15.2 线性表的存储结构 245
　　15.3 线性表的操作 248
　　15.4 线性表的基本操作实现 249
　　15.5 算法设计实例 253
第16章 递归算法设计(二) 257
　　16.1 汉诺塔问题 257
　　16.2 回溯算法设计 261

习题 ………………………………………………………………………………… 266

第4篇　计算学科导论与学科知识体系

引　言 ………………………………………………………………………………… 269
第 17 章　计算学科的科学问题 ……………………………………………………… 270
    17.1　计算学科的定义及根本问题 ………………………………………………… 270
    17.2　计算学科中的典型问题及其相关内容 ……………………………………… 274
第 18 章　计算学科中的 3 个学科形态 ……………………………………………… 281
第 19 章　计算学科中的 14 个主领域 ………………………………………………… 285
附录 A　模拟电梯系统程序设计 ……………………………………………………… 293
    A.1　任务说明书 ……………………………………………………………………… 293
    A.2　程序设计步骤 …………………………………………………………………… 297
    A.3　需要提交的文档 ………………………………………………………………… 298
    A.4　系统接口和程序总体结构 ……………………………………………………… 299
参考文献 ……………………………………………………………………………… 301

第①篇 计算机概述与程序设计初步

引 言

计算机世界是神秘莫测的,很多同学了解计算机是通过对计算机文化这门课程的学习,比如可以使用微软的 Office 软件写一个报告(Word)、做一个表格(Excel)等,这也是当前信息社会的基本要求,但对于计算机专业的学生来说仅有这些技能是不够的。

对于计算机专业的初学者来讲,了解计算机这个神秘世界的"敲门砖"莫过于编写程序了。我们很多同学以前或多或少地都编写过一些程序,但是你想过没有,这些程序是如何在计算机中运行的?程序是如何编写出来的?为什么都说程序设计而不是程序编写?怎样设计程序?上述这些问题都是我们这一篇要重点解决的问题。

本篇的重点是了解冯·诺依曼体系计算机的工作原理,了解计算机指令是如何执行的(第1章);以及通过学习程序语言的发展演变(第2章),了解程序语言到计算机指令的转换过程(编译过程)。通过上述两章的讨论,使同学们了解和掌握程序和存储程序的概念,以及程序在计算机中的执行过程。

本篇第 3 章针对结构化的程序设计语言展开论述,抽象了程序设计语言中的一些基本要素和共性的东西,并结合 C 程序设计语言的学习,使同学们初步掌握学习计算机的入门工具(程序语言)。通过编写简单的程序(输入/计算/输出),并上机调试,加深对冯·诺依曼结构的理解,增加对程序设计语言的掌握,为程序设计奠定基础。

第 4 章引入程序设计的基本方法,即自顶向下、逐步求精的方法。需要强调的是程序设计方法贯穿了这门课程的始终,这是分析解决问题的基本方法,也是计算机专业学生的必备方法,所以掌握良好规范的程序设计方法,是这门课程的基本要求。所谓程序设计就是"算法设计+编码实现",强调的是算法设计以及算法到程序语言编码的映射过程。

在第 5 章中,我们对子程序进行了介绍,并结合具体实例使同学们了解使用子程序的好处、子程序的定义包含哪些内容、设计子程序时要注意哪些问题、子程序是如何被调用执行的以及子程序的参数机制。

在第 6 章中,我们对程序设计的有利工具——递归程序设计——进行了初步介绍,包括递归的概念、递归程序执行的过程、递归算法的设计要点。使同学们能较早接触到递归，有较长时间对递归思想进行体会，为在第 3 篇第 16 章深入学习递归算法设计打下基础。

第 1 章 计算机系统概述

1.1 计算与计算工具

计算机科学的发展与计算科学以及计算工具的技术发展密切相关。因此,在介绍计算机科学的发展史之前,我们首先来回顾一下计算与计算工具的发展。

1. 计算

"计算"是一个无人不知、无人不晓的数学概念。无论是人们的日常生活,还是平常的生产实践和科学研究都离不开计算。同时,"计算"也是一个历史悠久的数学概念,它几乎是伴随着人类文明的起源和发展而发展的。计算首先指的就是数的加减乘除;其次则为函数的微分、积分方程的求解等等;另外还包括定理的证明推导。抽象地说,所谓计算就是从一个符号串 f 变换成另一个符号串 g。比如说从符号串 12+3 变换成 15,这就是一个加法计算。如果符号串 f 是 $x \cdot x$,而符号串 g 是 $2x$,从 f 到 g 的计算就是微分。定理证明也如此,令 f 表示一组公理和推导规则,令 g 表示一个定理,那么从 f 到 g 的一系列变换就是定理 g 的证明。从这个角度看,文字翻译也是计算,如 f 代表一个英文句子(由英文字母及标点符号组成的符号串),而 g 为含义相同的中文句子,那么从 f 到 g 就是把英文翻译成中文。那么更广义地讲,计算就是对信息的变换。按照这种观点,你会发现,其实自然界充满了计算。

计算规则(例如加、减、乘、除四则运算、函数的微分和积分)都是机械的、公式化的,具有放之四海而皆准的特点,并可以借助计算工具来实现。

2. 计算工具

计算工具是根据计算规则进行计算的辅助工具。

计算工具的源头可以上溯至两千多年前的春秋战国时代,古代中国人发明的算筹是世界上最早的计算工具。计算的时候摆成纵式和横式两种数字,按照纵横相间的原则表示任何自然数,从而进行加、减、乘、除、开方以及其他的代数计算。负数出现后,算筹分红黑两种,红筹表示正数,黑筹表示负数。这种运算工具和运算方法,在当时世界上是独一无二的。据《汉书·律历志》记载:算筹是圆形竹棍,它长 23.86 cm,横截面直径是 0.23 cm(如图 1.1 所示)。到公元六七世纪的隋朝,算筹长度缩短,圆棍改成方的或扁的。根据文献记载,算筹除竹筹外,还有木筹、铁筹、玉筹和牙筹。算筹为人类文明作出过巨大贡献,我国古代著名的数学家祖冲之,就是借助算筹计算出圆周率的值介于 3.141 592 6 和 3.141 592 7 之间的。

在大约六七百年前,中国人发明了更为方便的算盘(如图 1.2 所示),珠算方法在我国商业活动中被广泛采用,因为它技术先进,轻便灵巧,所以一直沿用至今。许多人认为算盘是最早的数字计算机,而珠算口诀,比如我们熟悉的常用语"三下五除二"、"七上八下"等,就是起源于珠算口诀,这是最早的体系化算法。

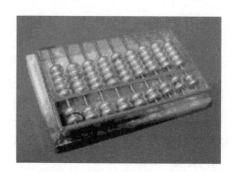

图 1.1 算筹　　　　　　　　　　　图 1.2 算盘

1614 年,英国人奈普尔发明了对数。根据对数原理发明的计算尺可以通过简单的推拉进行复杂的乘、除法运算,成为工程人员常备的计算工具。

随着工业的发展,需要进行大量大规模的复杂性计算,传统的计算工具无法将研究人员从繁重、机械的计算工作中解脱出来。

1642 年,法国数学家布莱斯·帕斯卡设计制造了用于数值计算的机械计算器,可以进行加减法运算(如图 1.3 所示)。它用一个个齿轮表示数字,利用齿轮啮合装置,低位的齿轮转 10 圈,高位的齿轮转一圈来实现进位。这是手摇式计算器的雏形。

图 1.3 帕斯卡和他设计的计算器

德国数学家莱布尼兹(数理逻辑的创始人)后来对它加以改进,于 1673 年研制出能够进行加减乘除四则运算及开平方功能的通用计算器。后来,随着机电技术的发展,电子器件逐渐代替了齿轮装置,形成了现在所说的电子计算器。计算器的出现,大大简化了计算工具的使用技巧,使用者不用花时间学习珠算规则和训练打算盘的指法,也不用了解对数原理。但计算器仍然和计算机有着很大的差别,它的每步计算都必须由人工操作才能完成。

1834 年,英国人查尔斯·巴贝奇设计出了分析机(如图 1.4 所示),他因此被认为是现代计算机的创始人。分析机包括齿轮式"存储仓库"(Store)和"运算室"(即"作坊"(Mill)),而且还有他未给出名称的"控制器"装置,以及在"存储仓库"和"作坊"之间运输数据的输入/输出部件。这种天才的思想,划时代地提出了类似于现代电脑五大部件的逻辑结构,也为后世通用处理器的诞生奠定了坚实的基础。可惜的是,由于当时的金属加工业无法制造分析机所需的精密零件和齿轮联动装置,这个分析机最终未能完成。倒是各种各样的手摇计算器和后来的机电计算器在社会生活中发挥了作用,直到它们让位于电子计算机。

图 1.4 巴贝奇和他的分析机

1944 年 8 月 7 日,由 IBM 出资、美国人霍德华·艾肯(H. Aiken)负责研制的马克 1 号计算机在哈佛大学正式运行(如图 1.5 所示)。它采用继电器来代替齿轮等机械零件,装备了 15 万个元件和长达 800 km 的电线,每分钟能够进行 200 次以上的运算。女数学家格雷斯·霍波(G. Hopper)为它编制了计算程序,并声明该计算机可以进行微分方程的求解。马克 1 号计算机的问世不但实现了巴贝奇的夙愿,而且也代表着自帕斯卡计算器问世以来机械计算器和电动计算器的最高水平。

图 1.5 马克 1 号

第二次世界大战结束后,真空管得到普遍使用,从此计算机进入了电子时代。

1.2 计算机发展简史

1. 第一台电子计算机和计算机发展的代际史

1945年,第二次世界大战的炮火在欧洲和太平洋上弥漫,美国在加紧研制新型武器。美军军械局所属阿伯丁弹道研究所为了迅速准确地计算出命中率高的新弹道,聘请了两位美国的年轻工程师埃克特(J. Eckert)和莫契利(J. Mauchiy),花了两年多的时间,于1946年研制成功了世界上第一台电子管的数字积分计算机 ENIAC(Electronic Numerical Integrator and Computer),如图1.6所示。当时,研制电子计算机只是为了数值计算。ENIAC 使用了18 000个真空管,70 000个电阻,10 000个电容器,6 000个开关(继电器),体积为 30×3×1 m³,耗电 140 kW,重 30 多吨。这台计算机每秒能做 5 000 次加法或 500 次乘法或 50 次除法。然而,在今天看来,如此一个庞然大物,其运算速度远不及一个数千元就能够买到的 PC 机,这完全得益于近代半导体电子技术的飞速发展。

1965年,Intel公司的创始人之一Gordon Moore提出了著名的摩尔定律,声明半导体上的晶体管数目,大约每隔18个月就会增加一倍,而体积缩小50%。

从电子计算机的始祖 ENIAC 到今天的微型个人电脑,半导体生产厂商仅仅花了三四十年的时间,就将以往昂贵且巨大的计算机普及到了我们的家庭。

电子计算机不同于以往的机械式计算机和机电式计算机,它的运算和控制不再借助于机械运动,而是采用电子运动的方式进行。

根据组成电子计算机的电子器件,电子计算机已经历了4个发展时代。

第一代(1946~1958年):在20世纪50年代,人们主要采用真空电子管来制造计算机。这些由电子管组成的计算机被称为第一代计算机,主要用于科学计算,此时的计算机仅仅是计算机专家手中的工具(如图1.7所示)。

图1.6 ENIAC

图1.7 IBM最后一款电子管计算机 IBM 709

第一代计算机的共同特点是:逻辑器件使用电子管;用穿孔卡片机作为数据和指令的输入设备;用磁鼓或磁带作为外存储器;使用机器语言编程。虽然第一代计算机的体积大、速度慢、能耗高、使用不便且经常发生故障,但是它一开始就显示了强大的生命力。

第二代(1958~1964年):20世纪50年代末期,出现了以晶体管为主要元件的第二代计算机。其主要特点是:用晶体管代替了电子管;内存储器采用了磁心体;在体积、耗电、寿命等方面都有了很大改进;引入了变址寄存器和浮点运算硬件;利用I/O处理机提高了输出能力;在软件方面配置了子程序库和批处理管理程序,并且推出了FORTRAN、COBOL、ALGOL等高级程序设计语言及相应的编译程序。随着高级语言程序设计技术的发展和系统软件的出现,对计算机的操作和使用不再专属于少数的计算机专家了。

第三代(1964~1974年):1964年,IBM公司推出IBM 360系列计算机并垄断了60%~70%的国际市场,它的出现标志着计算机进入了第三代(如图1.8所示)。第三代计算机的特点是采用集成电路技术,在一片硅晶片上集成了数目众多的晶体管,以系列化设计方式拓展了适用范围。这时候的小型计算机,体积通常在1 m³以下,运算速度可达每秒10万次以上(如图1.9所示)。

图1.8 IBM 360标志着第三代计算机的全面登场　　图1.9 PDP-8标志小型机时代的到来

第三代计算机的共同特点是:用小规模或中规模的集成电路来代替晶体管等分立元件;用半导体存储器代替磁心存储器;使用微程序设计技术简化处理机的结构;在软件方面则广泛引入多道程序、并行处理、虚拟存储系统以及功能完备的操作系统,同时还提供了大量的面向用户的应用程序。计算机软件在这一时期逐渐系统化,形成了操作系统、编译系统、应用程序、网络软件等不同种类但相互协作的系统软件。使得计算机用户可以不受地理限制地、快捷地享受软硬件资源和信息资源。

第四代(1974年至今):随着大规模集成电路和微处理器的出现,计算机进入了第四代。最为显著的特征是使用了大规模集成电路和超大规模集成电路。大规模集成电路(Large Scale Integration,LSI)每个芯片上可以集成10 000个以上的元件。此外,使用了大容量的半导体存储器作为内存储器;在体系结构方面进一步发展了并行处理、多机系统、分布式计算机系统和计算机网络系统;在软件方面则推出了数据库系统、分布式操作系统以及软件工程标准等。

大规模集成电路技术可以在方寸大小的芯片上集成大规模的晶体管,它标志着集成电路技术进入微电子阶段。所谓微处理器,就是一片集成电路芯片,计算机的控制功能和运算功能在这片芯片上实现。它从最初的 4 位微处理器,发展到 8 位、16 位、32 位、64 位,而且仍将不断发展。由微处理器组成的微型计算机,性能已经和过去的小型机、中型机不相上下。图 1.10 为 1982 年英特尔公司(Intel)发布的 80286 处理器。时钟频率提高到 20 MHz,并增加了保护模式,可访问 16 MB 内存。支持 1 GB 以上的虚拟内存,每秒执行 270 万条指令,集成了 134 000 个晶体管。1985 年 7 月,Intel 公司推出了在计算机历史上有着举足轻重地位的 80386 处理器,这也是 Intel 公司的第一枚 32 位处理器。1989 年 4 月 10 日,Intel 公司在拉斯维加斯电脑大展上首度发布了集成有 120 万个晶体管的 486 处理器(如图 1.11 所示)。1993 年 3 月 22 日,Intel 公司正式发布奔腾(Pentium)处理器(如图 1.12 所示)。初期发布的奔腾集成了 300 多万个晶体管,工作在 60~66 MHz,每秒钟可执行 1 亿条指令(摩尔定律)。

图 1.10 80286 处理器

图 1.11 80486 处理器

在第四代计算机中最为引人注目要算微型计算机了。微型计算机的诞生是超大规模集成电路应用的直接结果。1977 年苹果计算机公司成立,并先后成功开发了"APPLE-I"(如图 1.13 所示)和"APPLE-Ⅱ"型的微型计算机系统,这使得苹果计算机公司成为微型计算机市场的主导力量之一。1980 年 IBM 公司与微软公司合作,为个人微型计算机 IBM-PC 配置了专门的操作系统,1981 年 IBM-PC 机问世。此后许多厂商陆续生产了现在称之为 IBM 兼容机的类似产品。时至今日,奔腾和迅驰系列微处理器应运而生,使得现在的微型计算机体积越来越小、性能越来越强、可靠性越来越高、价格越来越低、应用范围越来越广。除此之外,还出现了笔记本和掌上型等超微型计算机。

图 1.12　奔腾处理器

图 1.13　APPLE-I

完善的系统软件、丰富的系统开发工具和商品化的应用程序的大量涌现，以及通信技术和计算机网络的飞速发展，使得计算机进入了一个大发展阶段。

第五代计算机尚在研制之中，而且进展比较缓慢。第五代计算机的研究目标是试图打破计算机现有的体系结构，使得计算机能够具有像人那样的思维、推理和判断能力。也就是说，第五代计算机的主要特征是人工智能，它具有一些人类智能的属性，例如自然语言理解能力、模式识别能力和推理判断能力等。

专家预测，未来的计算机可能会有两个发展方向：一是神经网络技术，二是生物技术。这两种技术都有希望替代现在的半导体技术而为计算机的结构和性能带来全新的变化和飞跃。

2. 计算机历史上的几位重要人物及其贡献

在计算机发展过程中，有 3 位非常重要的人物：英国数学家乔治·布尔（如图 1.14 所示）、英国数学家阿兰·图灵和匈牙利数学家冯·诺依曼。

（1）布尔与布尔逻辑

为电子计算机奠定逻辑基础的是布尔。1854 年，布尔发表《思维规律的研究——逻辑与概率的数学理论基础》，并综合自己的另一篇文章《逻辑的数学分析》，创立了一门全新的学科——布尔代数，为百年后出现的数字计算机的开关电路设计提供了重要的数学方法和理论基础。有趣的是布尔创立布尔代数时并没想到他的成果会对自动控制有用，但实际上他已为未来的电子计算机奠定了逻辑基础。当时的学者们也都把布尔逻辑当做一种没有什么价值的数学和逻辑的游戏。发现布尔逻辑与开关电路惊人同构的是香农，时间是在 1937 年——布尔逻辑诞生后八十多年。信息论的创始人香农，1916 年生于美国，大学时代在美国密执安大学和麻省理工学院学习，修过布尔代数课，并曾在发明微分分析仪的数学家布什的指导下使用微分分析仪，这使他对继电器电路的分析产生了兴趣。他认为这些电路的设计可用符号逻辑来实现，并意识到分析继电器的有效数学工具正是布尔代数。

图 1.14　乔治·布尔

1938年,香农发表了著名的论文《继电器和开关电路的符号分析》,首次用布尔代数进行开关电路分析,并证明布尔代数的逻辑运算可以通过继电器电路来实现,明确地给出了实现加、减、乘、除等运算的电子电路的设计方法。这篇论文成为开关电路理论的开端。后来,香农到贝尔实验室工作,他进一步证明了可以采用能实现布尔代数运算的继电器或电子元件来制造计算机。香农的理论还为计算机具有逻辑功能奠定了基础,从而使电子计算机既能用于数值计算,又具有各种非数值应用功能,使得以后的计算机在几乎任何领域都得到了广泛的应用。

(2) 图灵和图灵机

图灵是个天才,1912 年生于英国伦敦,被誉为"计算机科学之父"(如图 1.15 所示)。他 16 岁就开始研究爱因斯坦的相对论。1931 年,图灵考入剑桥大学国王学院,开始他的数学生涯,研究量子力学、概率论和逻辑学。1936 年,图灵向伦敦权威的数学杂志投了一篇论文——《论可计算数在判定问题中的应用》(On Computer numbers with an Application to the Entscheidungs-problem)。在这篇开创性的论文中,图灵给"可计算性"下了一个严格的数学定义,并提出著名的"图灵机"(Turing Machine)的设想。

图 1.15 阿兰·图灵

"图灵机"不是一种具体的机器,而是一种思想模型,可制造一种十分简单但运算能力极强的计算机装置,用来计算所有能想像得到的可计算函数,如图 1.16 所示。这种假想的机器由一个控制器和一个两端无限长的工作带组成。工作带被划分为大小相同的方格,每一格上可书写一个给定字母表上的符号。控制器可以在带上左右移动,它带有一个读写头,可读出控制器所访问的格子上的符号,也能改写或抹去这一符号,最后便会得出一个你期待的结果。外行人看了会坠入云里雾里,而内行人则称它是"阐明现代电脑原理的开山之作",并冠以"理想计算机"的名称。这一理论奠定了整个现代计算机的理论基础。"图灵机"更在电脑史上与"冯·诺依曼机"齐名,被永远载入计算机的发展史中。

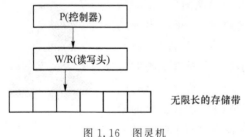

图 1.16 图灵机

图灵机理论不仅解决了纯数学基础理论问题,一个巨大的"意外"收获则是,理论上证明了研制通用数字计算机的可行性。虽然早在 100 多年前,巴贝奇就设计制造了"分析机"以说明具体的数字计算,但他的失败之处是没能证明"必然可行"。后来研制出来的通用计算机,无论是 5 年之后朱思研制的 Z-3、8 年之后艾肯研制的 Mark I,还是 10 年之后莫奇利等研制的第一台电脑 ENIAC,应该说都是图灵在头脑里早就在构思的机器。因为图灵对计算机科学的巨大贡献,人们设立了图灵奖,它是计算机学术界公认的最高成就奖。

(3) 冯·诺依曼和存储程序的计算机体系结构

另一位重要人物是 20 世纪最杰出的数学家之一冯·诺依曼(如图 1.17 所示)。他不仅是个数学天才,在其他领域也大有建树。更为难得的是,他并不仅仅局限于纯数学上的研究,而是把数学应用到其他学科中去。他具备的坚实的数理基础和广博的知识,为他后来从事计算机逻辑设计提供了坚强的后盾。

一次偶然的机会,诺依曼知道了 ENIAC 计算机的研制计划。出于实际工作中对计算的需要以及把数学应用到其他科学问题的强烈愿望,诺依曼迅速决定投身到计算机研制者的行列。ENIAC 问世后,通过对 ENIAC 的考察,冯·诺依曼敏锐地抓住了它的最大弱点——没有真正的存储器。ENIAC 只有 20 个暂存器,它的程序是外插型的,指令存储在计算机的其他电路中。这样,解题之前,必须先想好所需的全部指令,通过手工把相应的电路联通。这种准备工作要花几小时甚至几天时间,而计算本身只需几分钟。计算的高速与编写程序的手工化存在着很大的矛盾。

图 1.17 冯·诺依曼

针对这个问题,冯·诺依曼提出了存储程序的思想:要求程序和数据一样,也必须存储在计算机的主存储器中,这样计算机就能够自动重复地执行程序,而不必每个问题都重新编程,从而大大加快了运算进程。这一思想标志着自动运算的实现,标志着电子计算机的成熟。冯·诺依曼体系结构确立了现代计算机的体系结构,至今没有改变。冯·诺依曼体系结构的特点是:

① 指令和数据均采用二进制表示,从而简化机器的逻辑线路;
② 指令和数据一样存储在主存储器中;
③ 计算机由运算器、控制器、存储器、输入设备、输出设备五大部分组成。

第一台基于冯·诺依曼思想的计算机于 1950 年在美国宾西法尼亚大学诞生,名为 EDVAC。由于冯·诺依曼在计算机逻辑结构设计上的伟大贡献,他被誉为"计算机之父"。

1.3 计算机应用

随着计算机的发展,计算机的应用范围不断扩大,小到儿童玩具,大到导弹、卫星的发射,计算机的应用已经渗透到国民经济的各个部门,计算机的推广和普及已经成为技术发展水平的重要标志。计算机的应用领域主要有以下几个方面。

1. 科学计算

科学计算就是为解决科学和技术中的问题利用计算机进行的数学计算。这是我们对科学计算的基本界定。

科学计算是计算机最初的应用,也是计算机最基本和核心的应用,科学研究和工程技术中通常要将实际问题归结为某一数学模型,这些数学模型内容复杂、计算量大、要求的精度高。只有以计算机为工具来计算才能快速地取得满意的结果。在诸如气象研究、航空航天技术、材料力学、军事科学、信息安全等的许多科学领域中,都需要完成大量的、过程复杂的、精密的数值运算,而计算机高速、准确的计算能力非常适合做这项工作。例如导弹和卫星的发射,必须精确地计算其运行轨道和目标;24小时天气预报,如果用手摇计算器进行计算需要几个星期,改用高速计算机则只需要几个小时或更短的时间。总之,计算机的高速度、高精度的计算改变了科学研究和工程设计的面貌,使计算机成为广大科学工作者和工程设计人员不可缺少的重要工具。

科学研究从来就没有完全离开过计算,但是,利用计算机所进行的高级科学计算却是20世纪七八十年代以来才逐渐兴起和发展起来的。传统科学研究的基本方法是科学实验方法和科学理论方法;研究人员提出理想的模式,由它得出科学预测或猜想,并通过观测和实验进行验证。计算在当时仅处于辅助地位。如今,由于计算机科学和计算数学的迅猛发展,科学计算在显著地改变着科学研究的传统方式。当前科学计算已经形成与科学理论、科学实验三足鼎立之势。计算力学、计算物理、计算化学、计算生物学、计算地质学等众多计算性学科的纷纷兴起,无不说明计算已经成为继实验、理论之后的科学研究中不可替代的第三大研究方法。

更为重要的是,计算方法有着远远优越于传统科研方法的地方,在科学研究过程中发挥了极其独特的作用。首先,计算机实验可以进行通常实验所无法进行的实验。比如由于充分通晓了牛顿万有引力定律,并有了太阳系的准确的计算模型,就能够确定出在不存在火星的条件下地球运行的轨道将是如何地不同于其现行的轨道。其次,当问题或系统相对复杂时,就必须利用计算机。如对于一个含有千百万个恒星的星系之间的碰撞问题,就必须借助计算机。另外,在计算精度要求较高、微分方程形式较复杂、方程个数很多等情况下,也只有用计算机才能解决有关的问题。因此,计算扩展了实验科学的领域,它允许在一个完全由假设构成的环境中进行实验。另一方面计算也扩展了理论科学。计算机实验不仅只限于自然界中发生的现象和过程,还可以使研究人员能对各种假设的"自然定律"进行实验。例如尽管磁单极尚未能在物理实验中发现,计算机程序却能够描述磁场中磁单极的运动。而且还可修改这一程序,使之表达各种不同的磁单极运动定律。当该程序执行之后,这些假设的定律的结果就能被测定出来。科学计算特有的优越性还远远不止这些,如它的简单性、经济性、易操作性、易修改性等,都是传统科学方法难以比拟的。因此科学计算方法不仅是科学研究中一次重大的划时代的方法论变革,也将引发一场科学观的深刻变革,进而引发一场自然观的深刻变革。

2. 数据处理

与科学计算不同，数据处理的主要对象是大量的数据，它不涉及复杂的数值运算，而是对数据进行变换、加工、分析和综合处理。目前我国有大量的计算机应用于金融、保险、电信、交通等领域；此外，数字图书馆、科技情报检索以及飞机和火车的自动订票系统等也都属于数据处理范畴。一般来说应用于数据处理的计算机要有足够大的存储容量。

3. 自动控制

在各种实时控制系统中，计算机可以根据采集得到的数据实时地对生产过程进行自动化控制。利用这一原理制成的程控机床不仅可以减轻工人的劳动强度，还可以大大提高生产效率和加工精度，从而提高产品质量。现代化养殖场中对室内温度的自动化调节、化工产品中的自动配料、炼钢炼铁过程中的炉温控制等都采用自动控制系统；通信系统中的程控交换机更为典型，它随时响应用户的呼叫请求并进行处理，完成自动接续等一系列控制功能。

4. 数据管理

在商业、工业、政府等领域都会保存大规模的数据资料，这些数据必须有一套行之有效的管理手段进行管理，以便在需要的时候能从中获取有价值的信息。在这一应用领域，计算机技术发展了一套复杂完备的数据库管理系统，如今已经相当成熟，如 Oracle、Sybase、DB2 等。

5. 人工智能

人工智能，简称 AI，它是让计算机模拟人的某些智能行为。近 20 余年来，围绕 AI 的应用主要表现在以下几个方面。

（1）机器人，可分为工业机器人和智能机器人。工业机器人由事先编好的程序控制，通常用于完成重复性的规定操作。智能机器人具有感知和识别能力，能说话和回答问题。

（2）专家系统，它是用于模拟专家智能的一类软件。需要时只须由用户输入要查询的问题和有关数据，专家系统通过推理判断向用户作出解答。

（3）模式识别，它的实质是抽取被识别对象的特征（即所谓模式），与事先存在于计算机中的已知对象的特征进行比较与判别。文字识别、声音识别、邮件自动分检、指纹识别、机器人景物分析等都是模式识别应用的实例。

（4）智能检索，它除存储经典数据库中代表已知"事实"外，智能数据库和知识库中还存储供推理和联想使用的"规则"，因而智能检索具有一定的推理能力。

6. 互联网络

随着互联网本身的普及，计算机在互联网上的应用已越来越广泛，如收发邮件、上网进行资料检索、电子商务等等。

计算机的应用，还主要体现在计算机辅助制造（CAM）、计算机辅助设计（CAD）、计算机辅助教学（CAI）、办公自动化（OA）等领域中，并且在这些领域中的应用还在不断扩展。

计算机应用随着计算机技术的普及已逐步深入到社会的各个层面。

1.4　计算机的基本原理与组成

现在,让我们把目光从历史的宏观视角聚焦到计算机本身,看一看计算机究竟是什么样的,为什么它能够对现今社会产生如此巨大的影响。

1. 信息处理是计算机的本质特征

计算机的本质是模拟人类的信息处理过程,所以在探讨计算机的工作原理之前,首先来看看人类是如何完成信息处理的,然后基于我们对计算机的一些感性认识进行对照比较,加深对计算机的理解。

就信息处理的角度而言,一个人具有接收、存储、处理和发送信息的功能。此外,对这一处理过程还要加以控制。例如,必须先接收信息,然后进行处理,最后发送。若控制失调,就难以对信息进行正确的处理。

下面,我们进一步说明信息处理过程中的各个步骤。

(1) 信息的接收

人类接收信息的渠道有多种。最基本的是通过五官——眼、耳、鼻、舌、身,分别接收视觉、听觉、嗅觉、味觉、触觉等5种信息。对于视觉信息又可以分为文字、图片、影像类等信息;听觉信息则包括各种语音、乐音、噪音、自然界声音等。能够识别和接收的信息种类越多,人类信息处理的能力就越强。

类似地,计算机通过鼠标、键盘来接受平面触点信息、标准字符信息,通过扫描仪接收图片信息,使用麦克风接收声音,安装摄像头获取影像信息,以后还会有能够感应气味的仪器。

(2) 信息的存储

人类存储信息的方式有很多种,如大脑的记忆、便条、书籍、录音磁带、胶片等等。这些存储信息包括直接接收到的信息(例如,今天星期几)、处理结果信息(例如,今天星期二)和知识(昨天星期一、星期一的后继是星期二)。不是所有的信息都能被长久存储下来,我们就经常会遗忘或丢弃一些信息。最常被用到的信息处于活跃状态,其他的信息则处于封存状态。

类似地,计算机的信息存储介质也有很多种类,如内存、硬盘、软磁盘、光盘、磁带、闪存等;计算机需要存储的信息也同样包括直接接收的信息、处理结果和知识3类。不同特点的信息被保留在不同的存储介质中:处于活跃状态的信息存放在内存中以便于使用;处于封存状态的信息存放在硬盘、磁带、光盘等外部存储设备中;失去价值的信息会被系统清除;具有长久价值的信息则会被存放在可以长久保存而不会轻易损坏的物理存储中。

(3) 信息的处理

人的大脑可以利用存储的知识对接收到的信息进行处理,包括分类、分析、推理、计算等。不管是简单的信息处理,如两个数字相加,还是复杂的如市场预测,都是同样的原理。而人所掌握的知识范围,就决定了他能够处理的信息范围。

类似地,计算机通过运行程序对接收的信息进行处理,处理的方法包括分类、推理、计算等。但是比起人类的处理能力,计算机的处理缺乏智能性,不能在已知信息不完整的情况下作出判断。不论计算机是不是有一天能够替代大脑,计算机的人工智能研究一直都在向前推进。

计算机的处理能力虽然多数情况下指的是机器的硬件性能,但随着软件产业的迅速成长,软件决定计算机处理能力的情况已渐成定局。

(4) 信息的输出

一个人可以将处理结果通过多种形式发送给外界,如通过当面陈述、提交报告、打电话、发传真、发电子邮件等等。

类似地,计算机也可以进行信息输出,包括屏幕显示、文件打印、语音提示、网络邮件、网络传真等。不难看出,不同的输出形式都是为了方便不同的使用人群。

(5) 信息处理的控制

具备了以上 4 种功能,还不能进行正常的信息处理,因为还缺少对这些操作的控制。控制功能就是要知道何时启动一个操作、何时停止操作以及各种操作的执行顺序等等。如果信息处理比较复杂,那么整个过程将会被分解为许多个子过程,此时操作的执行顺序就尤为重要。我们都知道,一个人的处理能力如何,与他做事的条理性和控制力密切相关。同理,计算机在完成信息处理任务时,控制功能是连接输入、存储、处理、输出 4 种操作,协调彼此工作,保证正确运行的关键。

2. 计算机的基本组成

由于计算机可模仿人脑的部分功能,因此很多人称之为"电脑"。然而,计算机不仅是可模拟人脑的部分功能,它的组成结构和工作过程也和人有许多相似之处。

图 1.18 是简化的计算机系统结构图。现代计算机都遵循冯·诺依曼体系结构,必须包含以下五大组成部件:运算器、控制器、主存储器(又叫内存)、输入设备、输出设备。当然,不同的计算机可以有不同类型的存储器、不同类型的输入/输出设备等等。通常,运算器和控制器合起来称为中央处理器(Central Prosessing Unit,CPU),而中央处理器和主存储器合起来又称做主机,将输入设备和输出设备统称为外围设备(或称为外部设备、外设)。

这五大部件通过系统总线相连,协作完成指令所传达的操作。系统总线分成数据总线、地址总线和控制总线 3 种,其中数据总线用来在输入/输出设备和主存储器、主存储器和 CPU 之间传送数据;控制总线用来传送 CPU 向主存储器、输入/输出设备发出的控制信号;地址总线用来向主存储器或者输入/输出设备传送待输入/输出的数据的地址。

当计算机接受指令后,先由控制器指挥,将数据从输入设备传送到主存储器中存放,再由控制器指挥将需要参加运算的数据从主存储器传送到运算器,由运算器进行运算,运算结果会写回主存储器,最后在控制器指挥下将结果从主存储器读出,由输出设备输出。

主存储器用于存放要执行的程序和数据，它直接和中央处理器交换信息，存取的速度快，但容量不大，且机器一断电存储的数据就丢失了。与主存储器对应的还有一种存储器，它的存储容量很大，造价也相对低，且采用脱机存储方式，但存储速度较主存储器慢，不能直接和中央处理器交换信息，而是作为主存的补充、后援，称为外存储器或辅助存储器，简称外存。外存的性质类似于输入输出设备，属于外设的范畴。

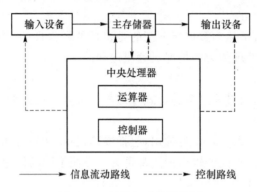

图 1.18　计算机系统结构图

在详细介绍以上各部件功能之前，我们有必要先介绍指令、指令系统和程序的概念。

- 指令

计算机无论完成多么复杂的任务，其过程都是分解为若干个简单的、基本的操作逐步实现的。这些最基本的操作就是由计算机的指令规定的。指令是能够被计算机硬件直接识别的、命令计算机进行某种基本操作的、由'0'和'1'组成的二进制代码串。计算机硬件只能识别指令，所以程序的执行事实上都是先转化成指令的序列然后再被计算机执行的。指令由操作码和地址码两部分构成，其中操作码用来表明本条指令要求计算机完成的操作，地址码表示参加本次运算的操作数或者操作数地址以及运算结果所在的地址。

- 指令系统

一种计算机能直接识别和执行的全部指令的集合，称为该种计算机的指令系统。不同类型的计算机具有不同的指令系统，其中指令种类和数目也不同，计算机硬件就是为实现这一指令系统而设计制作的。对于本机指令系统中的指令，计算机能识别并执行，识别就是进行译码，即把代表操作的二进制码变成操作所对应的控制信号，控制相关部件完成相应的操作。一般来讲，计算机的指令系统越丰富，它的功能也越强。

一般计算机包括如下几类指令。

① 算术运算类。执行加、减、乘、除等算术运算的指令类。

② 逻辑运算类。执行与、或、非、移位、比较等逻辑运算的指令类。

③ 传送类。执行取数、存数、传送等操作的指令类。

④ 程序控制类。执行无条件转移、条件转移、调用程序、返回等操作的指令类。

⑤ 输入/输出类。执行输入、输出、输入/输出等实现内存和外部设备之间传输信息

操作的指令类。

⑥ 其他类指令。执行停机、空操作、等待等操作的指令类。

- **程序**

指令系统是为计算机上的所有应用任务设计的，是计算机硬件的控制接口。我们前面讲了目前计算机应用领域的多样性和复杂性，计算机要完成如此众多而且类型各异的任务，就必须为具体的任务编制能够实现预定目标的一组指令序列。按事先设计的功能和性能要求编制的指令序列叫做程序。

也许有人会问为什么程序必须由指令序列组成，答案是重用性。如今，计算机要完成形形色色的任务，通过详细定义计算机可以使用的指令集合，可以使编程变得简单。程序员通过组合这些不同的指令来创建任意数量的程序，每个程序是不同指令的不同组合。

现在，我们知道了程序的组成。那么，程序又是如何被计算机执行的呢？冯·诺依曼的存储程序原理可以给我们清晰的解释。

按照冯·诺依曼存储程序的原理，程序在执行前，对应的指令序列必须和数据一样，先放入计算机的主存储器中。启动一个程序，就是将程序的第一条指令的地址码传送给控制器，控制器知道了程序第一条指令的地址，就可以依次取出主存储器中该程序的每条指令加以识别，并执行其操作，就这样不断地取指令和执行指令，直到程序的指令序列执行结束，最后将计算的结果放入指令指定的存储器地址中。这就是今天计算机运行程序的原理。

有了指令和程序的概念之后，下面进一步说明以上部件在计算机信息处理过程中的主要功能。

（1）输入设备

输入设备的任务是接收输入操作者给计算机提供的原始信息（如文字、图形、图像、声音等），将其转变成计算机能够识别和接收的信息方式（如电信号、二进制编码等），然后顺序地把它们送入主存储器中。

目前，输入设备各式各样，按输入原始信息的形式可分为以下几种。

① 穿孔信息输入设备：如光电输入机、卡片机等。这些设备通过光电转换或其他方法将穿孔信息转换为电信号。

② 键盘信息输入设备：如电传打字机、键盘、鼠标等。操作人员可以直接通过键盘输入控制信息。这是最常用的一种输入设备。

③ 外存储器：如磁带、磁盘、光盘等。外存储器既可以做输入设备，也可以做输出设备。作为输入设备时，外存储器通过磁头、激光放大器将介质中记录的信息读出送入计算机的主存。

④ 图形信息识别与输入装置：如光笔、手写板等。

⑤ 模/数转换装置：如调制解调器、电视卡、模/数卡等。这类装置将接收到的模拟信号转换成计算机能够识别与处理的数字信号。

⑥ 语音识别与输入装置：能够识别接收到的语音，并将其转换为计算机内部的字符

信息。

⑦ 字符信息识别与输入装置:如光学字符识别设备(OCR)等。

(2) 输出设备

输出设备是计算机必备的另一类外设。主要作用是把计算机处理的数据、计算结果等内部信息转换成人们习惯接受的信息形式(如文字、曲线、图像、表格、声音等)或能为其他机器所接受的形式输出。多数的输入方式都有相应的输出形式。

常见的输出设备包括以下几种。

① 打印设备:如针式打印机、喷墨打印机、激光打印机、专用票据打印机等。

② 绘图设备:如绘图机。在计算机辅助设计中,许多专业图纸都可以在计算机上绘制完成,通过绘图机打印出来。

③ CRT 显示器。计算机显示器可以将数字信号转换成视频信号,以最直观的形式达到人机交互的目的。在计算机系统中,若将显示器按显示对象来分,可分为字符显示器、图形显示器和图像显示器。若按显示色彩来分,可分为单色显示器和彩色显示器。显示器还可按分辨率划分为低、中、高档。

④ 外存储器。作为输出设备时,计算机将处理结果放在外存储器中保存,以备再次使用。

⑤ 数/模转换装置。在自动控制装置中,计算机输出的数字信号通常需要转换为模拟信号(如电压、电流等),去驱动电磁阀门、开关等。

(3) 主存储器

存储器是存放要执行的程序和要处理的数据的部件(如图 1.19 所示)。它的基本功能是按照要求向指定的位置写入或读出信息。

图 1.19 主存储器

主存储器是个大的信息储存库,被划分为许许多多的单元,每个单元可以存放一定位数的二进制信息(0 或 1),这种单元被称为"存储单元"。为了标识和识别存储体的每一个存储单元,就对每一个存储单元进行有序编号,这种编号就是"存储单元地址"。一个存储器中包含的存储单元总数叫做"存储容量"。存储容量是衡量存储器空间大小的指标,以字节(byte)为基本单位。为了方便描述,在字节单位之上制定几个较高级别的容量单位:1 024(2^{10})字节称做千字节,简称 KB;1 024 K(2^{20})字节称做兆字节,简称 MB;1 024 M(2^{30})字节称做吉字节,简称 GB;1024 G(2^{40})字节称做太字节,简称 TB。而一个字节又由 8 个位(bit)组成,位是计算机中最小的信息单位,一位只能表示 0 和 1 中的一个,即一个二进制位。

除了存储容量,主存储器的另一个重要指标是存储周期,用来衡量存储器读写操作的工作效率。存储周期是指存储器连续读出或写入一个信息所需要的时间,单位为纳秒(ns)。

主存储器目前大都采用半导体存储器。按使用功能分为随机存取存储器(Random Access Memory,RAM)和只读存储器(Read Only Memory,ROM)。RAM 对任一存储单元的读写时间都是相同的,主要用来存放操作系统、应用软件、输入/输出缓冲数据、中间结果以及外存的交换信息等。ROM 是 RAM 的特例,只能读不能写,因此只存储固定的系统软件和字库等。

主存储器由存储单元、存储地址寄存器(MAR)和存储数据寄存器(MDR)组成。MAR 存放待访问的存储单元的地址,MDR 缓存主存储器与 CPU 交换的读写数据。

(4) 运算器

运算器是计算机的重要组成部分之一,用来完成各种算术运算和逻辑运算。算术运算是指各种数值运算,如加、减、乘、除等。逻辑运算是进行逻辑判断的非数值运算,如与、或、非、比较、移位等。计算机所完成的全部运算都是在运算器中进行的。运算器的核心部件是算术逻辑单元(ALU)和若干个寄存器,算术逻辑单元用于运算,寄存器用于存储参加运算的各种数据以及运算后的结果。根据指令所规定的寻址方式,运算器从主存储器或寄存器中取得操作数,进行计算后,送回到指令所指定的寄存器或主存储器中。

(5) 控制器

控制器是计算机中的控制中心,用来翻译指令代码、安排操作次序、向其他部件发出控制信号、指挥计算机部件协同工作。控制器包括以下五大组成部分。

指令寄存器 程序在执行前,指令序列和相应的数据会预先置入计算机的主存储器中;程序执行时,指令会按顺序被依次取出执行。指令寄存器就是用来存放从主存储器中取出的当前待执行指令的。

程序计数器 PC 用来存放下一条待执行的指令在主存储器中的地址。任何程序执行前,应将程序的首地址置入程序计数器中,一般情况下程序计数器内容加 1,以控制指令的顺序执行。遇到转移类指令,将转移目标地址置入程序计数器中,便可实现程序的转移。所以大家需要正确认识"指令是顺序执行的"这句话的含义:一条指令可能会申请跳转到前面或者后面的指令去执行,但是这并不意味着指令没有按照顺序来执行。

指令译码器 对暂存在指令寄存器中的指令的操作码部分进行译码,从而识别出当前要执行的是一条什么指令。

微操作控制部件 任何指令的执行过程实际上都是一个微操作序列的执行过程。微操作控制部件用来产生与各条指令相对应的微操作控制信号。

时序电路 产生指令执行过程中必需的各种时序信号。

中断系统 用来处理系统中一些不可预知的突然事件。当系统中产生这种事件,应向 CPU 发出一个中断请求信号,CPU 响应这个中断请求后,应立即停止原来的程序,而转去执行一段预先设计好的中断服务程序,对该事件进行必要的处理之后,才转去继续执行原来的程序。

操作控制台 是计算机系统中实现人机联系的桥梁。

综上各种功能部件,得到计算机控制器的结构图,如图 1.20 所示。

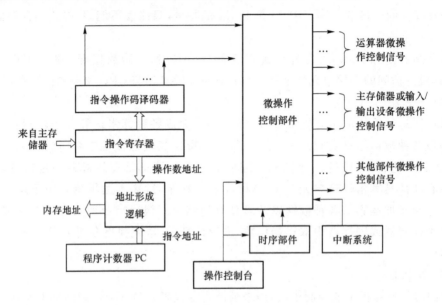

图 1.20 控制器结构图

控制器工作原理如下:计算机执行程序时,控制器首先从程序计数器中取得当前要执行的指令的地址,根据这个地址从主存储器中取出指令复制到指令寄存器中,并将下一条指令的地址置入程序计数器 PC 中,然后由指令译码器对指令寄存器中存放的指令的操作码部分进行译码,根据译码结果由微操作控制部件产生各种最基本的不可再分的微操作的控制信号,即微命令,以控制各计算机部件完成该指令的功能。简言之,控制器就是协调指挥计算机各部件工作的元件,它的基本任务就是根据各类指令的需要产生相应的微命令。

1.5 计算机系统

1. 计算机系统的组成

计算机系统由硬件和软件两大部分组成。硬件是计算机的物质基础,软件可以发挥和扩大计算机硬件功能,两者相辅相成,缺一不可:没有硬件,计算机便不存在,软件无法运行;没有软件,只是由硬件构成的"裸机",是无法提供给用户使用的,因为要和"裸机"进行交互,只能用机器指令,而用机器指令来控制和使用计算机是相当繁杂的。

在1.4节中,我们介绍了计算机硬件的基本组成。在本节中,我们将重点介绍计算机软件。

2. 计算机软件及其分类

软件是计算机系统中与硬件相互依存的另一部分,它是包括程序、数据及其相关文档的完整集合。其中程序是按事先设计的功能和性能要求编制的指令序列,数据是使程序能正常操纵的信息的数据结构,文档是与程序开发、维护和使用有关的图文材料。软件是介于用户和硬件系统之间的中介,用户通过它来使用机器硬件,如图1.21所示。

软件的叫法是相对硬件而言的,这个名称很好地反映了软件没有物质的形状,只以数字形态存在于硬件之中的特性。就像人的灵魂与身体的关系一样,软件是计算机的灵魂。没有配备足够的软件,计算机的功能就不能得到很好地发挥,计算机的应用范围也将因此而大大缩小。

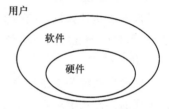

图1.21 计算机的体系结构图

计算机软件通常分为两大类:系统软件和应用软件。系统软件是计算机系统必备的软件,主要功能是管理、监控和维护计算机资源(包括硬件和软件),以及开发应用软件。系统软件包括:①操作系统、管理系统、网络通信系统、驱动程序等;②服务性程序,如故障诊断程序、排错程序、学习程序等;③语言工具,如汇编语言、BASIC、FORTRAN、COBOL、PASCAL、C等语言的编译程序或解释程序。④数据库管理系统。应用软件是在系统软件的基础上开发出来的、为解决计算机各类应用问题而编制的软件,它具有很强的实用性,可分为用户程序和应用软件包。用户程序是用户为了解决自己特定的具体问题而开发的软件,如飞机定票系统、图书管理系统等。应用软件包是为实现某种特殊功能或特殊计算、经过精心设计的独立软件,用于满足同类应用的许多用户需要。

现在,我们可以将图1.21扩展一下,得到系统软件、应用软件、硬件、用户之间的关系图(如图1.22所示)。

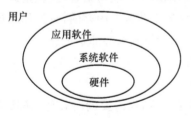

图1.22 硬件、系统软件、应用软件、用户之间的关系

3. 操作系统简介

(1) 什么是操作系统

操作系统(Operating System,OS)是计算机厂家提供的最基本、最重要的系统软件,是由一系列具有控制和管理功能的子程序组成的大型系统软件。它直接运行在裸机上,是对计算机硬件系统的第一次扩充。除了当今微机上普遍采用的微软Windows操作系统外,常见的操作系统还有CP/M、MS-DOS(又称PC-DOS)、UCDOS、Unix、FreeBSD、XENIX、Mac OS、OS/2等。

早期的计算机没有专门的操作系统,要想使用和操作计算机,一般需要操作人员自己控制计算机上的各种按钮和开关,这种方式使得计算机的工作效率不高。随着第二代计算机的诞生,计算机的速度和容量都有了很大的提高,使人机之间速度不匹配的矛盾更为突出。为了解决这一矛盾,出现了供用户使用的监督程序,通过此程序可以使用及控制计算机,到了20世纪60年代中期,监督程序才进一步发展成为操作系统。

操作系统的任务是:管理好计算机的全部软硬件资源,提高计算机的利用率;担任用户(程序和人)与计算机硬件之间的接口,使用户能通过操作系统提供的命令或菜单方便地使用计算机硬件。只有在操作系统的支持下,才可以运行其他软件。因此,从应用的角度看,操作系统是计算机软件的核心和基础。

(2) 操作系统的功能

操作系统是计算机系统的资源管理者,它负责管理并调度对系统各类资源的使用,具体地说,具有以下五大管理功能。

① 作业管理

现代操作系统关于指令集有3个术语:程序、作业和进程。尽管这些术语比较模糊,而且不同的操作系统对它们的定义也不一致,我们在此还是给出这些属于非正式的定义。

程序　程序是由程序员编写的一组稳定的指令,存在硬盘上,它可能会也可能不会成为作业。

作业　从程序被选中执行,到其运行结束并再次成为程序的这段过程中,程序被称为作业。在整个过程中,作业可能被执行、也可能不被执行。它或者驻留在硬盘上等待被装入内存,或者在内存中等待被CPU执行,或者驻留在内存中等待输入/输出事件。在上述这些情况下,程序才称为作业。当作业被执行完毕,作业又变成程序驻留在硬盘中。所以,每一个作业都是程序,而每一个程序未必都是作业。

进程　进程是执行中的程序,该程序开始运行但还未结束。换句话说,进程是调入内存的作业,该作业是从众多等待进入内存的作业中选取出来并装入内存的,只要作业被装入内存就成为进程。所以,每一个进程都是作业,而每一个作业未必都是进程。

作业管理功能包括作业的调度、控制、处理和报告。

② CPU 管理

假若有这样的需要:一个用户在录入编辑文字的同时,不仅需要同时打印,还希望计算机奏出优美的音乐。怎样让它能同时完成这多个任务呢？其实,这正是操作系统 CPU 管理功能的一个具体例子。通常情况下,每台计算机中只有一个 CPU,同一时刻它只能对一个作业进行处理。当进入内存等待处理的作业有多个时,就需要合理地安排每个进程占用 CPU 的时间,以保证多个作业的完成和 CPU 效率的提高,使用户等待的时间最少,这便是 CPU 管理的目的。

③ 内存管理

合理分配内存,使各个作业占有的内存区不发生冲突、不互相干扰,并且,可对内存进行扩充。

④ 文件管理

负责文件的存取和管理。包括控制文件的访问权限；管理文件的创建、修改、删除、命名、改名；管理文件的存储（怎样存储、存在哪里等）；负责文件的归档和备份。

⑤ 设备管理

当用户程序要使用外部设备时，由操作系统控制（或调用）驱动程序使外部设备工作，并随时对外部设备进行监控，处理外部设备的中断请求等。

(3) 操作系统的分类

① 单用户操作系统

主要特征是计算机内部系统每次只支持一个用户程序。该用户程序占用全部软硬件资源。如 DOS 操作系统等。

② 分时操作系统

由一台主机和多个用户终端构成系统。终端只是负责将用户输入的信息传送给主机，并把主机发来的信息在终端显示，所有其他的操作均在主机上完成。主机的 CPU 按固定的时间片轮流为多个终端服务。各个终端在自己的时间片内占有 CPU，分时共享主机资源。由于 CPU 速度很快，加之分时系统具有交互式会话的功能，使得用户感觉不到其他用户终端的存在，像是自己独占这台计算机。如 Unix 操作系统等。

③ 实时操作系统

实时操作系统是一种时间性强、反应迅速的操作系统。它分为实时控制和实时处理两大类，前者常见于生产现场数据实时采集、过程控制，后者用于实时处理数据的系统。

④ 批处理操作系统

批处理系统是采用批量化作业处理技术的系统，用户将作业交给操作系统后，由系统根据一定的策略将要计算的一批题目按一定的组合和顺序执行，从而提高系统运行效率。

⑤ 网络操作系统

网络化和交互式网络的发展，扩大了操作系统的内涵，产生了一种新的操作系统。以往必须在一台机器上运行的作业现在可以由远隔千里的多台计算机共同完成。程序可以在这台机器上运行一部分，而在另外一台机器上运行另一部分，只要它们通过交互式网络如互联网相连；此外，资源可以是分布式的，程序需要的文件可以分布在世界的不同地方。

网络操作系统就是用来管理连在网络上的多台计算机的操作系统。该系统除提供普通操作系统的功能外，还提供网络通信、网络资源共享等功能。读者要注意的是，网络上的多台计算机每台都是一个独立的计算机系统，而这正是与分时操作系统中多个用户终端的区别。常见的网络操作系统有：Windows NT Server、Windows 2000 Server、Windows Server 2003、Linux、Unix 和 NetWare 等。

(4) 主流操作系统

① Windows

Windows 是一个为个人电脑和服务器用户设计的操作系统。它的第一个版本由微软公司于 1985 年发行，并最终获得了世界个人电脑操作系统软件的垄断地位。微软自

1985年推出Windows 1.0以来，Windows系统经历了十多年风风雨雨。从最初运行在DOS下的Windows 3.x，到现在风靡全球的Windows 9x、Windows 2000、Windows XP、Windows 2003，Windows代替了DOS曾经的位置。

Windows之所以如此流行，是因为它的强大功能和易用性。

a. 界面图形化

以前DOS的字符界面使得一些用户操作起来十分困难，Windows采用图形化界面，人们不必学习太多的操作系统知识，只要会使用鼠标就能进行工作，从而大大简化了对系统的操作。

b. 多用户、多任务

多用户：Windows系统可以使多个用户用同一台电脑而不会互相影响，管理员（Administrator）可以添加、删除用户，并设置用户的权利范围。

多任务：可以同时让电脑执行不同的任务，并且互不干扰。比如一边听歌一边写文章，同时打开数个浏览器窗口进行浏览等都是利用了这一点。这对现在的用户是必不可少的。

c. 网络支持良好

Windows 9x和Windows 2000中内置了TCP/IP协议和拨号上网软件，用户只需进行一些简单的设置就能上网浏览、收发电子邮件等。同时它对局域网的支持也很出色，用户可以很方便地在Windows中实现资源共享。

d. 出色的多媒体功能

这也是Windows吸引人们的一个亮点。在Windows中可以进行音频、视频的编辑/播放工作，可以支持高级的显卡、声卡。MP3以及ASF、SWF等格式的出现使电脑在多媒体方面更加出色，用户可以轻松地播放最流行的音乐或观看影片。

e. 硬件支持良好

Windows 95以后的版本包括Windows 2000都支持"即插即用"（Plug and Play）技术，这使得新硬件的安装更加简单。用户将新硬件和电脑连接好后，只要有相应的驱动程序，Windows就能自动识别并进行安装。用户再也不必像使用DOS时那样去改写config.sys文件了。几乎所有的硬件设备都有Windows下的驱动程序。随着Windows的不断升级，它能支持的硬件和相关技术也在不断增加，如USB设备、AGP技术等。

f. 众多的应用程序

在Windows下有众多的应用程序可以满足用户各方面的需求。Windows下有数种编程软件，有无数的程序员在为Windows编写着程序。

此外，Windows NT、Windows 2000系统还支持多处理器，这对大幅度提升系统性能很有帮助。

② Unix

Unix是一种分时计算机操作系统，1969年在AT&T贝尔实验室诞生，当时由汇编语言编写。1972年，贝尔实验室的Dennis Ritchie用C语言改写了Unix的源程序，贝尔实验室并把Unix的C语言源程序代码和说明书赠送给美国的几家大学，为Unix的普及和后来的成功奠定了基础。随后,Unix 被移植到各种各样的计算机系统上,Unix 也经历了若干阶段的发展,引进了许多新的技术,成为更加成熟的操作系统。

和 Windows 相比,Unix 具有多用户、数据安全性好、稳定性好、同网络环境融合好等特点,应用于工作站、中小型机、大巨型机上,大部分重要网络设备也采用 Unix 做操作系统。Unix 的多用户性体现在多个用户终端可以同时和 1 台 Unix 主机相连,用户通过终端来使用和操作主机。终端只负责将用户输入的按键信息送到 Unix 主机,并把主机发来的信息在屏幕上显示,所有其他处理均在 Unix 主机上完成,数据和程序全部存放在 Unix 主机的硬盘上。多个用户同时使用终端上机时,其实是在自己的时间片内占有 CPU,分时地共享主机资源,但由于 CPU 速度很快,用户基本感觉不到其他用户终端的存在,就像自己独占这台主机一样。

现在大的计算机硬件厂商都有自己的 Unix 版本,如 IBM 的 AIX、SUN 的 SOLARIS、HP 的 HP-UX。一般来说,不同厂家的 Unix 版本是专门针对该厂家的硬件设备开发的,所以只能运行在该厂家的硬件设备上。

③ Linux

Linux 是芬兰青年 Linus Torvalds 开发的基于 Unix 的操作系统,在源代码上兼容绝大部分 Unix 标准,是一个支持多用户、多进程、多线程、实时性较好且稳定的操作系统。自 1991 年 Linux 发布以来,它以令人惊异的速度迅速在服务器和桌面系统中获得了成功,已经被业界认为是未来最有前途的操作系统之一。Linux 之所以受到广大计算机爱好者的喜爱,主要有两个原因:① 它属于自由软件,用户不用支付任何费用就可以获得它和它的源代码,并且可以根据自己的需要对它进行必要的修改,无偿地对它使用,无约束地继续传播。② 它具有 Unix 的全部功能,任何使用 Unix 操作系统或想要学习 Unix 操作系统的人都可以从 Linux 中获益。

和 Unix 不同,Linux 除了可以安装在特定的服务器上,也可以安装在 PC 上。

4. 驱动程序简介

当购买了一个新的外围设备(像光驱、鼠标)时,通常需要安装相应的软件以告诉计算机如何使用这些设备。协助计算机控制外围设备的系统软件称为设备驱动程序。当购买了一个新的外围设备时,它的安装指南通常会告诉用户怎么安装这个设备和必需的驱动程序。"使用"一个设备驱动程序的方法就是根据安装指南把这个设备驱动程序安装好。一旦正确地安装设备驱动程序后,计算机就会在"幕后"使用它来与设备进行通信。

习　　题

1.1　什么是计算?
1.2　简述计算机和计算器的区别?

1.3 举几个例子,谈谈你以前在生活中接触到、听到的计算机应用实例。
1.4 什么是冯·诺依曼结构?
1.5 简述布尔、图灵、冯·诺依曼各自在计算机发展史上的重要贡献。
1.6 什么是存储器?什么是存储单元?什么是存储单元地址?什么是存储容量?存储容量的单位是什么?
1.7 KB、MB、TB 分别代表多少字节?
1.8 什么是内存?什么是外存?两者的区别是什么?
1.9 什么是指令?什么是指令系统?什么是程序?
1.10 简述计算机的组成结构与工作原理。
1.11 计算机系统由哪两大部分组成?
1.12 什么是操作系统?它具有哪些管理功能?

第 2 章 程序设计语言概述

计算机语言是指根据预先定义的规则(语法)而写出的预定语句的集合,这些集合组成了程序。

1954 年,第一个与机器无关的高级程序设计语言——FORTRAN 语言诞生了。它是在 IBM 公司的倡导下,由美国人巴克斯(Backus)为首的一个委员会设计开发的,并于 1956 年在 IBM/704 上实现了编译程序。这是程序设计语言发展历程中的一个重要里程碑。

据《科学与工程大全》记载,从 FORTRAN 问世至今的五十多年中,陆续出现的高级程序设计语言多达一千多种,其中一半以上只是一些方案和设想,而另外约有五百多种则是可在计算机上实现并通过的。它们如同令人应接不暇的繁花,在计算机科学领域竞相开放,其中较为重要的有几十种。

2.1 语言的演化

1. 机器语言

在计算机发展的早期,唯一的程序设计语言是机器语言。机器语言由"0"和"1"的二进制码组成,是计算机唯一可以直接识别的语言,且不同的机器能识别的机器语言也基本上不同。

机器语言的指令之所以必须由"0"和"1"的二进制码组成,是因为计算机的内部电路是由开关、晶体管及其他电子器件组成的,而这些器件只有两种状态:开或关。关状态表示"0",开状态表示"1"。

例 2.1 是一个机器语言程序的例子,该程序实现两数相乘并打印结果。

例 2.1　机器语言程序

1	00000000	00000100		0000000000000000
2	01011110	00001100	11000010	0000000000000010
3		11101111	00010110	0000000000000101
4		11101111	10011110	0000000000001011
5	11111000	101011101	11011111	0000000000010010
6		01100010	11011111	0000000000010101
7	11101111	00000010	11111011	0000000000010111
8	11110100	10101101	11011111	0000000000011110
9	00000011	10100010	11011111	0000000000100001
10	11101111	00000010	11111011	0000000000100100
11	01111110	11110100	10101101	
12	11111000	101011110	11000101	0000000000101011
13	00000110	10100010	11111011	0000000000110001
14	11101111	00000010	11111011	0000000000110100
15		00000100	00000100	0000000000111101
16		00000100	00000100	0000000000111101

　　可见,机器语言程序非常晦涩难读,书写工作量大,且容易出错、不易修改。由于和具体的机器相关,因此要求开发人员对计算机的硬件和指令系统有很正确深入的理解,并且在一台机器上能运行的机器语言程序在不同型号的另一台机器上可能不能运行。

2. 符号语言

　　如果程序员继续使用机器语言编程,显而易见许多程序将不可能写出来。在20世纪50年代早期,数学家Grace Hopper发明了一种语言概念,即用符号或助记符来表示不同的机器语言指令。由于这些语言使用符号,因此被认为是符号语言。例2.2给出了乘法程序的符号语言程序。

例 2.2　符号语言程序

```
1    entry    main,^m<r2>
2    sub12    #12,sp
3    jsb      C$MAIN_ARGS
4    movab    $CHAR_STRING_CON
5
6    pushal   -8(fp)
7    pushal   (r2)
8    calls    #2,read
9    pushal   -12(fp)
10   pushal   3(r2)
11   calls    #2,read
```

12	mull3	-8(fp),-12(fp),-
13	pushal	6(r2)
14	calls	♯2,print
15	clrl	r0
16	ret	

符号语言程序必须被转化为机器语言程序,才能在计算机上执行。一种将符号语言程序翻译为机器语言程序的特定程序称之为汇编程序。符号语言又称为汇编语言。

3. 高级语言

尽管符号语言大大提高了编程效率,但其还是和具体的机器相关,因此还是要求编程人员深入了解计算机的硬件和指令系统,程序的移植性不好。而且符号语言的大部分指令是和机器指令一一对应的,因此代码量还是很大。为了提高程序员的效率并使其将精力从关注计算机硬件转移到关注要解决的问题,高级语言应运而生。

高级语言适用于许多不同的计算机,使程序员能够将精力集中在应用程序上,而不是计算机的复杂性上。高级语言的设计目标就是使程序员摆脱汇编语言烦琐的细节。高级语言程序同符号语言程序一样,必须被转化为机器语言程序,这一转化过程称为编译。

目前,已经开发了多种高级语言,最为流行的包括 BASIC、COBOL、PASCAL、Ada、C、C++和 Java 等。例 2.3 是使用 C 语言编写的和例 2.2 功能相同的乘法程序。

例 2.3 C 语言程序

```
1   /* This program reads two integer numbers from the keyboard and prints
       their product.
2      Written by:
3      Date:
4   */
5   #include <stdio.h>
6
7   main()
8   {
9   /* Local Declarations */
10      int number1;
11      int number2;
12      int result;
13
14  /* Statements */
15      printf("please input the two numbers:\n");
16      scanf("d%d%",&number1,&number2);  /* read the two numbers */
17      result = number1 * number2;
```

```
    18        printf("the result is : d%\n",result); /* output the result */
    19        return 0;
    20   }
```

很显然,和机器语言、符号语言相比,高级语言具有下列优势。

① 高级语言与自然语言(尤其是英语)很相似,因此高级语言程序易学、易懂,也易查错。

② 使程序员可以完全不用与计算机的硬件打交道、不必了解机器的指令系统。

③ 高级语言与具体机器无关,在一种机器上运行的高级语言程序有可能可以不经改动地移植到另一种机器上运行,大大提高了程序的通用性。

4. 自然语言

理想情况下,计算机能够理解自然语言(如英语、汉语等)并立即执行请求。尽管这听起来像科幻小说里的事,但现在大量关于自然语言的工作正在实验室中进行。但迄今为止,自然语言的使用仍然是相当有限的。

2.2 构建和运行程序

机器语言是计算机唯一可以直接识别、理解的语言。因此只有将程序翻译为机器语言,计算机才能理解程序。

程序员的工作是编写程序,然后将其转化为可执行(机器语言)文件。该过程包括3个步骤:

① 编写、编辑程序;

② 编译程序;

③ 用所需的库模块链接程序。

1. 编写、编辑程序

用于编写程序的软件称为文本编辑器。文本编辑器可以帮助输入、替换及存储字符数据。使用系统中不同的编辑器,可以写信、写报告或写程序。其他形式的文本处理和程序编写的显著区别是:程序是面向一行行的代码,而大多数文本处理则是面向字符和行。程序编写完毕后,将文件存盘,此文件称为**源文件**。

2. 编译程序

存储在磁盘上的源文件中的信息必须翻译为机器语言,这样计算机才能理解。绝大多数高级语言使用编译器来实现这种翻译。编译器实际上是两个独立的程序:预处理程序和翻译程序。

预处理程序读源代码,为翻译程序做好准备。当准备代码时,预处理程序扫描特殊命令,这些命令被称为**预处理程序指示**。这些指示使预处理程序能够查询特殊代码库,在代码中做替换并且在其他方面为将代码翻译成机器语言做准备。预处理的结果称为**翻译单元**。

当预处理程序为编译准备好代码后,翻译程序将翻译单元转化为机器语言。翻译程序读翻译单元并将最终的**目标模块**写入文件。此文件与其他已预编译的单元结合形成最终的程序。目标模块即为机器语言代码。即使编译结果是机器语言代码,但还是无法运行,因为它不具有程序运行所需的所有部分。

3. 链接程序

高级语言有许多的**子程序**。其中一些子程序是程序员自己编写的,并成为源程序的一部分。然而,还有一些诸如输入/输出处理和数学库的子程序存储在别处且必须附加到源程序中。链接器将所有的这些子程序(程序员自己编写的以及系统的)汇编到最终可执行程序中去。

4. 程序执行

一旦程序被链接完毕,就可以执行了。为了执行程序可以使用操作系统命令(如run),以便将程序载入内存并执行。将程序载入内存是由操作系统程序——**载入程序**——实现的。它定位可执行程序,并将其读入内存。一切准备好后,控制权交给程序,然后开始执行。

在程序执行过程中,程序读入来自用户或文件的数据并加以处理。处理结束后,输出处理结果。数据可以输出至用户的显示器或文件中。待程序执行完毕后,将告之操作系统,操作系统将程序移出内存。

下面,我们来看一个 C 语言程序的从创建到运行的完整过程,如图 2.1 所示。当编

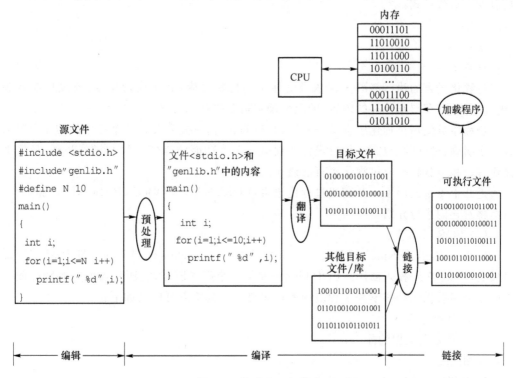

图 2.1 构建和运行程序

辑好源文件之后,编译器的预处理程序对源文件进行预处理,主要是把其他文件包含到要编译的文件中以及用程序文本替换专门的符号。在本例中,预处理程序将头文件 stdio.h 和 genlib.h 中的内容包含到要编译的文件中,并将程序代码中出现 N 的地方用 10 来替代。然后翻译程序将预处理后的程序翻译成二进制代码,形成目标文件。最后链接程序将目标文件和其他要用到的库文件链接在一起形成最终可执行文件。

2.3 语言的分类

根据解决问题的方法及所解决问题的种类来分,计算机语言可大致分为 5 类:过程化(强制性)语言、面向对象语言、函数型语言、说明性语言及专用语言。本小节将介绍这 5 类语言的特点,并列举一些例子。由于覆盖内容较广,初学者如果觉得内容不易理解,可以跳过。

1. 过程化语言

过程化语言是面向动作的,即一个计算过程可看做是一系列动作。一个过程化语言程序由一系列的语句组成,每个语句的执行引起若干存储单元中值的改变,这种语言通常具有如下语法形式:

语句 1;
语句 2;
语句 3;

过程化语言的执行与冯·诺依曼的体系结构相对应:顺序执行指令,通过机器状态(内存、各种寄存器和外存的内容)的改变理解指令执行的含义。

当程序员使用过程化语言编写程序、解决问题时,首先需要将整个程序的功能分解为若干个明确、独立的子功能,然后设计实现每一个子功能的操作过程和操作步骤,最后把操作过程和步骤转换成过程化语言的语句。

近几十年来发展了一些高级过程化语言:FORTRAN、COBOL、PASCAL、C 和 Ada,下面将对它们进行介绍。

(1) FORTRAN

FORTRAN(FORmula TRANslation),是由 Jack Backus 领导下的一批 IBM 工程师设计的,于 1957 年投入商用。FORTRAN 是第一个高级语言,它所具备的一些特征使得它四十多年后仍然是科学和工程应用的理想语言。其特点可概括如下:

① 高精度运算;
② 处理复杂数据的能力;
③ 指数运算。

FORTRAN 的几个主要版本包括:

① FORTRAN；
② FORTRAN Ⅱ；
③ FORTRAN Ⅳ；
④ FORTRAN 77；
⑤ FORTRAN 99；
⑥ HPF(High Performance FORTRAN，高性能 FORTRAN)。

最新版本(HPF)用于高速多处理器计算机。

(2) COBOL

COBOL(COmmon Business-Oriented Language，通用面向商用的语言)是由计算机专家在美国海军的 Grace Hopper 的指导下设计出来的。COBOL 有一个特定的设计目标：作为商业编程语言使用。商业环境中要解决的问题完全不同于工程环境中的问题。商业问题不需要精确的计算，而工程问题却需要。商业中程序设计的要求概括如下：

① 快速访问文件和数据库；
② 快速更新文件和数据库；
③ 生成大量的报表；
④ 用户界面友好的格式化输出。

COBOL 是为实现所有这些目标而设计的。

(3) PASCAL

PASCAL 是由 Niklaus Wirth 于 1971 年在瑞士的苏黎士发明的，以 17 世纪发明 PASCALine 计算器的法国数学家、哲学家 Blaise PASCAL 而命名。

PASCAL 的设计目标上有一个独到之处：通过强调结构化编程方法来教初学者编程。尽管 PASCAL 成为学术界最流行的语言，但它从未在工业界获得广泛的流行。

(4) C

C 语言是由贝尔实验室的 Dennis Ritchie 在 20 世纪 70 年代初发明的。最初是想用于编写操作系统和系统软件(Unix 操作系统的大部分是用 C 语言编写的)。后来，由于以下的原因而在程序员中流行。

① C 具有结构化的高级编程语言应有的所有高级指令，使程序员无需了解硬件细节。

② C 具有一些低级指令，使得程序员能够直接快速地访问硬件。与其他语言相比，C 语言更接近于汇编语言，这使得它对系统程序设计人员而言是一种好语言。

③ C 是非常高效的语言，指令短。有时 C 中的一个符号能完成像 COBOL 语言中一个长字才能完成的同样功能。这种简洁吸引了想编写短程序的程序员。

④ C 已经被 ANSI 和 ISO 标准化了。

(5) Ada

Ada 是根据 Lord Byron 的女儿和 Charles Babbage(分析引擎的发明者)助手 Augusta Ada Byron 的名字命名的。Ada 是为美国国防部(DoD)开发的,并成为所有 DoD 承包人使用的统一语言。

Ada 具有 3 个主要特征:
① 具有其他过程化语言那样的高级指令;
② 具有允许实时处理的指令,从而适合过程控制;
③ 具有并行处理能力,可以运行在具有多处理器的大型机上。

2. 面向对象语言

过程化编程强调设计问题求解的过程,而面向对象编程则强调从客观世界中固有的事物出发来构造程序,程序由对象构成。

大家知道,现实世界是由形形色色的对象组成的,如张同学、李老师、第三教学楼等等。对象不是彼此孤立的,而是往往存在着各种各样的关系,如李老师和张同学是师生关系。对象需要相互协作来一起解决问题,如张同学和李老师可以一起配合把课桌从教室的这头移动到另一头。

我们写程序的目的就是要让计算机帮助我们解决遇到的问题。如果我们能让程序对问题的解决方式和现实世界中人类对问题的解决方式类似,那么将能更容易地设计和理解计算机程序。为了做到这一点,需要在程序中如实描述参与问题解决的对象以及对象之间的关系。面向对象语言的出发点就是为了更直接地描述客观世界中存在的事物(对象)以及它们之间的关系。

在面向对象语言中,数据及对数据的操作方法被封装在一起,作为一个相互依存、不可分离的整体——对象。同类型的对象可以进一步抽象出共性,形成类。类通过一个简单的外部接口,与外界发生关系。对象与对象之间通过消息进行通信,相互协作。

人们已经开发了一些面向对象语言。下面以 C++和 Java 为例简要介绍一下。

(1) C++

C++语言是由贝尔实验室的 Bjame Stroustrup 开发的。它使用类来定义相似对象的通用属性以及可以应用于这些对象的各种操作。例如,程序员可以定义一个几何体类(Geometrical_shapes),然后在这个类中定义所有二维几何图形所共有的属性,例如中心、边数等,以及应用于几何图形的操作(函数和方法),例如计算并打印出面积、周长、打印中心点的坐标等。程序可以创建该几何体类(Geometrical_shapes)的不同对象,每个对象具有不同的中心点和边数。程序可以为每个对象计算并打印出面积、周长和中心坐标等。

C++程序的设计遵循 3 条基本原则:封装、继承和多态。

封装 是一种将数据和数据上执行的操作隐藏在对象内的方法。正常情况下,对象的使用者不直接访问数据,而是通过接口(一个特殊操作集的调用)来访问数据。换言之,调用者知道对数据做了什么而不必了解具体是怎么做的。

继承 是指一个对象可以从另一个对象那里继承一般特性。当通用类被定义以后,可以定义更多的特殊类来继承这一通用类的某些属性,同时再增加一些新的属性。例如:

当定义了一个几何体类对象后,还可以定义矩形类(Rectangles),矩形是具有一些特殊属性的几何图形。在C++中,多重继承是允许的,一个类可以继承一个或多个类。

多态 多态原指"多种形态"。C++中的多态意味着可以定义一些相同名字的操作。这些操作在相关的类中可以完成不同的功能。假如定义了两个类:矩形(Rectangles)和圆形(Circles)。这两个类都是从几何体类中继承而来,然后在两个类中分别定义了 area 的操作用以计算矩形或圆的面积。因为圆和矩形的面积计算公式是不同的,需要不同的操作和操作元,所以这两个操作具有相同的名字却具有不同的功能。

(2) Java

Java 由 Sun 公司开发,在 C 和 C++的基础上发展而来,但是 C++的一些特性例如多重继承等被取消,从而使 Java 更加健壮。与 C++相比,Java 是纯面向对象的。在C++中,甚至可以不用定义类就能解决问题,而在 Java 中,程序由类组成。

Java 中的程序可以是应用程序也可以是个小程序(applet)。应用程序是指可以完全独立运行的程序(像 C++程序一样)。applet 则是嵌入在 HTML 语言中的程序,存储在服务器上并由浏览器运行。浏览器也可以把它从服务器端下载到本地运行。

在 Java 中,应用程序(或 applet)是类及类实例的集合。Java 自带的丰富类库是它的重要特征之一。尽管 C++也提供类库,但在 Java 中用户可以在提供的类库基础上构建新类。

在 Java 中,程序的执行也是独具特色。用户构建一个类并把它传给解释器,由解释器来调用类的方法。

Java 另一个有趣的特点是多线程。线程是指按顺序执行的动作序列。C++只允许单线程执行(整个程序作为一个线程)。但是 Java 允许多线程执行(几行代码同时执行)。

3. 函数型语言

在函数程序设计中,程序被当成数学函数来考虑。函数可以理解成一个黑盒,完成从一系列输入到输出的映射。

例如,求和函数可以被认为是具有 n 个输入和 1 个输出的函数。该函数把 n 个输入值相加得到总和并最终输出求和的结果。函数型语言主要实现以下功能:

① 函数型语言定义一系列可供任何程序员调用的基本函数;

② 函数型语言允许程序员通过组合若干基本函数创建新的函数。

例如,定义一个称为 First 的基本函数。由它来完成从一个列表中抽取第一个元素的功能。再定义另一个函数 rest,由它完成从一个列表中抽取出除第一个元素以外的所有元素。通过组合使用两个函数,可以在程序中定义一个函数来完成对第三个元素的抽取。

函数型语言相对过程化语言具有两方面优势:它鼓励模块化编程,并且允许程序员用已经存在的函数来开发新的函数。这两个因素使得程序员能够在已经测试过的程序基础上编写出庞大而不易出错的程序。

下面以 LISP 和 Scheme 为例介绍函数型语言。

(1) LISP

LISP(LISt Programming,列表程序设计)是 20 世纪 60 年代早期由麻省理工学院(MIT)科研小组设计开发的。它是一种把列表作为处理对象的程序设计语言,这种语言把所有的一切都看成是列表。

(2) Scheme

LISP 语言没有统一标准化。不久之后,就有许多不同的版本流传于世。实际使用的标准是由麻省理工学院在 20 世纪 70 年代早期开发的,称之为 Scheme。

Scheme 语言定义了一系列基本函数。函数名和函数的输入列表写在括号内,结果是一个可用于其他函数输入的列表。例如:函数 car 用来从列表中取出第一个元素;第二个函数 cdr 用来从列表中取出除第一个元素以外的所有元素。两个函数如下所示:

(car 2 3 7 8 11 17 20)⇒2

(cdr 2 3 7 8 11 17 20)⇒3 7 8 11 17 20

现在可以组合这两个函数实现从列表中取出第三个元素。

(car (cdr(cdr list)))

如果将上面的函数应用于列表 2 3 7 8 11 17 20,结果是取出 7。该函数最里面的括号取出列表 3 7 8 11 17 20,中间一层括号取出列表 7 8 11 17 20,再通过函数 car 取出这个列表的第一个元素 7。

4. 说明性(逻辑)语言

说明性语言是在希腊数学家定义的规范逻辑的基础上发展而来的,并且后来发展成为一阶谓词逻辑演算(first-order predicate calculus)。

逻辑推理以推导为基础。逻辑学家根据已知正确的一些论断(事实),运用逻辑推理的可靠准则推导出新的论断(事实)。

逻辑学中著名的推导准则如下:

If (A is B) and (B is C),then (A is C)

将此准则应用于下面的事实。

事实 1:Socrates is a human →A is B

事实 2:A human is mortal →B is C

则可以推导出下面的事实。

事实 3:Socrates is mortal →A is C

程序员需要学习有关主题领域的知识(知道该领域内的所有已知的事实)或是向该领域的专家获取事实。程序员还应该精通逻辑上如何严谨地定义准则。这样程序才能推导并产生新的事实。

说明性语言自身也存在缺点,即一个程序由于要收集大量的事实信息而过于庞大,所以程序是针对特定领域的。这也是为什么说明性程序设计迄今为止只是局限于人工智能这样的领域的原因。

Prolog(PROgramming in LOGic,逻辑中的程序设计)是著名的说明性语言之一,它是由 A. Colmetauer 于 1972 年在法国设计开发的。Prolog 中的程序全部由事实和规则组成。例如,关于人类的事实如下:

human(John)

mortal(human)

用户可以进行查询:

?-mortal (John)

程序响应是(yes)。

5. 专用语言

近几十年来又有一些新语言相继出现,它们不能简单地归入前面介绍的四大类语言。其中的一些是一种或多种模型的混合,而另一些则是应用于特殊的任务,因此将它们归于专用语言。

(1) HTML

HTML(Hypertext Markup Language),超文本标记语言是一种由格式标记和超链接组成的伪语言。HTML 文件由文本和标记组成,标记被写在尖括号中,而且通常是成对出现。HTML 文件(网页)存储在服务器端而且可以由浏览器下载,浏览器删去标记并将它们解释为格式指示或是到其他文件的链接。像 HTML 这样的标记语言可以在文件中嵌入格式化指令。指令和文本一起存储,这样浏览器可以根据所使用的服务器读出这些指令并格式化文本。

为什么不使用具有格式化功能的字处理器来创建并保存格式化的文本呢? 原因在于不同的字处理器使用不同的技术或过程来格式化文本。HTML 对正文部分和格式化指令仅使用 ASCII 码。这样,每台计算机可将整个文档作为 ASCII 文档接收。正文是数据,而格式化的指令可以被浏览器用于格式化数据。HTML 程序由两部分组成:文件头和主体。

文件头　包含页面标题和其他浏览器将要使用到的参数。

主体　页面的实际内容是主体部分,主要包含文本和标记。文本是页面中所包含的实际信息,而标记则定义了文档呈现的格式。每个 HTML 标记名后面都有可供选择的属性列表。所有这些属性都写在尖括号中。

标记　浏览器根据标记(嵌入到文本中的符号)来决定文本的结构。标记位于尖括号中且成对出现。每个标记都有一串属性,后面再跟着等号和对应的属性值。表 2.1 给出了大部分常用的标记。

表 2.1 常用标记

起始标记	终止标记	含义
\<HTML\>	\</HTML\>	定义 HTML 文档
\<HEAD\>	\</HEAD\>	定义文档头部分
\<BODY\>	\</BODY\>	定义文档主体部分
\<TITLE\>	\</TITLE\>	定义文档标题
\<Hi\>	\</Hi\>	定义不同的头部分(i 是一个整数)
\<B\>	\</B\>	黑体字
\<I\>	\</I\>	斜体字
\<U\>	\</U\>	下划线字
\<SUB\>	\</SUB\>	下标
\<SUP\>	\</SUP\>	上标
\<CENTER\>	\</CENTER\>	居中
\<BR\>	\</BR\>	换行符
\<OL\>	\</OL\>	有序列表
\<UL\>	\</UL\>	无序列表
\<LI\>	\</LI\>	列表中的一项
\<LMG\>	\</LMG\>	定义图片
\<A\>	\</A\>	定义地址(超连接)

下面是一个 HTML 程序的例子。当运行时,将显示所链接的图片。

```
<HTML>
    <HEAD>
        <TITLE> Sample Document </TITLE>
    </HEAD>
    <BODY>
        This is the picture of a book:
        <IMG SRC="Pictures/book1.gif" ALIGN=MIDDLE>
    </BODY>
</HTML>
```

(2) PERL

PERL(Practical Extraction and Report Language,实用摘要和报表语言)是一种语法与 C 语言相似却比 C 语言高效的高级语言。PERL 的强大在于它有精心设计的正则表达式,从而使得程序员能解析字符串到组件中并提取所需的信息。

(3) SQL

SQL(Structured Query Language,结构查询语言)是一种响应数据库查询的语言。

总之,每种高级语言各有其特点,但是它们的语言成分、层次结构却是相似的,即具有一定的共性。首先,各种高级语言都是由基本元素(标识符、关键字和运算符等)、表达式和句子组成;其次,各种高级语言同自然语言一样,即由最基本的字符组成字,字组成句子,句子组成程序。

习　　题

2.1　什么是计算机语言？

2.2　简述计算机语言的发展历史。

2.3　什么是机器语言、符号语言和高级语言？它们各自有什么特点？相比于机器语言和符号语言,高级语言有哪些优点？

2.4　计算机唯一可以直接识别的是什么语言？

2.5　什么是源文件？什么是目标文件？

2.6　简述预处理程序和翻译程序各自的功能。

2.7　链接程序的目的是什么？

2.8　载入程序的功能是什么？

2.9　简述高级语言程序在计算机上执行的过程(即高级语言程序如何转换到机器语言程序,机器语言程序又如何在计算机上运行)。

2.10　简述计算机语言的大致分类以及各类语言的特点。

第 3 章　程序设计语言初步

在第 2 章介绍语言的分类时,我们提到了过程化语言。目前比较主要的有FORTRAN、COBOL、PASCAL、C 等。虽然这些语言之间存在着不同,但由于它们都属于过程化语言,所以也存在很多的共性。本章将向大家介绍过程化语言共有的、关键的概念。了解了这些关键概念,学习一门新的过程化语言将变得相对容易。而事实上,这些概念在面向对象语言中也存在。

由于对于初学者来说,单纯介绍这些概念不够直观形象,也不易理解,因此本章将结合应用广泛的过程化程序设计语言——C 语言——来介绍这些概念。

在介绍具体概念之前,我们先来看一个简单的编程题:编一个程序,从键盘读入两个整数,执行相加运算后将运算结果输出到计算机显示屏。

结合本篇第 1 章的图 1.18,本程序的运行过程应该是:首先通过键盘这一输入设备输入两个整数,存储到计算机的内存中。然后这两个整数从内存中被取出到运算器中参与运算,运算结果存放回内存中。最后内存中的数据输出到计算机输出设备——计算机显示屏——上。而具体执行什么操作、操作执行的先后顺序是由控制器根据程序来控制的。

如何实现这个程序,我们需要考虑以下问题。
（1）程序如何接收从键盘输入的这两个数？
（2）输入的这两个数如何存放到内存？
（3）如何告诉程序输入的是两个整数？
（4）执行相加运算时如何从内存取出这两个数？
（5）如何实现计算？计算结果如何存放回内存？
（6）如何输出计算结果到计算机屏幕？
……

本章介绍的 8 个概念将帮助大家解决上述问题。图 3.1 给出了这些概念到计算机各组成部件的对应关系。

输入语句解决如何从输入设备接收输入到内存;输出语句解决如何输出数据到输出设备;变量、常量和数据类型解决如何存储不同类型的数据到内存中、如何引用内存中的数据;表达式、语句、函数解决如何对数据进行运算加工。

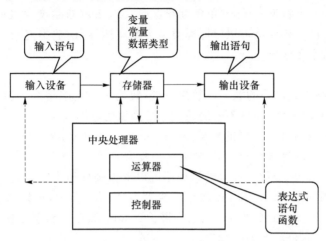

图 3.1　程序设计语言中的概念和计算机组成部件的对应关系

3.1　标识符

　　所有程序设计语言的共同特点之一就是都具有标识符。标识符是由程序员定义的单词,用来给程序中的数据、函数和其他用户自定义对象命名,如 age,name,isLeapYear 等。
　　不同程序设计语言具有不同的标识符格式。C 语言规定:①标识符由大写字母 A 到 Z、小写字母 a 到 z、数字 0 到 9 和下划线组成,且第一个字符必须是字母或下划线,随后的字符必须是字母、数字或下划线;②大小写敏感,如 age 和 Age 是两个不同的标识符;③标识符的命名不能采用 32 个专用名称,这些专用名称是 C 语言所定义的,具有特定含义,属于 C 语言的一部分,我们称之为**保留字**或**关键字**。而 PASCAL 语言则要求标识符的第一个字符只能是字母。

3.2　数据类型

　　数据是程序处理的对象。数据依据其本身的特点可以归为不同的类型。如在数学中,有整数、实数之分;在日常生活中,人的姓名和住址用字符串表示;有的问题的答案是"真"或者"假"。不同类型的数据具有不同的处理方法,如整数和实数可以参加算术运算,字符串可以进行拼接,逻辑数据可以参加逻辑运算。
　　数据类型　就是定义了一系列的值以及能应用于这些值上的一系列**操作**。每种数据类型都有它的取值范围,有应用于这些数据之上的操作。

不同的程序设计语言规定的数据类型会有所不同。在 C 语言中，包含了 4 种标准类型：int(整型)、char(字符型)、float(单精度浮点型)、double(双精度浮点型)。标准类型是原子的、不可再分的。程序员可以以标准类型为基本构件，构造出复杂的数据类型，如结构、数组、指针、枚举和联合。

1. 整型

整型是不包括小数部分的数。在数学中，整数是一个无限集合。但每台计算机都只能表示它的一个有限子集，而且不同的系统中整型值的范围也不同。

在 C 语言中，支持 3 种不同的整型：short int、int 和 long int。其中，short int 可以写做 short，long int 可以写做 long。int 型数据一般为 16 位或 32 位；short 型数据一般为 16 位，long 型数据一般为 32 位。各个编译程序可以根据硬件情况自由选择 int、short、long 的长度，唯一的限制是 short 和 int 数据至少要有 16 位，而 long 数据至少要有 32 位；short 数据不得长于 int 数据，而 int 数据不得长于 long 数据。整型数据所允许的运算包括＋、－、＊、/、％(取余)、＋＋(自加)、－－(自减)等。

2. 字符型

字符型数据是某一特定的计算机系统所能输入、输出的全部字符。除了大家所熟悉的英文字母、数字等，还包括其他字符，如％、$。C 语言使用美国标准信息交换码(ASCII)，即 C 语言中规定的字符型数据的取值范围是 ASCII 码中规定的所有字符。字符型数据长度为 8 位。

3. 浮点型

浮点型是带小数部分的数字类型。C 语言支持 3 种不同长度的浮点数据类型：float、double float 和 long double。浮点型数据所允许的运算包括＋、－、＊、/等。

3.3 变量

变量是内存中存储位置的名字，该存储位置用来存放被加工的信息或者加工结果，通过变量来访问这些信息。在计算机中，每一个内存存储位置都有一个地址。虽然在计算机内部是通过内存地址来找到要访问的数据，从而对数据进行操作的，但是对程序员而言，使用内存地址来访问和操作数据却十分不方便，因为程序员不知道数据应该放到内存的什么位置。用名字来代表地址，在程序中出现的是代表内存位置的名字而不是具体的地址，让编译器来跟踪数据实际存放的物理内存地址，程序员就可以解放出来。

对变量的两个重要操作就是变量定义和变量赋值。下面以 C 语言为例，介绍如何定义变量、如何对变量赋值。

1. 变量定义

在 C 语言中，要求使用变量前必须先定义变量。变量定义通报变量的性质(主要是变量的类型)并引起存储分配。定义后，变量就用来表示程序中需要操作的数据。

定义一个变量需要指定它的数据类型和名称。变量的数据类型可以是程序设计语言允许的任何数据类型,如整型、字符型或者浮点型等,变量的名称要求遵循标识符命名原则。

这之后,计算机将分配一些内存单元(大小由计算机系统决定)。

例如,在字符型变量、整型变量和浮点型变量分别占据 1 个字节、2 个字节和 4 个字节的计算机中,程序员在程序中定义了一个名为 sex 的字符型变量存放学生的性别,一个名为 age 的整型变量存放学生的年龄,一个名为 score 的浮点型变量存放学生成绩。变量定义语句如图 3.2 左侧所示,计算机为这 3 个变量分配的存储空间如图 3.2 右侧所示。则程序执行时引用 age 的地方,计算机就知道代表起始地址为 2002 的那两个连续字节的存储单元。

注意,变量定义引起了存储空间的分配,但此时变量中的值是无意义的。

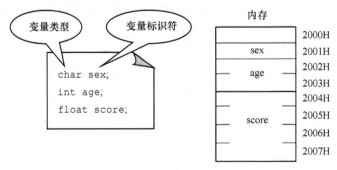

图 3.2 变量

2. 变量赋值

若想把数据存储到变量中,就需要对变量进行赋值。

C 语言变量赋值格式:变量名=表达式。

对 sex、age、score 3 个变量定义后进行赋值的语句如图 3.3 左侧所示。经过赋值,'F'、18 和 89.5 分别被存储到变量 sex、age 和 score 所能代表的内存空间里,如图 3.3 右侧所示。

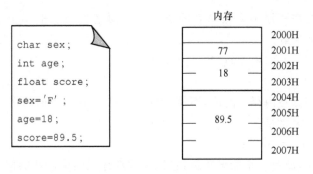

图 3.3 变量赋值

需要说明的是：

① 字符型数据在内存中存放时，实际存放的是该字符对应的 ASCII 码。由于字符'F'对应的 ASCII 码是 77，所以 sex 代表的内存区域存放的是 77。

② 数据在内存中实际是以二进制码形式存放的，如地址为 2001H 的内存单元实际存放的是 01001101（整数 77 对应的二进制码是 01001101），此处仅是为了直观起见，才直接用整数和浮点数表示。

③ 对变量赋值过程是"覆盖"过程，用新值去替换旧值。如 age＝age＊2；此语句首先读出变量 age 的值 18，然后乘 2 得到 36，最后将 36 赋值给 age。

④ 读出变量的值，该变量保持不变。

3. 变量初始化

C 语言允许变量在定义时进行初始化。初始化语句用来给变量赋初始值。例如，对 age 的初始化语句如下：

```
int age = 16;
```

此语句的作用是定义一个名为 age 的整型变量，并对其赋初始值为 16。

3.4　常量

常量是指在程序执行过程中不能改变的数据。例如，程序员在程序中可能需要多次用到 pi(3.14) 的值，pi 就是一个变量。我们可以在程序的顶部定义常量，并在后面使用它们，这样将使程序易读性好、容易维护。当然，在某些情况下常量的值会变，例如评定奖学金时，今年要求的最低平均分可能和前几年的不一样，但这个值不是经常在变，甚至在若干年内可能都保持不变。程序员可以为最低平均分定义一个常量，然后当最低平均分要求有变化时，修改这个常量的值即可。

常量在程序中以下列 3 种方式出现：文字常量、命名常量和符号常量。

1. 文字常量

文字常量是指在程序中未被命名的值。如下面这个例子中，2 就是一个文字常量，length 和 width 是变量。

```
circumference = 2 * length * width;
```

2. 命名常量

命名常量是存储在内存中的值，不需要程序去改变它。下面的例子给出了如何在 C 语言中定义一个命名常量。

```
const float pi = 3.14;
```

上述定义表明，pi 是一个命名常量，它代表的内存空间里存储的值是 3.14，且不会改变。

3. 符号常量

符号常量是仅含有符号名称的值。编译时,预处理程序能够将所有出现该符号名称的地方用值替换。在大多数程序设计语言中,值不存储在内存中。符号常量要在程序的开头定义,以便能明显地看到。它用于常量偶尔会改变值的情况,如我们上面说的最低平均分。下面的例子给出了 C 语言中如何使用符号常量。

♯define aveScore 85

上述定义表明 avaScore 是一个符号常量,代表值 85。

4. 常量和类型

和变量一样,常量也有类型。大多数程序设计语言使用整型、浮点型、字符型和字符串型常量。例如,下面列举了 C 语言中的这 4 种常量。其中,字符用单引号括起来,字符串用双引号括起来。

```
15         整型常量
15.4       浮点型常量
´A´        字符型常量
"Hello"    字符串型常量
```

3.5 输入和输出(I/O)

一个真正有用的程序必须要有输入和输出语句,以实现程序和外界环境的联系(交换信息)。输入和输出语句最基本的功能在于从外界环境将值读入一个变量,或者将一个值写出到外界环境中。一个既无输入又无输出的程序是没有用的。程序交换信息的对象可能是:

① 特定的设备(I/O 设备),交互式 I/O;
② 环境中的文件,文件 I/O。

程序设计语言里 I/O 功能设计的基本追求:

① 方便易用,描述的紧凑性(容易描述,简洁);
② 灵活的控制(容易进行复杂的格式控制);
③ 类型安全(赋给变量的值类型一定正确,一定按类型正确的方式输出);
④ 用户可扩充性。

目前程序设计语言里 I/O 功能的提供方式有:

① 通过语言里的特殊机制,比如 PASCAL 语言;
② 通过库函数(形式必须符合语言中的一般情况,但较灵活、容易扩充)。

越来越多的语言采用了库函数的方式提供 I/O 功能,比如 C 语言。下面我们以 C 语言为例来说明输入/输出功能。

1. 输入

通过语句或者预先定义的函数可以从外界接收值。C 语言有几个输入函数，scanf 就是其中之一，用于从键盘读取数据并存储在一个变量中。如以下语句：

scanf(%d,&age);

当程序遇到该指令时，程序等待用户从键盘输入一个整数，然后将值存储到变量 age 中。%d 告诉程序键入的将是一个整数。

2. 输出

C 语言有几个输出函数。例如，printf 函数能够将字符串显示在显示器上。程序员可以将一个或多个变量作为待输出字符串的一部分。例如以下语句用于在字符串末尾显示变量 age 的值，%d 表示 age 变量是整型类型。

printf("Your age is ：%d",age);

注意，在输出时%d 不输出，而是被变量 age 的值代替。如假设变量 age 的值是 18，则显示器上将输出字符串"Your age is 18"。

3.6 表达式

表达式是由运算符、操作数和括号组成的用于计算求值的基本单位。运算符用于表明要完成的计算类型。数学中的加、减、乘、除就是很典型的运算符。每一种程序设计语言都规定了自身的运算符，这些运算符在语法和使用规则方面是有严格定义的。操作数是要接受运算的数，可以是变量、常量（文字量）、函数调用等。每一个运算符都有一个、两个或多个操作数。对计算过程的控制手段是根据程序语言中的规定，常见的有：

- 优先级，比如先加减后乘除；
- 结合顺序，比如左结合；
- 括号，提高优先级。

表达式是程序设计语言中最基本的计算描述手段，是描述计算值的过程的一个抽象层次。这个计算求值过程一般由编译程序完成，通过这个抽象使程序员可以摆脱许多具体的控制细节，比如：

- 计算过程中如何调配使用寄存器；
- 中间结果存放在哪里；
- 是否可能重新整理表达式以提高速度，等等。

比较典型的几类运算符和表达式如下。

1. 算术运算符和算术表达式

算术运算符用于进行加、减、乘、除等算术运算。表 3.1 列出了 C 语言中的算术运算符。由算术运算符、操作数和括号构成的表达式称为算术表达式，如(2 + 8/3) * 4。

表 3.1 算术运算符

运算符	定义	例子
+	加	num1+num2
-	减	num1-num2
*	乘	num1 * num2
/	除(取商)	sum /count
%	取模	count % 4
++	自加(加 1)	count++
--	自减(减 1)	count--

2. 关系运算符和关系表达式

关系运算符用于比较两个数据的大小关系。运算结果是逻辑值真或者假。C 语言使用表 3.2 中的 6 种关系运算符。

用关系运算符将两个表达式连接起来构成的表达式称为关系表达式。如(2+3)<10,在 C 语言中该表达式的值为 1(1 表示逻辑值真)。

表 3.2 关系运算符

运算符	定义	例子
<	小于	num1< num2
<=	小于等于	num1 <= num2
>	大于	num1 > num2
>=	大于等于	num1 >= num2
==	等于	num1 == num2
!=	不等于	num1 != num2

3. 逻辑运算符和逻辑表达式

逻辑运算符对逻辑值(真或假)进行组合后得到新的值。C 语言中使用表 3.3 中的 3 种逻辑运算符。

用逻辑运算符将简单的关系表达式连接起来,则构成较复杂的逻辑表达式。如 C 语言中:(1<2) && (3<4) 就是逻辑表达式,值为 1,代表真。

表 3.3 逻辑运算符

运算符	定义	例子
&&	与	(num1 < 5) && (num2 < 10)
||	或	(num1 < 5) || (num2 < 10)
!	非	!(num1 < 5)

4. 赋值运算符和赋值表达式

赋值运算符用于将值存储到变量中。C 语言中使用表 3.4 中的几种赋值运算符。

带有赋值运算符的表达式称为赋值表达式。赋值表达式的一般形式为:变量 = 表达式,如 $x = x+3$。

表 3.4 赋值运算符

运算符	定义	例子
=	num = 5	将 5 存入变量 num
+=	num += 5	相当于 num = num + 5
−=	num −= 5	相当于 num = num − 5
*=	num *= 5	相当于 num = num * 5
/=	num /= 5	相当于 num = num / 5
%=	num %= 5	相当于 num = num % 5

3.7 语句

语句是常规程序设计语言里描述计算过程的另外一个最基本层次。它描述计算的执行顺序,实现语言的基本操作,用于向计算机发出操作命令。一个语句经编译后会产生一条或多条机器指令来完成基本操作。基本语句是程序里的基本动作。常规程序设计语言中与数据有关的最基本动作是表达式赋值操作;语句层面控制采用各种专用控制结构,每种控制结构产生出一种特定的计算流程,程序设计人员可以通过不同结构的组合应用,实现自己的特殊控制要求;程序设计语言中一般提供产生特定计算顺序的结构(如语句层控制结构,如分支、循环等),还提供一些机制(如 break,continue),使程序员可改变计算顺序。在 C 语言中,相应地规定了 6 类语句:表达式语句、复合语句、选择语句、循环语句、标记语句和跳转语句。下面介绍其中的前 4 类语句。

1. 赋值语句(表达式语句)

顾名思义,赋值语句就是将表达式的值赋予变量的操作。书写方式要结合语言的语法,在一个表达式末尾加上分号便构成表达式语句。如果表达式涉及赋值(存在赋值运算符或运算符++或−−),则将计算得到的值保存到变量中。如果不涉及赋值,值将被丢弃。下面是一些表达式的示例:

i++;
i = 10;
i = i + 10 * j;

第一个表达式是取出变量 i 的值,加 1 后再重新赋给 i;第二个表达式是将 10 赋值给变量 i;第三个表达式是取出变量 i 和 j 的值,运算后重新赋给 i。

2. 复合语句(顺序结构)

复合语句是包含 0 个或多个语句的代码单元,也被称为块。复合语句使得一组语句成为一个整体。在 C 语言中,复合语句的界定符是{…},即由一个左大括号、可选语句段、一个右大括号组成。下面是一个复合语句的示例:

```
{
    i = 1;
    j = 2*i;
}
```

3. 选择结构语句

选择结构是 3 种基本控制结构之一,它和循环结构一样是在基本语句之上用于控制计算顺序的,目前大多数程序设计语言中都会包含基本控制结构,这已成为设计语言中的标准。下面简单介绍一些基本控制结构的演变历史。

最初的流程控制是从硬件控制机制演变而来的,就是机器语言或汇编语言中的标号和 goto 语句。无条件转移和条件转移是机器语言或汇编语言中的基本控制手段,最早的高级程序设计语言(FORTRAN)就提供了标号和 goto 语句。随着对程序中的控制流程的认识,人们逐渐归纳出许多规范的流程,提出了许多更高级、更结构化的控制机制,正在逐步削减 goto 的领地。if 语句和循环语句就是在这个演变过程中提出的。if 语句的含义是根据情况选择性地执行一段代码,或者从两段代码中选择执行。各种循环语句(后面介绍)是为实现在一定条件重复执行一段代码若干次。剩下的有用的 goto 就是为了改变规范的控制流,比如退出循环或者其他控制结构(break 等)。

下面我们以 C 语言为例进行讨论,C 语言中有两种选择结构语句。

(1) if-else

在 C 语言中,为了实现双路选择,可以使用 if-else 语句。它的作用是根据条件是否满足,来决定从给定的两组操作中选择其中一组去执行。图 3.4 显示了 if-else 的逻辑流程。表达式可以是任意 C 逻辑表达式(也称条件表达式)。当逻辑表达式的值为真(非 0)时,执行语句组 1 中的各条语句;否则,执行语句组 2 中的各条语句。如果语句组中仅有 1 条语句,则大括号可以省略。

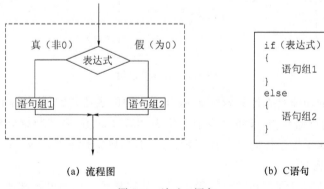

图 3.4 if-else 语句

我们也可以根据实际情况省略 if-else 语句中的 else 分支,意思是当表达式的值为假时,不执行任何操作,如图 3.5 所示。而且,if-else 语句可以嵌套(一个套在另一个里面)而形成多路选择,如图 3.6 所示。

图 3.5 只有 if 分支的 if-else 语句　　　　　图 3.6 if-else 语句的嵌套

特别提示　else 的匹配规则是:与最近的无 else 的 if 匹配。

(2) switch

尽管使用嵌套的 if-else 语句可以实现多路选择,但在 C 语言中使用 switch 语句可以更好地达到这个目的(如图 3.7 所示),注意选择条件必须是 C 语言中的一种整数类型。

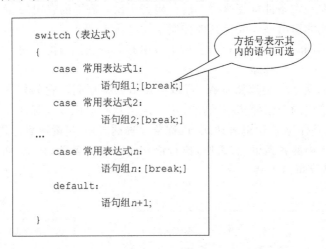

图 3.7 switch 语句

switch 语句的功能是先计算紧跟在 switch 后面的表达式的值,如果该值等于常用表达式 1 的值,就执行语句组 1;如果等于常用表达式 2 的值,就执行语句组 2;以此类推。如果该表达式的值不等于任何一个常用表达式的值,则执行语句组 $n+1$。

4. 循环结构语句

没有循环和递归(后面会介绍)的程序是平凡的程序。正是循环和递归给了计算机生命力。计算机的威力就在于它能反反复复做一些事情。

程序设计语言中的循环结构分为两种。
① 枚举控制的循环　对某个有限集合里的每个元素执行循环体一次。
② 逻辑控制的循环　执行到某个逻辑条件变了。
C 语言中定义了 3 种循环语句:while、do-while 和 for。
(1) while(逻辑控制循环)
while 循环是 C 语言中主要的循环结构。while 循环是先检测逻辑表达式的值,如果是真(非 0),则执行循环体中的语句组,然后再检测、再执行,如此循环,直到表达式值变为假(为 0)。其逻辑流程如图 3.8 所示。

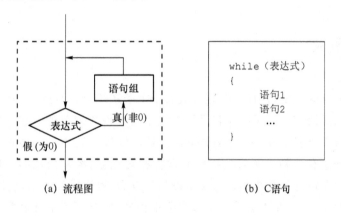

图 3.8　while 语句

(2) do-while

和 while 循环相反,do-while 是后检测循环。先执行一次循环体中的语句,然后检测表达式的值。如果是假,循环终止;如果是真,则再执行循环体,然后再检测表达式的值。其逻辑流程如图 3.9 所示。

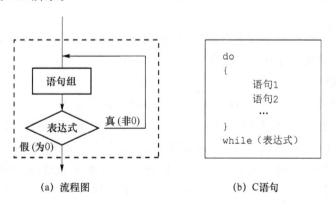

图 3.9　do-while 语句

```
for（表达式1；表达式2；表达式3）
{
    语句1
    语句2
    ...
}
```

图 3.10 for 语句

(3) for 循环语句（枚举控制）

for 循环也是先测试循环。但与 while 不同的是，它是计数器控制的循环，计数器首先被初始化，然后在每一次循环中增加（或减少）。当计数器的值达到预定值时循环终止。

在图 3.10 所示的 C 语句中，计数器在表达式 1 中被初始化，在表达式 3 被增加（或减少），当计数器的值使得表达式 2 为假时循环结束。

3.8 函数

一个较为复杂的系统，往往需要划分成若干个子系统，然后对每一个子系统分别进行开发和调试。高级语言中的子程序就是用来实现这种模块划分的。在 C 语言中，子程序被称为函数。第 5 章将系统介绍子程序，本小书只对 C 语言中的函数作一简单介绍，让读者对子程序概念有一初步了解。我们通常将相对独立、经常使用的功能抽象为函数。函数是结构化程序设计的基本单位。函数编写好以后，可以重复使用，使用时可以只关心函数的功能和使用方法，而不必关心函数内部如何实现，从而有利于代码重用、提高软件质量和开发效率。

一个 C 语言程序是由一个主函数（main）和其他若干个子函数组成的。程序的运行都从主函数开始，也是由主函数结束。主函数可以调用其他函数来完成一些特定任务，而子函数还可以调用其他子函数。

主函数由操作系统调用，其他函数由主函数调用，当主函数执行结束，控制便交还给操作系统。

函数通常用于接收 0 个或多个数据，然后对它们进行加工处理，并至多返回一个数据。函数还有可能使程序状态发生改变。

1. 函数声明

函数必须有定义，函数定义体现了函数的功能。在 C 语言中，如果函数在被调用前尚未进行定义，则必须先被声明。图 3.11 给出了函数的声明、调用、定义之间的关系。

在图 3.11 中，函数 sum 在 main 函数中被调用，用于计算 x 和 y 的和。但由于 sum 是在 main 函数之后定义的，所以在 main 函数调用 sum 函数之前，必须先对 sum 函数进行声明，指明函数的名称、参数类型和参数名称（参数名称可省略）、返回值类型。

2. 函数定义

函数定义包括函数头和函数体。

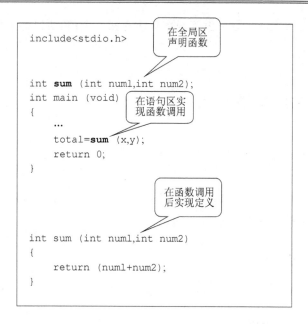

图 3.11　函数的声明、定义和调用

函数头：包括函数返回类型、函数名称、形式参数列表。图 3.11 中 sum 函数的函数头为 int sum (int num1,int num2)，main 函数头为 int main (void)。

函数体：包括声明和语句。函数体开头一般是局部定义，用来指定在本函数中要用到的局部变量。在局部声明之后是以 return 语句结束的函数体。如果函数的返回值为空（void），则可以没有 return 语句。图 3.11 中的 sum 函数比较简单，其仅有 return 语句，没有局部定义。在 3.9 节的程序实例中我们会看到包含了局部定义的函数。

3. 函数调用

函数调用用来对函数进行调用，调用包含实际参数，用来表示送往被调用函数的值。传递给函数的实际参数和函数的形式参数要求在顺序上一致、类型上相匹配。如果有多个实际参数，则用逗号隔开。

4. 参数传递

在 C 语言中，给函数传递参数有两种方法：按值传递和按引用传递。

① **按值传递**。当按值传递时，数据被复制并置入被调用函数的本地变量中。这种传递数据的方式能够确保不管在被调用函数中怎样操作并改变传入的数据，在主调函数中的原始数据都是安全的、未发生变化的。由于按值传递保护了数据，因此它是更受青睐的传递方法。

② **按引用传递**。有时，必须使用按引用传递。按引用传递是指将变量的地址而不是变量的值传递给被调函数。当需要通过被调函数改变主调函数中变量的内容时，就必须使用这种方式。例如，需要编写这么一个函数，它的功能是对输入的两个参数分别进行处

理,并将处理结果返回主调函数。由于函数只能返回一个值,所以必须使用按引用传递来解决这个问题。

3.9 C语言程序实例

例 3.1 在屏幕上输出一串字符:He is a student.
程序如下:
```
/* 例题 3.1 C语言程序示例:输出字符串 */
#include <stdio.h>
main( )
{
    printf("He is a student.\n");
}
```
以上程序运行后,会在屏幕上显示:
He is a student.

程序分析

程序的组成部分

(1) main( )函数

每一个C程序都必须有一个而且只能有一个主函数(即 main 函数)。通常情况下,程序从 main 函数中的第一条语句开始执行。

(2) #include 编译命令行

编译指令#include 命令C编译器,在编译时将文件 stdio.h 的内容添加到程序中。

(3) 变量定义

定义程序中用到的变量。

(4) 库函数 printf( )

该函数在标准库的 stdio.h 中。库函数实际上是一批厂家开发编定的功能程序段,为了方便用户完成程序设计,预先设计丰富的程序段,放在一个库中,给出一个表,说明每个程序段的功能,供用户在C程序设计时使用(调用),以简化用户的工作。下面我们列举几个文件对应的库函数。

- stdio.h——标准输入/输出函数库。
- stdlib.h——动态分配内存等。
- ctype.h,string.h——字符函数与字符串函数库。
- math.h——数学函数库。

(5) 程序注释

/* */ 或 //。

(6) 使用花括号

使用花括号{ }将函数体括起来。

例 3.2 求 3 个浮点数的平均值。

```
main( )
{
    float average(float x,float y,float z);   /*先声明函数,该函数在后面定义*/
    float a,b,c,ave;                          /*定义变量*/

    scanf("%f,%f,%f",&a,&b,&c);               /*调用输入库函数读取3个浮点数置
                                                入3个变量中。&表示取变量地址
                                                */

    ave = average(a,b,c);                     /*表达式赋值语句,表达式的操作数
                                                是函数调用*/

    printf("average = %f\n",ave);             /*输出函数调用结果值,并将光标定位
                                                到下一行首。\n是换行符*/
}
自定义函数:
float average(float x,float y,float z)        /* 函数定义部分 */
{
    float aver;                               /* 变量定义*/

    aver = (x + y + z)/3;                     /*表达式赋值语句,表达式的操作数
                                                是变量和常量*/
    return(aver);                             /*返回结果值*/
}
```

运行情况如下:

3.5,4.6,7.9

average = 5.333333

例 3.3 输入一个数,判别它是否能被 3 整除。若能被 3 整除,输出 YES;若不能被 3 整除,输出 NO。

```
main( )
{
```

```
    int n;                      /* 变量 n 定义为整型变量 */

    printf("input n:");          /* 输出函数调用,打印提示 */
    scanf("%d",&n);              /* 调用输入函数完成输入操作,从键盘输
                                    入一个数存入变量 n */
    if (n%3 = = 0)
       printf("n = %d YES\n",n); /* 选择结构语句,根据逻辑表达式的值,决定
                                    执行哪条语句,结束处的分号不能省 */
    else
       printf("n = %d NO\n",n);
}
```

若输入值为 21,运行情况为:

input n:21

n = 21 YES

若输入值为 20,运行情况为:

input n:20

n = 20 NO

例 3.4 计算 $1+2+3+\cdots+n$ 的值。

累加算法是程序设计的基本算法之一,n 假设为给定值 100。

```
main( )
{ int i,sum; /* 定义变量,i 作为计数器变量控制循环,sum 是保存结果的变量 */
  sum = 0;                      /* 初始化变量 sum */
  for (i = 1;i<= 100;i++)       /* 枚举循环 i:从 1->100,每次加 1,共循环 100 次 */
     sum = sum + i;             /* 重复执行加法赋值操作 */
  printf("sum = %d\n",sum);     /* 调用输出函数,打印结果 */
}
```

运行情况如下:

sum = 5050

习　　题

3.1　什么是标识符?

3.2　什么是常量?使用命名常量和符号常量有哪些好处?

3.3 什么是变量?变量的"名"、"地址"、"存储区"和"值"各是什么意思?

3.4 怎样区分常量和变量?它们有什么不同?

3.5 什么是数据类型?C语言有哪4种标准的数据类型?数据类型和变量有什么关系?

3.6 写一个变量说明部分,说明:

(1) 两个 int 型变量 number 和 year;

(2) 一个 char 型变量 signal;

(3) 三个 float 型变量 height, width 和 height。

3.7 C语言中关系运算符、逻辑运算符和赋值运算符各有哪些?

3.8 写出下列逻辑表达式:

(1) j 被 k 整除。

(2) m 是偶数。

(3) $y \notin [-100, -10]$,且 $y \notin [10, 100]$。

(4) 判断 x 年是否是闰年的条件。

  a. 能被4整除但不能被100整除;或 b. 能被100整除且能被400整除。

3.9 判断下列标识符是否是合法的C语言标识符?

 a. 2AD   b. A2D   c. A C   d. 123

3.10 什么是函数?函数声明的作用是什么?函数定义包括哪几部分内容?如何调用函数?

3.11 什么是函数的参数?函数参数传递时按值传递和按引用传递有什么区别?

3.12 用C语言中的 for 循环语句打印"HELLO WORLD!"10次。

3.13 用C语言中的 while 循环语句打印"HELLO WORLD!"10次。

3.14 用C语言中的 do-while 循环语句打印"HELLO WORLD!"10次。

3.15 写C程序,输入底的半径和高,求圆柱体的体积和表面积,并输出。

3.16 写C程序,从键盘读入两个整数,求两个数中的较大值并在显示器上输出。要求:编制一子函数,其输入参数为两个整数,该函数用于求出较大的那个整数并返回给主函数。

3.17 写C程序,输入一个字符,然后顺序输出该字符的前驱字符、该字符本身和它的后继字符。

第 4 章 算法设计方法

4.1 算法的概念

4.1.1 程序设计的目的

第 4 篇中会提到,计算机科学与技术学科的根本问题是什么能够被有效地自动化,可以推知,设计程序的根本目的是要让计算机帮助人们自动地完成所要处理的复杂任务。比如,为了证明歌德巴赫猜想,计算机程序可以帮我们找到一定范围内的所有素数。为了达到自动执行这一目的,人们必须告诉计算机应该怎样做,这个"怎样做"的实质就是操作指令序列——程序,计算机根据人们设计的程序可以不知疲倦地 7×24 小时工作。所以程序设计就必须包括两个核心问题,即"做什么"与"怎么做"。程序设计的任务就是要解决这两个问题。

对于"做什么"的问题,要在程序设计的前半阶段完成,这就是要确定程序的功能,这对于大型程序设计是至关重要的。这个问题的解决目前主要是利用软件工程的方法,通过需求分析逐步明确"做什么",这部分内容不作为我们这一章讨论的重点;而我们的重点是解决"怎么做"的问题,这就是所谓的程序设计,即对于给定的问题,设计求解该问题的操作步骤(算法),并用程序语言描述为程序,交给(编译链接)计算机进行执行,最后得到结果的过程。对于程序设计又可以分成两部分进行讨论,那就是算法和算法设计,下面我们就针对算法的概念进行阐述。

4.1.2 算法的概念

计算机可以解决多类信息处理的问题,但人们必须事先用计算机能够理解的语言(即程序设计语言)来详细描述解决问题的步骤,即首先进行程序设计。对稍复杂一些的问题,要直接写出能解决该问题的计算机程序是困难的。为了克服这一困难,人们把程序设计的任务分成两步来解决。

第一步,不使用程序设计语言而使用一种较简单明了的表达方式(例如自然语言)设计出求解问题的步骤——算法。对于初学者来说,这是非常难以跨越的一步。首先的难点是不易思考出求解问题的思路;其次的难点是如何将思路进行表达。所谓表达就是描述,或者说通俗一些就是用比较规范的格式写出来。这一步是我们这一章的教学重点。

第二步,根据设计并描述好的算法,使用某种程序设计语言编写对应于该算法的程序。第二步的工作实质上是转换和映射过程,要比第一步的容易得多。因此,程序设计的核心应该是算法设计,算法设计是应用计算机解决实际问题过程中一个极为重要的环节。

那么我们首先要对算法的概念进行一个定义。简单地说,**算法**是解决问题的步骤序列(操作序列)。不仅计算机解决问题需要有算法,在日常生活中做任何事情也都有它的算法。例如,烹调书中告诉人们烘烤面包的原料与操作步骤,这就是烤面包的算法;从北京开汽车去天津的路线走法就是从北京开车去天津的算法。这些算法都是描述活动(操作)步骤的方法,即后面要讲述的流程图描述方法,这种描述方法强调的是活动和过程。

再举一个例子,如编写"从宿舍起床赶到教室上课"的"程序",程序功能如下:上午8点钟前进入教室坐好。为了做到这一点,就要对8点前的"活动"(算法)做设计了。例如,必须做到:

(1) 7:20前离开宿舍(可能的活动有叠被、洗漱、听广播);
(2) 7:50前离开食堂(可能的活动有排队买饭、吃饭、交回餐具);
(3) 8:00前进入教室(可能的活动有走路(骑车)、找教室)。

这种算法的描述方法与上面的不同,它描述的是状态,也就是执行了操作后所达到的状态,比如,离开宿舍前已经达到了"被子叠好、洗漱完毕、新闻获取"的状态。通过状态的转移来描述所执行的操作过程,这种描述一般采用状态转移图的描述方式。在通信软件的设计当中普遍采用。

4.1.3 计算机算法及其特性

当然我们更关心的是用于计算机的算法。对于计算机算法,首先要明确的概念是"操作",即什么是计算机可以执行的操作。这就需要根据算法设计的场景不同区别对待,正如前面章节所述,对于在计算机裸机上进行算法设计而言,计算机的操作就是计算机指令系统中的"指令",指令的执行序列就是算法或程序。而现在讨论的是在程序设计语言的基础上进行算法设计,那么它的可执行操作就是第3章所讲述的操作,比如算术表达式运算、逻辑表达式运算、表达式赋值操作、控制结构的操作、输入/输出操作等,我们可以将算法设计的基础(操作集合)理解为计算机的"能力集",这样的算法设计实际就是在当前计算机能力集的基础上进行的算法设计,类似于在没有学习初等数学的代数之前只能用算术表达式的方法解决实际问题一样。这一点对于初学者来说非常重要,比如我们要计算 2^4,就不能描述成 $X=2^4$,因为目前的计算机"能力"只能够进行简单的算术运算,还不能进行诸如求幂或求方根的运算,而要实现求幂的运算只能利用乘法运算和循环控制操作的方法来求得。

任何一个能够解决问题的计算机算法都必须具备以下 5 个特性。

(1) **可执行性**。算法中的每一个步骤都是可执行的。显然,这是一个正确算法必须具备的性质。例如,若在解决某问题的步骤序列中有一步:"到商店去替我买支圆珠笔。"这个步骤计算机是无法执行的,则这一解决问题的步骤序列就不是算法。

(2) **确定性**。算法中的每一个步骤,必须是明确定义的,不得有任何歧义性(非确定性)。例如,步骤"用 10 与 2 进行算术运算"是一个有歧义的步骤,而步骤"计算 10 与 2 的和"则是具有确定性的步骤。如果一个解题的步骤序列中有的步骤是不明确的,那么使用这样的解题步骤序列就不能保证会获得问题的准确答案。自然,这样的解题步骤序列不能称为算法。

(3) **有穷性**。一个算法必须在执行有穷步之后结束。如果一个解题步骤序列永远不能结束,则永远得不到问题的解答。因此,有始无终的解题步骤序列决不是算法。

(4) **有输入信息的说明**。有的算法可以没有输入信息,然而绝大多数算法都具有输入信息。一个正确的算法要输出成品,不对加工对象提出要求,自然难以得到合格的成品。

(5) **有输出信息的步骤**。既然算法是用来解决给定的问题的,那么一个正确的算法必须将人们所关心的问题答案输出来。因此,一个算法应当至少有一个输出问题答案的步骤。

本节例举 3 个典型例子说明在程序设计中如何设计具体算法,希望读者能够举一反三,灵活地对要解决的问题设计出最佳算法。

例 4.1 求 $1\times 2\times \cdots \times 9\times 10$,即 10!

第一种算法

分析:假设目前的计算机能力具备进行简单的两个运算数的算术运算操作,还具备算术赋值操作和存储数据的变量(将中间结果用变量存储),但不能进行复杂的算术运算,此时可以用最原始的方法进行。

S1:先求 1×2,得到结果 2 并赋值给变量 p,即 $1\times 2\to p$;

S2:将步骤 S1 得到的乘积 $p(p=2)$ 再乘以 3,得结果 6 并赋值给变量 p,即 $p\times 3\to p$;

S3:将 $p(p=6)$ 再乘以 4,得 24 并赋值给变量 p,即 $p\times 4\to p$;

第4章 算法设计方法

S4：将 $p(p=24)$ 再乘以 5，得 120 并赋值给变量 p，即 $p\times 5 \to p$；

......

S9：将 362 880 乘以 10，得 3 628 800，即 $p\times 10 \to p$。

上述操作序列执行结束后的变量 p 即是最后结果。

上面的 S1，S2……代表步骤 1，步骤 2……S 是 Step（步骤）的缩写。这是写算法的习惯用法，"→"表示赋值操作。

虽然这样的算法是正确的，但过于繁琐。如果要求 $1\times 2\times\cdots\times 10\ 000$，则要写 9 999 个步骤，显然是不可取的。而且每次都直接使用上一步骤的数值结果（如 2、6、24、120 等），也不方便。应当找到一种通用的表示方法，通过分析可发现规律：乘数是前一个数加 1。利用这一规律，得到第二种算法。

第二种算法

分析：可以引入计算机循环（重复）操作的能力，这样可以设两个变量，一个变量代表被乘数，一个变量代表乘数。不另设变量存放乘积结果，而直接将每一步骤的乘积放在被乘数变量中。现在，设 p 为被乘数，i 为乘数。用循环算法来求结果。可以将算法改写如下：

S1：使 $1 \to p$；

S2：使 $2 \to i$；

S3：使 $p\times i$，乘积仍放在变量 p 中，可表示为 $p\times i \to p$；

S4：使 i 的值加 1，即 $i+1 \to i$；

S5：如果 i 不大于 10，返回重新执行步骤 S3 以及其后的步骤 S4 和 S5；

否则，输出结果 p，printf(p)；

算法结束。

最后得到 p 的值就是 10！的值。

请读者仔细分析这一算法，能否得到预期的结果。显然这个算法比前面列出的算法简练。

如果将题目改为求 $1\times 3\times 5\times 7\times 9\times 11$，算法只需做很少的改动即可：

S1：$1 \to p$；　　　/* 赋值操作 */

S2：$3 \to p$；　　　/* 赋值操作 */

S3：$p\times i \to p$；　　/* 表达式赋值操作 */

S4：$i+2 \to i$　　　/* 表达式赋值操作 */

S5：若 $i\leqslant 11$，返回 S3，继续执行；　　　/* 循环控制 */

否则，输出结果 p，printf(p)；

算法结束。

可以看出,用这种方法描述的算法符合计算机算法的基本特性,具有可执行性、确定性、有穷性以及有输出信息的说明。上述 S1~S5 都是计算机能力集中的操作(可执行性),S3 到 S5 组成一个循环,在实现算法时,要反复多次执行 S3、S4、S5 等步骤,直到某一时刻,执行 S5 步骤时经过判断,乘数 i 已经超过规定的数值而不返回 S3 步骤为止。此时,变量 p 的值就是所求结果。输出变量 p,算法结束。

可以将上面的算法"泛化"吗?假使求任意整数 $N(N>1)$ 的阶乘,那么如何修改上面的算法呢?思路是:首先要增加"读入任意整数 N 的操作",其次将循环控制条件改为与 N 相关,这样就可以计算任意整数的阶乘了。

由于计算机是高速运算的自动机器,实现循环是轻而易举的,所有计算机高级语言中都有实现循环的语句。因此,上述算法不仅是正确的,而且是计算机能够实现的较好的算法。

例 4.2 120 个学生,要求将他们之中成绩在 60 分以上者打印出来。

分析:用变量 num 表示并存放学生学号,用变量 score 存放学生成绩,i 表示当前处理的学生顺序,$i=1$ 代表第 1 个学生,$i=120$ 代表第 120 个学生。

算法如下:

S1:$1 \rightarrow i$;

S2:读入第 i 个学生的学号和成绩到变量 num,score,scanf(n,score);

S3:如果 score$\geqslant$60,则打印 num 和 score,printf(num,score),否则不打印;

S4:$i+1 \rightarrow i$;

S5:如果 $i \leqslant 120$,则返回 S2,继续执行;否则,算法结束。

本例中,变量 i 作为下标。用它来控制序号(第几个学生,第几个成绩)。当 i 超过 120 时,表示已对 120 个学生的成绩处理完毕,算法结束。该算法符合算法的五大基本特性。

例 4.3 一个大于或等于 3 的正整数,判断它是否为一个素数(质数)。

分析:所谓质数是指除了 1 和该数本身外,不能被其他任何整数整除的数。例如,13 是素数(质数)。因为它不能被 2,3,4,…,12 整除。

判断一个数 $n(n \geqslant 3)$ 是否为素数的方法很简单,即将 n 作为被除数,将 2 到 $n-1$ 各个整数依次作为除数,如果都不能被整除,则 n 为素数。

算法如下:

S1:输入 n 的值,scanf(n);

S2:$i=2$;   /* i 是除数 */

S3:n 被 i 除,得余数 r;$n \bmod i \rightarrow r$;   /* mod 是模除,即除法取余 */

S4:如果 $r=0$,表示 n 能被 i 整除,则打印 n"不是素数",算法结束;

否则执行 S5；

S5：$i+1\rightarrow i$；

S6：如果 $i\leqslant n-1$，返回 S3；

否则，打印 n"是素数"；

算法结束。

实际上，n 不必被 2 到 $n-1$ 之间的所有整数除，只需被 2 到 $n/2$ 之间的整数除即可，甚至只需被 2 到 $\sqrt{n}$ 之间的整数除即可。例如，判断 13 是否为质数，只需将 13 被 2、3 除即可，如果都除不尽，n 必为素数。S6 步骤可改为：

S6：如果 $i\leqslant\sqrt{n}$，返回 S3；否则，打印 n"是素数"；算法结束。

在考虑算法时，应当仔细分析所需判断的条件，如何一步一步缩小被判断的范围。有些问题，判断的先后次序是无所谓的，而有些问题，判断条件的先后次序是不能任意颠倒的，读者需根据具体问题具体分析。

通过以上几个例子，可以初步了解怎样设计一个算法。

4.2 算法的 3 种基本结构

1966 年，Bohra 和 Jacopini 提出了以下 3 种基本结构，用这 3 种基本结构作为表示一个良好算法的基本单元。

1. 顺序结构

如图 4.1 所示，虚线框内是一个顺序结构。其中 A 和 B 两个框是顺序执行的。即在执行完 A 框所指定的操作后，必然接着执行 B 框所指定的操作。顺序结构是最简单的一种基本结构。

2. 选择结构

选择结构又称选择或分支结构，如图 4.2 所示，虚线框内是一个选择结构。此结构中必然包含一个判断框。根据给定的条件 p 是否成立而选择执行 A 框或 B 框。例如，条件 p 可以是"$x\geqslant 0$"或"$x>y$"、"$a+b<c+d$"等。请注意，无论 p 条件是否成立，只能执行 A 框或 B 框之一，不可能既执行 A 框又执行 B 框。无论走哪一条路径，在执行完 A 框或 B 框之后，都经过 b 点，然后离开本选择结构。B 框可以是空的，即当条件 p 不成立时不执行任何操作，如图 4.3 所示。

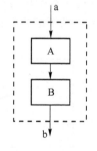

图 4.1 顺序结构

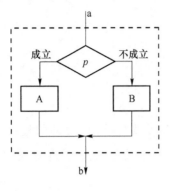
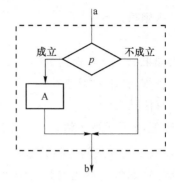

图 4.2 选择结构-1　　　　　　　　　图 4.3 选择结构-2

3. 循环结构

循环结构又称重复结构,即反复执行某一部分的操作。可细分为两类循环结构。

(1) 当型(WHILE 型)循环结构

如图 4.4(a)所示。它的功能是当给定的条件 p 成立时,执行操作 A 框,A 执行完毕后,再判断条件 p 是否成立,如果仍然成立,再执行操作 A 框,如此反复执行操作 A 框,直到某一次条件 p 不成立为止,此时不执行 A 框,而从 b 点离开循环结构。

(2) 直到型(UNTIL 型)循环结构

如图 4.4(b)所示,它的功能是先执行操作 A 框,然后判断给定的条件 p 是否成立,如果条件 p 不成立,再执行操作 A,然后再对条件 p 作判断,如果条件 p 仍然不成立,继续执行操作 A……如此反复执行操作 A,直到给定的条件 p 成立为止,此时不再执行 A,从 b 点离开本循环结构。请读者思考:第 3 章介绍了 C 语言中的 do-while 结构,它和此处的直到型循环结构有哪些异同?

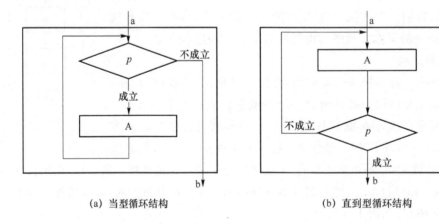

(a) 当型循环结构　　　　　　　　　(b) 直到型循环结构

图 4.4 循环结构

以上 3 种基本结构,其共同特点有以下几点。

(1) 只有一个入口。图 4.1 至图 4.4 中所示的 a 点为入口点。

(2) 只有一个出口。图 4.1 至图 4.4 中所示的 b 点为出口点。请注意：一个菱形条件判断框有两个出口，而一个选择结构只有一个出口。不要将菱形框的出口和选择结构的出口混淆。

(3) 结构内的每一个部分都有机会被执行到。也就是说，对每一个框来说，都应当有一条从入口到出口的路径通过它。图 4.5 没有一条从入口到出口的路径通过 A 框。

(4) 结构内不存在"死循环"(无终止的循环)。图 4.6 所示即为一个死循环。

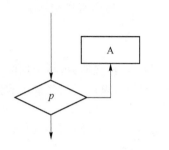

图 4.5 没有从入口到出口的路径

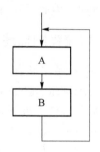

图 4.6 死循环

已经证明，由以上 3 种基本结构顺序组成的算法结构，可以解决任何复杂的问题。由基本结构所构成的算法属于"结构化"的算法，它不存在无规律的转向，只在本基本结构内才允许存在分支和向前或向后的跳转。

其实，算法结构不一定只限于上面 3 种，只要具有上述 4 个特点的都可以作为算法结构。由它们构成的算法也是结构化的算法。但是，这些结构都可以由这 3 种基本结构派生出来。因此，仅使用这 3 种基本结构，就可以设计出任何复杂算法。

为了获得易读、易懂、易修改扩充的算法，人们经过长期的实践，认为必须采取以下 3 个措施：

(1) 利用自顶向下的方法设计算法；

(2) 只利用顺序、选择、循环 3 种基本结构来构造算法；

(3) 要有简洁优美的算法表达风格。

我们将在以后各节继续讨论这些问题。

4.3 算法的描述方法

为了描述算法，可以使用多种方法。常用的有自然语言、传统流程图、N-S 流程图、伪代码和计算机语言等。

4.3.1 用自然语言描述算法

前面介绍的算法是用自然语言描述的。自然语言就是人们日常使用的语言,可以是汉语英语或其他语言。用自然语言表示通俗易懂,但文字冗长,容易出现"歧义"。自然语言表示的含义往往不太严格,要根据上下文才能判断其正确含义。假如有这样一句话:"王先生对李先生说他的孩子考上了大学"。请问是王先生的孩子考上了大学呢,还是李先生的孩子考上了大学呢?仅仅从这句话本身难以判断。此外,用自然语言描述包含分支和循环结构的算法,很不方便。因此,除了很简单的问题以外,一般不用自然语言描述算法。

4.3.2 用流程图描述算法

流程图是用一些图形表示各种操作。用图形描述算法,直观形象,易于理解。美国国家标准化协会(American National Standard Institute,ANSI)规定了一些常用的流程图符号(如图 4.7 所示),已为世界各国程序人员普遍采用。

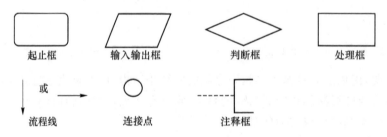

图 4.7 流程图的基本元素

图 4.7 中菱形框的作用是对一个给定的条件进行判断,根据给定的条件是否成立来决定如何执行其后的操作。它有一个入口,两个出口,如图 4.8 所示。

连接点(小圆圈)是用于将画在不同地方的流程线连接起来。图 4.9 中有两个以上以○为标志的连接点(在连接点圈中写上数字),它表示这两个点是互相连接在一起的。实际上它们是同一个点,只是画不下才分开来画。用连接点可以避免流程线的交叉或过长,使流程图清晰。

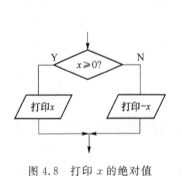

图 4.8 打印 x 的绝对值

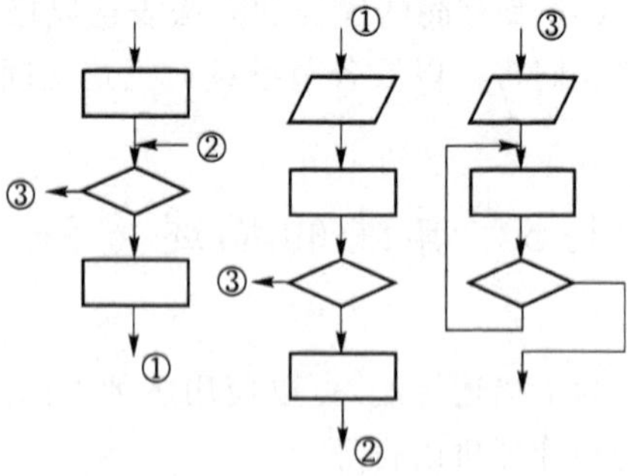

图 4.9 流程图示例

注释框是流程图中必要的部分,不反映流程和操作。只是为了对流程图中某些框的操作做必要的补充说明,以起到帮助阅读流程图的人更好地理解流程图的作用。

下面对 4.1 节中所举的几个算法例子改用流程图描述。

例 4.4 将例 4.1 求 10! 的算法用流程图表示,流程图如图 4.10 所示。

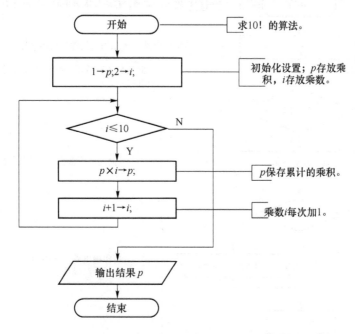

图 4.10 求 10! 并输出结果的算法流程图

本算法利用了例 4.1 的迭代相乘法的思路,采用当型循环结构来实现迭代操作。循环条件是 $i \leqslant 10$,即表示当满足该条件时进行迭代操作;当不满足条件时,则退出循环。

通过分析上面的算法,可以看出该算法从"开始"到"结束"分成 3 部分,3 部分之间是顺序执行(顺序结构),首先是执行初始设置部分,然后执行循环结构部分,最后执行输出结果部分。

本算法的流程图基本用到了流程图的元素,其中菱形框两侧的"Y"和"N"代表是"是"(yes)或"否"(no)。最后结果的输出是利用了输入/输出框。

例 4.5 将例 4.2 的算法用流程图表示。将 120 名学生中成绩在 60 分以上者的学号和成绩打印出来。如图 4.11 所示,在此算法中包含了输入 120 个学生数据的部分。这个算法中需要大家注意的是:输入数据部分是包含在程序循环体中,这是初学者容易出错的地方。很多人往往将算法的输入数据部分放在最前面(循环外面),寄希望于用先输入完再处理的思路解决这个问题,但如果是这样做,就得需要 120×2 个变量来保存输入的数据,如果再处理更多的学生怎么办?所以这个思路不是求解问题的根本方法。而将数据输入放在循环中,就可以用两个变量 num 和 score 临时存放学生的数据,随后即进行处理和输出。这就是边输入、边处理、边输出的设计思路,实现这个思路就是通过循环结构来完成的。

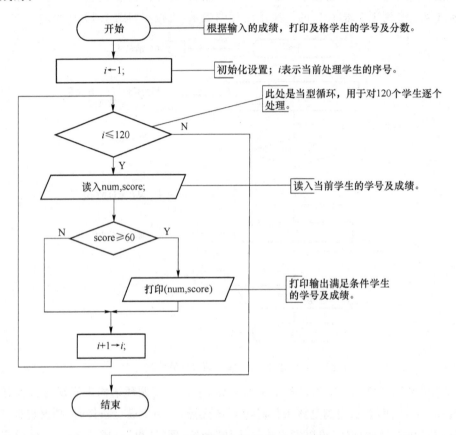

图 4.11　打印及格学生的学号及成绩

例 4.6　将例 4.3 判断素数的算法用流程图表示,如图 4.12 所示。

通过以上几个例子,可以看出流程图是描述算法的较好工具。一个流程图包括以下几部分:

(1) 表示相应操作的框;
(2) 带箭头的流程线;
(3) 框内外必要的文字说明。

需要提醒大家的是,流程线不要忘记画箭头,因为它反映了流程执行的先后顺序,如不画出箭头就难以判定各框的执行次序了。

用流程图表示算法直观形象,比较清楚地显示出了各个框之间的逻辑关系。前一时期,国内外计算机书刊都广泛使用这种流程图表示算法。但是,这种流程图占用篇幅较多,尤其当算法比较复杂时,画流程图既费时又不方便。在结构化程序设计方法推广之后,许多书刊已用 N-S 结构化流程图代替这种传统的流程图。但是每一个程序编制人员都应当熟练掌握传统流程图,做到会看会画。

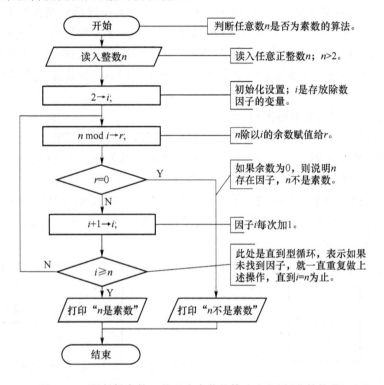

图 4.12 判断任意数 n 是否为素数的算法流程图(非结构化)

4.3.3 用 N-S 流程图描述算法

1. 传统流程图的弊端

传统的流程图用流程线指出各框的执行顺序,对流程线的使用没有严格限制。因此使用者可以不受限制地使流程随意地转来转去,使流程图变得毫无规律。阅读者要花大量精力去追踪流程,这使人难以理解算法的逻辑。

本章的 4.2 节中已经强调了算法结构的特征,即单入/单出特性。由于传统的流程图的随意性,因此不能够保证用流程图的方法所描述的算法满足单入/单出特性。为了提高算法的质量,使算法的设计和阅读更加方便,必须限制箭头的滥用,即不允许无规律地使流程随意转向,而只能顺序地进行下去。所以结构化的算法设计和描述是设计算法的原则。我们必须找到能够保证结构化原则的流程描述工具和手段,这就是本节要介绍的 N-S 流程图。

2. N-S 流程图描述算法

既然用基本结构的顺序组合可以表示任何复杂的算法结构,那么,基本结构之间的流程线就属于多余的了。

1973 年,美国学者 I. Nassi 和 B. Shneiderman 提出了一种新的流程图形式。在这种流程图中,完全去掉了带箭头的流程线。全部算法写在一个矩形框内,在该框内还可以包含其他的从属于它的框,或者说有一些基本的框。这种流程图又称 N-S 结构化流程图(N 和 S 是两位学者的英文姓名的第一个字母)。这种流程图适于结构化程序设计,因而很受欢迎。

N-S 流程图使用以下流程图符号。

① 顺序结构。如图 4.13 所示,A 和 B 两个框组成一个顺序结构。

② 选择结构。如图 4.14 所示,它与图 4.2 相应。当条件 p 成立时执行 A 操作,p 不成立则执行 B 操作。请注意图 4.14 是一个整体,代表一个基本结构。

③ 循环结构。当型循环结构如图 4.15 所示。图 4.15 所示为当条件 p 成立时反复执行 A 操作,直到条件 p 不成立为止。直到型循环结构如图 4.16 所示,表示反复执行操作 A,直到条件 p 成立。

图 4.13 顺序结构

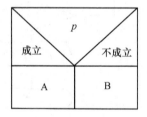

图 4.14 选择结构

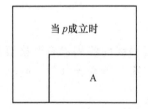

图 4.15 当型循环结构

图 4.16 直到型循环结构

使用以上 3 种 N-S 流程图中的基本框,可以组成复杂的 N-S 流程图,以表示算法。

应当说明,在图 4.13、图 4.14、图 4.15、图 4.16 中的 A 框或 B 框,可以是一个简单的操作(如读入数据或打印输出等),也可以是 3 个基本结构之一。例如,图 4.13 所示的顺序结构,其中的 A 框可以又是一个选择结构,B 框可以又是一个循环结构。如图 4.17 所示,由 A 和 B 这两个基本结构组成一个顺序结构。

通过下面几个例子,读者可以了解如何用 N-S 流程图表示算法。

例 4.7 将例 4.1 的求 10! 算法用 N-S 图表示。

分析:如图 4.17 所示,它与图 4.10 对应。

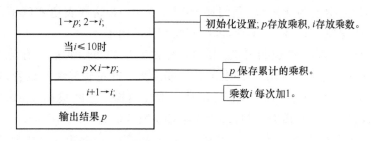

图 4.17 求 10! 并输出结果的算法 N-S 流程图

例 4.8 将例 4.2 的算法用 N-S 图表示。将 120 名学生中成绩高于 60 分的学号和成绩打印出来。

分析:如图 4.18 所示,它与图 4.11 对应。

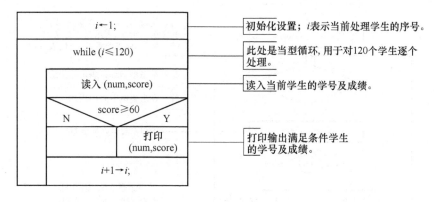

图 4.18 打印及格学生的学号及成绩

例 4.9 将例 4.3 判别质数的算法用 N-S 流程图表示。

分析:由图 4.12 可以看出,这一流程图不是规范的结构化流程,图中间那个循环部分有两个出口(一个出口在第二个菱形框下面,另一个出口在第一个菱形框右边),不符合结构化的要求。这就是上面所述传统流程图的弊端。由于不是规范的程序基本结构,故而不符合结构化程序设计的要求,无法直接用 N-S 流程图的 3 种基本结构的符号来表示。因此,应当先对图 4.12 作必要的改进。

规范化的方法是将两个条件合并为一个循环控制条件,使两个出口合并成一个出口,满足单入单出的原则,以解决两个出口问题。这样的话,"当循环"的条件表达就是:"当 n 未找到除数因子并且除数因子小于 n 的时候",n 未找到除数因子表示到目前 n 仍然是素数,所以我们设一个标志值(变量 isprim),它的初始状态为 isprim=1,标志 n 为素数。根据第 3 章所讲述的逻辑表达式的基本概念,可以将该循环条件表达为"(isprim＝1)and (i＜n)",该逻辑表达式是"与"的关系,即只有当"i＜n"和"isprim＝1"两个条件都满足时才继续执行循环。如果任意一个条件不满足,表达式的真值就为假,则相应地退出循环。所以当 r＝0 时(表示 n 为非素数)我们使 isprim 变为 0。这样表达式就不满足,退出循环;如果 r≠0 则保持 isprim＝1 不变,继续判断其他的因子。

  isprim 的作用如同一个逻辑开关(其他程序语言中的布尔变量),有两个工作状态:isprim＝1 表示 n 为素数;isprim＝0 表示 n 为非素数。此逻辑开关的设置是在程序初始化和循环体中进行的。在流程图的最后设计了选择结构。此时根据 isprim 的值确定输出:isprim＝0,表示 n 不是质数,应打印出 n 不是质数的信息;如果 isprim＝1,则表示在上面的每次循环中,n 都不能被每一个 i 整除,所以 n 是质数,故输出 n 是质数的信息。规范化的流程图如图 4.19 所示。

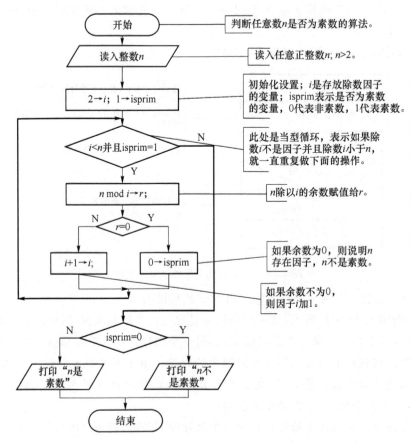

图 4.19 判断任意数 n 是否为素数的算法流程图(结构化)

改进的算法流程图 4.19 已经严格地按照结构化(单入单出)的原则和方法对图 4.12 的算法进行了规范,该算法已由 3 种基本结构组成,可以用 N-S 图表示此算法了,如图 4.20 所示。

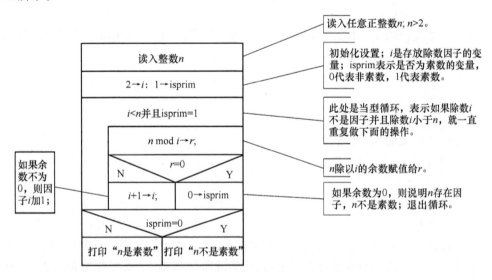

图 4.20　判断任意数 n 是否为素数的算法流程图(结构化)

通过以上几个例子,可以看出用 N-S 图表示算法的优势。它比文字描述直观、形象、易于理解;比传统流程图紧凑、易画,尤其是它废除了流程线,整个算法结构是由各个基本结构按顺序组成的,N-S 流程图中的上下顺序就是执行时的顺序,即图中位置在上面的先执行,位置在下面的后执行。写算法和看算法只需从上到下进行就可以了,十分方便。用 N-S 图表示的算法都是结构化的算法(它不可能出现流程无规律地跳转,而只能自上而下地顺序执行)。

所以在本书中将采用 N-S 图的算法流程描述方法,并将 N-S 图作为教学要求。

N-S 流程图如同一个多层的盒子,因此又称为**盒图**(box diagram)。

4.3.4　伪代码描述算法

用传统的流程图和 N-S 流程图描述算法直观易懂,但画起来比较费事。在设计一个算法时,可能要反复修改,而流程图的修改是比较麻烦的。因此,流程图适于表示一个算法,但在设计算法过程中使用起来不是很理想(尤其是当算法比较复杂、需要反复修改时更是如此)。为此,常用一种称为**伪代码**(pseudo code)的工具,以便于算法的设计。

伪代码使用介于自然语言和计算机语言之间的文字和符号来描述算法。如同一篇文章,自上而下地写下来,每一行(或几行)表示一个基本操作。它不用图形符号,因此书写方便,格式紧凑,也比较好懂,便于向计算机语言算法(即程序)过渡。

例如,"打印 x 的绝对值"的算法可以用伪代码表示如下:

```
IF x is positive THEN
    print x
ELSE
    print -x
```

它像一个英语句子一样好懂,在国外使用得比较普遍,也可以用汉字伪代码,例如:

```
若 x 为正
    打印 x
否则
    打印 -x
```

也可以中英文混用,例如:

```
IF x 为正
    print x
否则
    打印 -x
```

计算机语言中具有的语句关键字用英文表示,其他的可用汉字。总之,以便于书写和阅读为原则。用伪代码写算法并无固定的、严格的语法规则,只要把意思表达清楚,并且书写的格式要写成清晰易读的形式即可。

下面将例 4.1 和例 4.2 的算法用伪代码表示。

例 4.10 求 10!。

用伪代码表示的算法如下:

```
开始
    置 p 的初值为 1
    置 i 的初值为 2
    当 i<=10,执行下面操作:
        使 p = p × i
        使 i = i + 1
    (循环体到此结束)
    打印 p 的值
结束
```

也可以写成以下形式:

```
BEGIN(算法开始)
    1 => p;
    2 => i;
    WHILE i <= 10
    { p × i => p;
```

    i+1=>i }
   print p;
  END(算法结束)

在本算法中采用当型循环(第3行到第5行是一个当型循环)。WHILE的含义是"当",表示当 i<=10 时,执行循环体(大括号中两行)的操作。

例 4.11 打印出120个学生中成绩高于60分者的学号和成绩。

  用伪代码表示的算法如下：
   BEGIN(算法开始)
    1=>i;
    WHILE i<=120
     { input num,score;
      IF score≥60 THEN print num,score;
       i+1=>i }

   END(算法结束)

从以上例子可以看到：伪代码书写格式比较自由,可以随手写下去,容易表达出设计者的思想。同时,用伪代码写的算法很容易修改,例如加一行、删一行或将后面某一部分调到前面某一位置,都是很容易做到的,而这却是用流程图表示算法时所不便处理的。用伪代码很容易写出结构化的算法。例如上面几个例子都是结构化的算法。但是,用伪代码写算法不如流程图直观,可能会出现逻辑上的错误(例如循环或选择结构的范围搞错等)。

4.3.5 用计算机语言描述算法

  要完成一件工作,包括设计算法和实现算法两个部分。例如,作曲家创作一首曲谱就是设计一个算法,但它仅仅是一个曲谱,并未变成音乐。而作曲家的目的是希望人们听到悦耳动听的音乐。由演奏家按照乐谱的规定进行演奏,这就是"实现算法"。在没有人实现它时,乐谱是不会自动发声的。一个菜谱是一个算法,厨师炒菜就是实现这个算法,需要考虑如何实现一个算法。

  到现在为止,我们只是描述算法,即用不同的形式表示操作的步骤,而要得到运算结果,就必须实现算法。在例4.1、例4.4、例4.7、例4.10中用不同的形式描述了求10！的算法,但是并没有真正求出10！的值。实现算法的方式可能不止一种。例如,对例4.1表示的算法可以用人工心算的方式实现而得到结果,也可以用笔算或算盘、计算器求出结果,这就是实现算法。

  我们的任务是用计算机解题,也就是要用计算机实现算法。计算机是无法识别流程图和伪代码的。只有用计算机语言编写的程序才能被计算机执行(当然还要经过编译成目标程序才能被计算机识别和执行)。因此在用流程图或伪代码描述出一个算法后,还要将它转换成计算机语言程序。

用计算机语言表示算法必须严格遵循所用编程语言的语法规则,它不同于伪代码。我们将前面介绍过的算法用 C 语言实现。

例 4.12 将例 4.10 中求 10! 的算法用 C 语言实现。

程序如下:
```
# include <stdio.h>
main()
{
    int i,p;
    for ( i = 2 ; i<= 10 ; i ++ )
    { p = p * i ; }
    printf ("10! = %d",p) ;
}
```

在这里,不打算详细介绍以上程序的细节,读者只需大体看懂即可。在以后各章节中将详细介绍有关的 C 语言语法规则。

应当强调说明:写出了 C 程序,仍然只是描述了算法,并非实现算法。只有运行程序才是实现算法。应该说,用计算机语言表示的算法是计算机能够执行的算法。

4.4 结构化程序设计方法

1. 关于 goto 语句的争论

在 20 世纪 60 年代末和 70 年代,关于 goto(转向)语句的争论是比较激烈的。

主张从高级语言中去掉 goto 语句的人认为,goto 语句是对程序结构影响最大的一种有害语句。他们的主要理由是,goto 语句使程序的静态结构和程序的动态执行之间有很大的差别,这样使程序难以阅读、难以查错。对一个程序来说,人们最关心的是它运行的正确与否,去掉 goto 语句后,可以直接从程序结构上反映程序的运行过程。这样,不仅使程序的结构清晰、便于阅读、便于查错,而且也有利于程序正确性的证明。

持不同意见者认为,goto 语句使用起来比较灵活,而且有些情形能够提高程序的效率。如果一味强调删除 goto 语句,有些情形反而会使程序过于复杂,增加一些不必要的计算量。

1974 年,D. E. Knuth(算法界的超级大牛,《The art of computer programming》的作者)对于 goto 语句的争论作了全面的、公正的评述。他的基本观点是:不加限制地使用 goto 语句,特别是使用往回跳的 goto 语句,会使程序的结构难于理解,这种情形之下应该尽量避免使用 goto 语句；另外，为了提高程序的效率，同时又不破坏程序的良好结构，有控制地使用一些 goto 语句是有必要的。用他的话来说："有些情形我主张废除转向语句，有些情形我主张引进转向语句。"（见 D. E. Knuth 的大作《带有转向语句的结构化程序设计》。）

进一步讲，goto 语句能不能消除呢？或者说 goto 语句这一语言成分能不能从程序设计语言中取消呢？回答是肯定的。1966 年，G. Jacopini 和 C. Bohm 从理论上证明了：任何程序都可以用顺序结构、选择结构和循环结构表示出来。具体消除 goto 语句的方法有：增加辅助变量或者改变程序执行顺序。这方面的具体内容可以参考程序设计理论方面的资料。

需要指出的是，虽然关于结构化程序设计的讨论是从废除 goto 语句开始的，但是绝不能认为结构化程序设计就是避免 goto 语句的程序设计方法。事实上，结构化程序设计讨论的是一种新的程序设计的方法和风格，它所关注的焦点是程序结构的好坏，而有无 goto 语句并不是一个程序结构好坏的标志。也就是说，限制和避免 goto 语句是得到结构化程序的一个手段，而不是我们的目的。

再稍微回顾一下结构化程序设计。好的结构的程序一般由 7 种结构组成：

(1) 1 种顺序结构

(2) 2 种选择结构

① if-then。

② if-then-else。

③ 分支选择：PASCAL 中是"case…of…"；C、C++、Java 中是"switch (…) case…"。

(3) 3 种循环结构

① while 循环：先判断条件 p，如果为真则不断地执行循环体 A。

② repeat 循环：先执行循环体 A，然后判断条件 p，如果 p 成立则重新回到入口处执行循环体 A；在 PASCAL 中是"repeat…until…"，在 C、C++、Java 中是"do {…} while(…);"。

③ N+1/2 循环：从入口开始先执行 A，然后判断 p，如果 p 成立则执行 B，然后回到入口执行 A；如果 p 不成立则到达出口。这种循环在一般的程序设计语言中就是 for 循环。

这 7 种结构都有一个特点：每一种结构都严格遵守"一个入口，一个出口"的原则。这一原则是结构化程序设计中的一个非常重要的原则。也正是由于遵循了这个原则，一个复杂的程序才可以被分解成若干个结构以及若干层子结构，从而使程序的结构层次分明、清晰易懂。

使用这 7 种结构编写的程序可以采用"自顶向下，逐步细化"的程序设计方法来设计程序。该方法按照先全局后局部、先整体后细节、先抽象后具体的过程组织人们的思维活动，使得编写的程序结构清晰、容易阅读和修改。同时还可以结构逐步求精的过程进行程序的正确性验证，即采取边设计边验证的方法，以简化程序正确性的验证。

2. 结构化程序设计方法

前面介绍了结构化的算法和 3 种基本结构。一个结构化的程序就是用高级语言表示的结构化算法。用 3 种基本结构组成的程序必然是结构化的程序，这种程序便于编写、阅读、修改和维护。这样就减少了程序出错的机会，提高了程序的可靠性，保证了程序的质量。

结构化程序设计强调程序设计风格和程序结构的规范化，提倡清晰的结构。怎样才能得到一个结构化的程序呢？如果我们面对一个复杂的问题，是难以一下子写出一个层次分明、结构清晰、算法正确的程序的。结构化程序设计方法的基本思想是采用分而治之的方法(分治法)，将一个复杂问题分解为相对简单的一些子问题，然后针对这些子问题进行求解，如果某个子问题仍然是比较复杂的，再进一步分解为子-子问题，直到所有问题都能够求解。上述方法是将求解问题的过程分阶段进行，每个阶段处理的问题都控制在人们容易理解和处理的范围内(6~7 个之内)。

具体地说，采取以下方法可以保证得到结构化的程序：

(1) 自顶向下；

(2) 逐步细化；

(3) 模块化设计；

(4) 结构化编码。

在接受一个任务后应怎样着手进行呢？有两种不同的方法：一种是自顶向下，逐步细化；另一种是自下而上，逐步积累。以写文章为例来说明这个问题。有的人胸有全局，先设想好整篇文章分成哪几个部分，然后再进一步考虑每一个部分分成哪几节，每一节又分成哪几段及每一段应包含什么内容。这种方法逐步分解，直到作者认为可以直接将各小段表达为文字语句为止。这一方法就叫做"**自顶向下，逐步细化**"。

还有些人写文章时不拟提纲，如同写信一样提笔就写，想到哪里就写到哪里，直到他认为把想写的内容都写出来为止。这种方法叫做"**自下而上，逐步积累**"。

显然，第一种方法考虑周全，结构清晰，层次分明，作者容易写，读者容易看。如果发现某一部分中有一段内容不妥，需要修改，只需找出该部分，修改有关段落即可，与其他部分无关。我们提倡用这种方法设计程序。这就是用工程的方法设计程序。

设计房屋就是用自顶向下、逐步细化的方法。先进行整体规划，然后确定建筑物设计方案，再进行各部分的设计，最后进行细节的设计(如门窗、楼道等)，而决不会在没有整体设计方案之前先设计楼道和厕所。在完成设计，有了图纸之后，在施工阶段则是自下而上地实施的，用一砖一瓦先实现一个局部，然后由各部分组成一个建筑物。

我们应当掌握"自顶向下、逐步细化"的设计方法。这种设计方法的过程是将问题求解由抽象到具体化的过程。如果拿到一个任务，要先经过初步考虑，把这个笼统的任务细化成几个部分，整个任务就细化成了几个子任务，也就是说，只要把这几个子任务完成了，整个任务也就完成了。如果这几个子任务还不能一步实现，还可以将它们继续细化，直至可以一步实现,不需细分为止。对任务的第一步细化叫做"顶层设计"。然后一步步细化,依次称为第二层、第三层设计……

用这种方法便于验证算法的正确性,在下一层展开之前应仔细检查本层设计是否正确,只有上一层是正确的才能向下细化。如果每一层设计都没有问题,则整个算法就是正确的。由于每一层向下细化时都不太复杂,因此容易保证整个算法的正确性。检查时也是由上而下逐层检查。这样做,思路清楚,有条不紊地一步一步进行,既严谨又方便。

下面举一个例子来说明这种方法的应用。

例 4.13 利用辗转相除法求两个正整数的最大公约数。

辗转相除法求最大公约数的数学定义如下:

$$GCD(x,y) = \{ GCD(y, x \text{ MOD } y) | x \text{ MOD } y \neq 0 \text{ and } x > y;$$
$$y | x \text{ MOD } y = 0 \}$$

说明:这个数学定义的含义是,当 x MOD y(MOD:模除。即除法取余)等于 0 时,则最大公约数就是除数 y,例如 16 和 8 的 GCD(16,8)=8。如果 x MOD y 不等于 0,则将 y 作为被除数,将 x MOD y 作为除数继续上面的操作,直到最大公约数为止。例如:求 GCD(32,12)的过程为

$$GCD(32,12) = GCD(12,8) = GCD(8,4) = 4$$

最大公约数为 4。

算法设计过程

下面我们进行顶层算法的设计,首先需要从外界输入任意两个正整数,然后进行上面定义的辗转相除计算,最后输出结果(除数),如图 4.21 所示。

我们可以设计两个变量 x 和 y 分别保存外界输入的两个正整数,假设我们在输入的时候要求 $x > y$,由于输入和输出已经是基本的算法操作,所以算法的求精和细化主要是针对辗转相除计算 GCD(x,y)操作进行。

辗转相除计算实际是一个递推过程,这个过程的结束条件是 x MOD $y = 0$(一般的程序语言中都提供模式除法的操作),当不满足该条件时,反复执行修改除数和被除数操作。这样的操作可以由循环结构实现,循环的控制条件就是 x MOD $y \neq 0$。循环内的操作就是设置除数和被除数。我们可以将这个循环过程描述为如图 4.22 所示的算法。

```
┌─────────────────────────┐
│ 输入任意两个正整数 x,y   │
├─────────────────────────┤
│ 辗转相除计算 GCD(x,y)   │
├─────────────────────────┤
│ 输出计算结果,最大公约数 y │
└─────────────────────────┘
```

```
┌─────────────────────────┐
│ 当(x MOD y≠0)时          │
│  ┌───────────────────┐  │
│  │ 设置下一次计算的   │  │
│  │   除数和被除数     │  │
│  └───────────────────┘  │
└─────────────────────────┘
```

图 4.21 求两个正整数的最大公约数算法设计-1   图 4.22 求两个正整数的最大公约数算法设计-2

设置下一次计算的除数和被除数的操作,实际上是重新设置变量 x 和 y 的值,为了保证正确地设置变量的值,我们需要再设置一个变量 r 先将 x MOD y 的结果保存下来,这样就可以通过赋值操作实现上述要求,如图 4.23 所示:

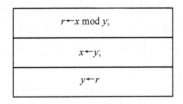

图 4.23 求两个正整数的最大公约数算法设计-3

请大家思考为什么要引入变量 r?不用这个变量可行否?通过上面的算法求精和细化,就得到了最终的求最大公约数的算法,如图 4.24 所示。

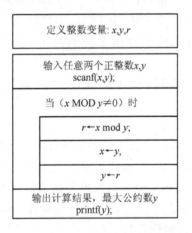

图 4.24 求两个正整数的最大公约数的算法 N-S 流程图

下面以几个测试实例来测试一下我们设计的算法,检查是否正确。

测试用例 1:GCD(32,12)

执行输入操作后状态为 $x=32,y=12$;然后判断循环条件:$(x\text{ MOD }y)=8$ 符合循环条件进入循环,执行循环体的操作后状态为 $r=8,x=12,y=8$。转到循环条件判断,此时 $x\text{ MOD }y=4$ 仍满足循环条件,继续执行循环操作,执行后的状态为 $r=4,x=8,y=4$。再判断条件,此时 $x\text{ MOD }y=0$,不满足条件,退出循环(大家注意此时的状态没有变化,$y=4$);最后执行输出操作,输出结果是 $y=4$,即为最大公约数。算法验证正确。

测试用例 2:GCD(35,17)

执行输入操作后状态为 $x=35,y=17$;然后判断循环条件:$(x\text{ MOD }y)=1$ 符合循环条件进入循环,执行循环体的操作后状态为 $r=1,x=17,y=1$。转到循环条件判断,此时 $(x\text{ MOD }y)=0$ 不满足条件,退出循环(大家注意此时的状态没有变化,$y=1$);最后执行输出操作,输出结果是 $y=1$,即为最大公约数。算法验证正确。

测试用例 3:GCD(16,4)

执行输入操作后状态为 $x=16,y=4$;然后判断循环条件:$(x \text{ MOD } y)=0$ 不满足循环条件,不进入循环;直接执行输出操作,输出结果是 $y=4$,即为最大公约数。算法验证正确。

算法设计任务结束的标准是各步骤已精细到能用语句描述,即满足算法的 5 大特征标志着算法设计任务结束。

由于篇幅所限,上面并未列举过多、过长、过于复杂的例子。前面把"逐步求精"的过程一一和盘托出,希望大家理解其精髓,并在实践中逐步养成习惯。

4.5 算法设计实例研究

下面以两个算法设计实例进行分析和讲解,以使大家能对"自顶向下、逐步分解和求精"的算法设计方法有一个比较深入的认识。

例 4.14 设计交通车辆观测统计算法。

问题描述

在一个路口设置一个探测器,通过通信线路线连接到后台的计算机(如图 4.25 所示),路口每通过一辆汽车,探测器向计算机发出一个车辆信号'1',探测器每隔 1 s 向计算机发出一个时钟信号'0',观测结束向计算机发出结束信号'♯'。

要求在计算机上设计一个程序能够接收探测器发出的信号,统计出观测的时长、在观测时长内通过的车辆总数以及两辆车之间最大的时间间隔。

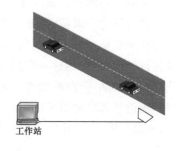

图 4.25 交通车辆观测示意图

问题分析

探测器向计算机发出的信号可以认为是一个任意长的字符序列(以'♯'结束),比如'011011000111101♯',这样设计程序实际上演变为读取该字符序列,然后进行相关的操作。

设计过程

① 算法的顶层(Level-0 层)设计

在对一个比较复杂的问题进行分析时,应该采用分而治之的方法,将复杂的问题分解为相对比较简单的问题,所以针对该问题的求解,在顶层(level-0 层)设计时,主要考虑:由于输入是任意长的字符序列,所以应该设计一个循环结构,进行逐元素(字符)的读取和处理,最后输出结果,这样就可以确定一个基本的算法结构,如图 4.26 所示。这里解释一下逐元素处理的概念,就是读取一个元素(字符)即处理当前元素,然后再读入下一个元素,依次类推直到处理完所有的元素。

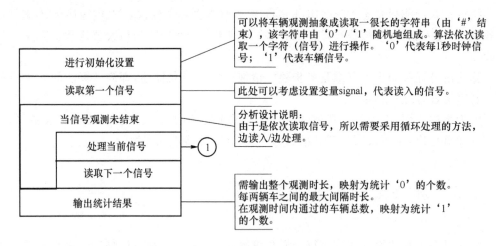

图 4.26 交通车辆观测算法设计(Level-0 层)

② 逐层细化和求精,得到 Level-1 层的设计

大家最关心的问题莫过于如何处理当前的信号了,那么在此就对"处理当前信号"这个问题进行细化和求精,需要说明的是我们采用的是结构化的算法设计,所以在求精和细化的过程中要把握住算法结构,比如对于这步求精就产生出分支结构,分别对车辆和时钟信号进行处理,尽管到这一步还没有对如何处理两种信号做出最终的设计,但我们保证了算法结构的正确,并向着最终的解决方案前进。当然在这一步求精的时候,我们对于如何处理车辆信号和时钟信号的设计上已有所考虑,这时不妨将设计考虑用备注的形式描述出来,就像在图 4.27 中描述的一样

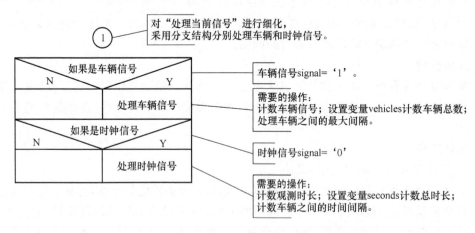

图 4.27 "处理当前信号"的细化

通过这一步的求精和细化,就得到了算法的第一层(Level-1 层)设计方案,如图 4.28 所示。随着设计过程的不断深入,我们对于算法所使用的变量设置也不断地清晰和明确。

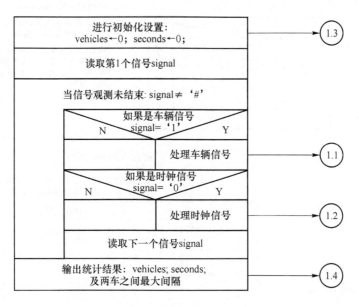

图 4.28 交通车辆观测算法设计(Level-1 层)

③ 进一步求精,得到最终算法

在 Level-1 层设计的基础上,再次应用逐步求精细化的方法,针对图 4.28 中的 1.1~1.4 进行细化和求精,如图 4.29 所示。

求精过程的设计说明都在图中进行了标注,在此就不再赘述,这里需要说明的是最终算法的细化标准是什么。也就是说细化到什么程度可以作为算法设计的结束,答案就是算法的 5 个基本特征,即每个基本操作都是可执行的和确定的(赋值操作/输入/输出)、有明确的输入和输出说明、有穷的(循环结构的正确退出)。同时在得到每一层的细化方案之后,都需要进行验证。一般采用测试用例的方法进行验证,就是用事先设计的一组测试用例,比如针对本案例事先设计一些输入,然后对所设计的算法进行"人工"执行,即通常所说的"跑算法",检查算法设计中的问题和错误。

通过上述求精,得到了最终的算法,如图 4.30 所示。

算法设计结束之后,就可以进行编码实现,下面就是映射到 C 语言的交通观测统计算法的 C 程序。在此可以看到编码转换是非常容易的。所以关键的问题还是算法设计。

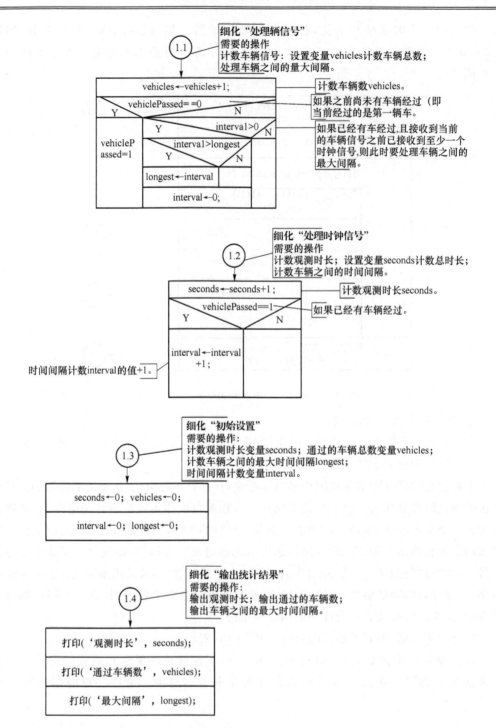

图 4.29 对图 4.28 中操作的细化

第4章 算法设计方法

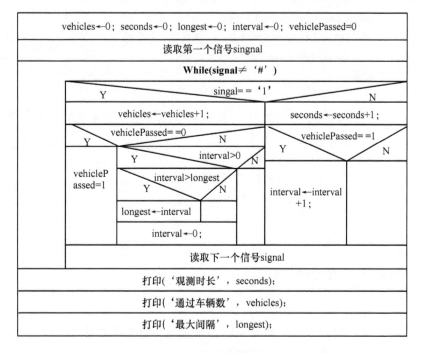

图 4.30 交通车辆观测算法设计(Level-2 层)

```
#include<stdio.h>
main()
{
    int vehicles,seconds,longest,interval;
    int vehiclePassed; //初始值为 0,一旦有车经过改为 1。
    char signal; //存放读取的信号

    /* 初始化设置 */
    vehicles = 0; seconds = 0;
    longest = 0; interval = 0;
    vehiclePassed = 0;

    printf("please input signal: \n");
    scanf("%c",&signal);           /* 读入第一个信号 */
    /* 循环结构处理输入信号的字符序列 */
    while (signal! = '#')
    {
        if(signal = = '1') /* 处理车辆信号 */
        {
```

```
            vehicles = vehicles + 1;
            if (vehiclePassed = = 0) //情况1:这是第一个'1'
                vehiclePassed = 1;
            else
            {
                if(interval>0) //情况2:这不是第一个'1'且前一个信号是'0'
                {
                    if (interval>longest)
                        longest = interval;
                    interval = 0;
                }
            }
        }
        else/* 处理时钟信号 */
        {
            seconds = seconds + 1;
            if (vehiclePassed = = 1) //若前面已经有车辆经过
                interval = interval + 1;
        }
        scanf("%c",&signal);
    }
    /* 输出结果 */
    printf("%d vehicles passed in %d seconds\n",vehicles,seconds);
    printf("the longest gap was %d seconds\n",longest);
    system("PAUSE");
    return 0;
}
```

例 4.15 猴子吃桃问题:有一堆桃子不知数目,猴子第一天吃掉一半,觉得不过瘾,又多吃了一只,第二天照此办理,吃掉剩下桃子的一半另加一个,天天如此,到第十天早上,猴子发现只剩一只桃子了,问这堆桃子原来有多少个?

问题分析

此题粗看起来有些无从着手的感觉,那么怎样开始呢?假设第一天开始时有 a_1 只桃子,第二天有 a_2 只桃子,…,第九天有 a_9 只桃子,第十天有 a_{10} 只桃子,在 $a_1,a_2,…,a_{10}$ 中,只有 $a_{10}=1$ 是知道的,现要求 a_1。而我们可以看出,$a_1,a_2,…,a_{10}$ 之间存在一个简单的关系:

$a_9 = 2(a_{10}+1)$

$a_8 = 2(a_9+1)$

⋮

$$a_1 = 2(a_2+1)$$

也就是:$a_i = 2(a_{i+1}+1), i=9,8,7,6,\cdots,1$。

这就是求解此题的数学模型。这样该问题的求解就抽象为根据上述数学表达式,已知 a_{i+1} 和 i,求出 a_1 的问题。

算法设计

再考察上面从 a_9, a_8 直至 a_1 的计算过程,这其实是一个递推过程,这种递推的方法在计算机解题中经常用到。另一方面,这 9 步运算从形式上完全一样,不同的只是 a_i 的下标而已。由此,我们引入循环的处理方法,设计出该问题求解的基本算法结构(顶层)如图 4.31 所示。

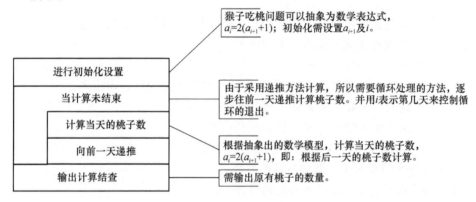

图 4.31 猴子吃桃问题的算法(Level-0 层)

设计说明

设置变量:succ_day_count 表示后一天的桃子数,代表数学模型中的 a_{i+1};
　　　　　current_day_count 表示当天的桃子数,代表数学模型中的 a_i;
　　　　　day_count 表示第几天,代表数学模型中的 i。

根据变量设置,进一步对算法求精和细化,就得到该问题求解的最终算法(如图 4.32 所示)。

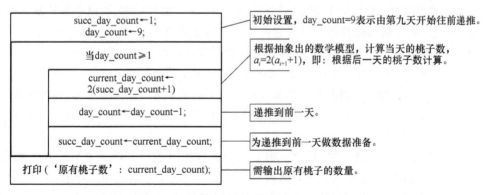

图 4.32 猴子吃桃问题的算法(Level-1 层)

这就是一个从具体问题到抽象解决模型的分析过程,具体方法是:
① 弄清如果由人来做,应该采取哪些步骤;
② 对这些步骤进行归纳整理,抽象出数学模型;
③ 对其中的重复步骤,通过使用相同变量等方式求得形式的统一,然后简练地用循环解决。

习　　题

4.1　什么是算法?试从日常生活中找出两个例子,描述它们的算法。
4.2　用传统流程图表示求解以下问题的算法。
　　　(1) 求 $1+2+3+\cdots+50$。
　　　(2) 输入 5 个浮点数,要求将其中最大和最小的的数打印出来。
　　　(3) 判断一个数 n 能否被 2 和 7 整除。
　　　(4) 求两个正整数 x 和 y 的最大公约数。
　　　(5) 输入 N 个整数,求其平均值。
4.3　用 N-S 图表示 4.2 题中各题的算法。
4.4　用伪代码表示 4.2 题中各题的算法。
4.5　编写程序,将输入的任意英文单词翻译成密码文。翻译规则是:把所有字母用它后面的第 3 个字母替换,并假设字符 a 接在字符 z 后面,字符 A 接在字符 Z 后面。例如 zero 将被翻译成 chur。
4.6　编写程序,打印所有除以 11 后所得商正好是它的各个数字平方和的三位数。
4.7　编写程序,验证 100 以内的奇数平方除以 8 都余 1。
4.8　编写程序,求出所有 5、6、7 组成的、且各位数字互不相同的三位数。
4.9　两个乒乓球队进行对抗赛,甲队出 A、B、C 三人;乙队出 X、Y、Z 三人。部分抽签结果是:A 不与 X 比赛;C 不与 X、Z 比赛。编写程序,给出全部抽签结果。
4.10　什么是结构化程序设计?它的主要内容是什么?
4.11　用自顶向下、逐步细化的方法进行以下算法的设计。
　　　(1) 打印 1900～2000 年中闰年的年份,闰年的条件是:
　　　　　a. 能被 4 整除但不能被 100 整除;b. 能被 100 整除且能被 400 整除。
　　　(2) 求 $ax^2+bx+c=0$ 的根。分别考虑 $d=b^2-4ac$ 大于 0、等于 0 和小于 0 3 种情况。
4.12　验证歌德巴赫猜想:每个不小于 6 的偶数都可表示为两个素数之和。输入一个范围,验证该范围内的偶数是否可表示为两个素数之和。要求:定义一个函数 IsPrim,用于判断一个大于等于 2 的正整数是否是素数。

第 5 章 子程序设计

5.1 子程序概述

5.1.1 引入子程序的目的

程序设计语言中除了提供基本的程序控制结构之外,还提供另外一种程序控制的机制,这就是子程序(过程和函数)的调用机制。其实大家在程序设计实践中都已经接触和使用了子程序及子程序的调用,比如在 C 语言程序设计中调用的输入函数 scanf()、输出函数 printf()都是这种子程序的调用。我们在使用这些函数时,并不需要了解这些函数的具体实现方式,而是按照函数的调用的格式要求正确地写出函数调用语句即可,比如在调用 scanf()时,要用"& 变量名"的方式将输入的数据存入变量。程序设计语言中一般都预先定义了一些基本的函数(库函数),因为有了这些函数或子程序,就使计算机的计算和处理能力得到了进一步地提高,利用子程序的调用机制就可以使用这些函数,这也简化了编程的复杂性。

这也给我们提示了一个思路:是否可以自己根据需要定义一些子程序(函数),特别是那些经常重复使用的计算和处理过程?回答是肯定的,程序设计语言中都提供了定义子程序的机制,我们可以将一些函数功能比较明确的操作定义成子程序,这些子程序可以被主程序或其他程序调用,这就是程序"复用"的概念。

从另一方面说,前面介绍的"自顶向下、逐步求精"的结构化程序设计方法基本思想是将复杂问题分解为相对简单的子问题,然后进行求解。这些相对简单的子任务的实现也可以采用子程序的方式实现,这样的好处是使主程序结构更加简单清晰,易读性得到提高。某些研究人员通过长期的研究发现,人们在处理问题的时候,同时处理的问题控制在

6~7个时最佳,如果我们能够将主程序的结构和操作控制在这个范围内,那么该程序的可读性是最好的。比如图 5.1 所示的情况。

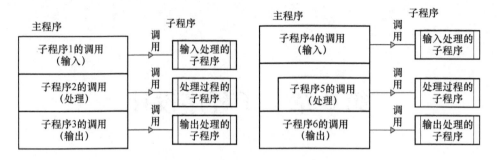

图 5.1　使用子程序提高程序可读性

5.1.2　子程序的控制和调用机制

综上所述,子程序是封装并给予命名的一段程序代码,这段程序代码完成子程序所定义的功能。基于程序语言中按名字访问的机制,子程序调用也是按照子程序的名字来实现的,通过子程序名引用这段代码,完成代码所描述的计算和处理功能。比如调用 scanf()。为了执行子程序完成所描述的功能,还需要传递一些供子程序计算和处理的数据,这就是后面要讨论的参数。同时子程序执行完成后还需要返回处理结果。

有了这种机制,就可以将主程序设计成为"主控模块",通过调用子程序完成程序的功能,这种主控模块的概念在软件设计中非常重要,图 5.2 就是这种方式的描述。

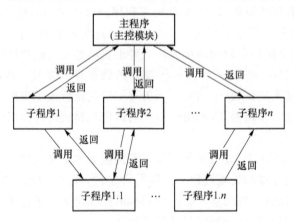

图 5.2　主控模块和子程序

在图 5.2 中出现了子程序中又调用子程序的操作,称这种调用为嵌套调用。关于子程序的定义、调用、参数设计、局部环境的建立和使用等等是我们学习的重点。特别是要结合具体的程序设计语言进行学习。

子程序的设计一般遵循"高内聚、低耦合"的原则,所谓高内聚是指功能相对独立和完整,低耦合是指与外界(调用者)的关系尽量松散,不要太紧密。实现上述需合理地设计参数和子程序执行的局部环境。

5.2 子程序的定义与执行

子程序的定义一般分为两个部分:接口定义部分和实现部分。
接口定义部分就是描述子程序与调用者之间的接口,它包括下面几个方面:
① 子程序名;
② 各个参数的类型;
③ 参数传递的模式;
④ 参数的名字;
⑤ 返回值(如果有的话,如何返回)。
实现部分包括两个方面:
① 局部定义,定义局部环境的变量和其他成分;
② 代码体,定义子程序所执行的操作。

子程序定义的实现部分描述了它的局部环境,包括子程序内部所使用的变量。需要注意的是这些局部变量只在子程序执行时才被激活(分配),而在子程序执行结束后就"释放",这就意味着局部环境是有生命周期的,只在子程序的执行过程中起作用。另外,这些局部环境只作用于子程序内部(作用域或称辖域规则),因此这些变量的命名可以与主程序中定义的变量名相同,子程序的局部环境是由编译程序在编译过程中事先安排的(布局)。

子程序的调用和执行的实质是控制转移。调用子程序时,将控制转到被调用的子程序;被调子程序执行结束时,则将控制转回主调程序,继续执行主调程序中后续的操作。为了保证能够返回主调程序的调用点,一般都需要保存主调程序的当前执行位置(程序指针),该程序指针也是程序执行环境的一部分,在调用子程序时保存这些执行环境的参数,当子程序返回后再恢复程序执行的环境参数,这样就可以保证主调程序继续执行主调程序中后续的操作。如果是嵌套多层调用子程序的情况,如何能够正确地返回所调用的主调程序?如图 5.3 所示,一般的程序调用和控制机制是通过"堆栈"的方式存放当前程序的执行环境,所谓堆栈就是"后进先出"的操作,即后存放的程序执行环境最先恢复,这样就能够逐

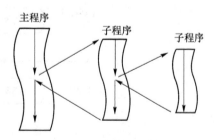

图 5.3 子程序的调用和返回

层返回到上一级调用。

5.3 子程序的参数机制

子程序的另一个重要概念是参数,参数是保证子程序设计满足"高内聚、低耦合"的重要机制,它是与外界发生联系的一个渠道。参数的设计也是子程序设计中的关键问题,它可以使子程序的功能更加通用,从而达到"复用"的目的,比如设计一个判断任意给定的整数是否为素数的子程序(函数),如果将任意整数 n 作为参数,则这个函数就是一个通用的判定函数。对于初学者来说参数设计也是比较难以掌握的,很多人在设计子程序时往往设计为无参数,这样的程序耦合性非常高。下面介绍程序语言中的参数机制。

程序之间(主程序与子程序,子程序与子程序)需要共享数据和相互通信,两种方式可以实现:其一是借助于变量的作用域规则,共享全局变量;其二是通过参数,这是一对一的数据传递通道。下面主要讨论参数的机制。

形参与实参

在子程序的接口定义中说明的参数为形参,所以形参也是位于子程序局部环境里,在子程序执行过程中,程序调用机制会为形参分配相应的环境空间。同时形参的作用域和生命周期规则与局部变量一致。

实参是主调程序调用子程序时对应的调用参数。它是实际传递的数据。

例如:前面判断任意整数是否为素数的子程序,假设定义子程序为 $isprim(n)$,那么 n 就是形参,如果主调程序中有调用 $isprim(97)$ 的,则 97 就是实参。

形参与实参的约束:位置对应,类型一致。

形参分为两种类型:

(1) 值参数。值参数是按值传递的形参,我们可以理解值参就是另外一种含义的局部变量。子程序调用时将主调程序对应的实参值"赋值"给值参,这是一种单向传递数据的机制,如图 5.4 所示:

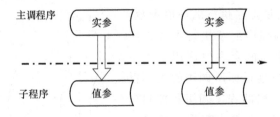

图 5.4 值参数与按值传递

在调用子程序的时候,子程序调用控制机制为相应的值参分配环境空间,同时将对应的实参表达式的值赋值给值参,程序执行结束后相应地释放所分配的环境空间。因此这种参数只能够处理外部传入的数据,而不能够将结果通过值参数返回(单向)。

(2) 引用参数。如果需要多个结果的返回(一个结果的返回值可以通过子程序名返回),则子程序机制提供了传引用的参数机制。所谓传"引用"就是传入主调程序的实际参数的地址,因此大家要注意,在调用引用参数的时候,对应的实参必须是变量。由于传入的是实参变量的地址,所以子程序中操作的实际是外部的变量,这样当子程序执行结束后,操作的结果就自然存放在变量中了,就可以实现操作结果的返回,如图 5.5 所示。

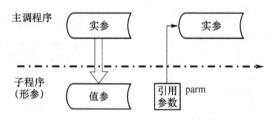

图 5.5　引用参数与传引用

实际的调用方式:当主调程序调用子程序时,引用参数也作为局部环境进行处理,即分配一个指向实际参数变量的"指针",比如图 5.5 中的引用参数 parm,那么对 parm 参数的操作实际上是间接地对实参变量进行的,当子程序执行结束并释放了所分配的局部环境空间后,操作的结果却已经存储在对应的实参变量中。

5.4　子程序设计实例

下面我们以一个实例来说明子程序的定义、调用、参数和局部环境等概念,这个例子是验证哥德巴赫猜想。

问题描述　哥德巴赫猜想是对于大于 6 的偶数都能够表示为 2 个素数的和。我们设计的程序是验证 200 以内的偶数是否满足这个规律。

基本思路　用枚举的方法逐一判断 6～200 的偶数是否满足规律。具体的判断方法是:对任意偶数 x 先找出第一个素数(比如 prim1=2),然后判断($x-$prim1)是否为素数,如果不是,则再找出下一个素数(比如 prim1=3),然后再判断($x-$prim1)是否为素数,以此类推,直到找到这样的两个素数,或者没有找到为止。具体的程序设计过程在此不再详细描述,需要说明的是,因为在这个算法设计中要经常判断一个数是否为素数,所以我们设计了一个判断素数的子程序,这个子程序设计了形式参数 n(值参)作为外部传入的数据接口,返回值是通过函数名返回,当是素数时返回 1,否则返回 0。图 5.6 是子程序的设计描述。

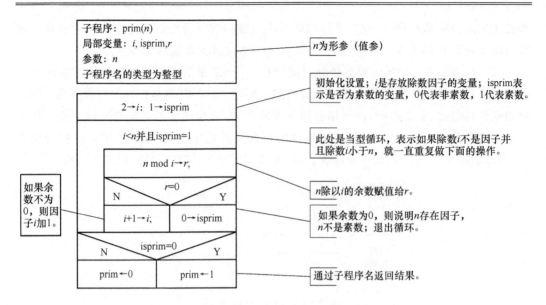

图 5.6 判断任意数 n 是否为素数的子程序流程图

主程序的算法描述如下：

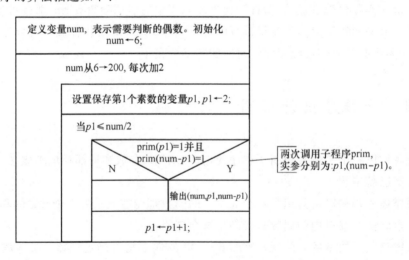

图 5.7 主程序算法设计

习 题

5.1 设计一个子程序 IsLeapYear(n)，用于判断 n 年是否是闰年。如果是，则返回 1；否则返回 0。请用 N-S 图描述该子程序的算法。

n 年是否是闰年的判断条件为：n 能被 4 整除但不能被 100 整除；或 n 能被 100 整除且能被 400 整除。

5.2 设计一个子程序 NDigits(n)，返回整数 n 的位数，可以假设 n 为正整数。设计一个主程序调用这个函数。请用 N-S 图描述子程序和主程序的算法。

5.3 编写一个带有一个整数参数的子程序，返回一个和该整数的数字顺序相反的整数。例如，对于整数 1 234，返回的结果是 4 321。请用 N-S 图描述该子程序的算法(提示：可以用除法和求余运算把整数分解成单个的数字)。

5.4 希腊数学家对那些真约数的和等于该数本身的这些数特别感兴趣(n 的真约数指的是小于 n 本身的任何约数)。这样的数被称为完全数(perfect number)。例如，6 是一个完全数，因为它是 1、2、3 的和，1、2、3 是小于 6 但能被 6 整除的数。类似地，28 也是一个完全数，因为它是 1、2、4、7、14 的和。

设计一个子程序 IsPerfect，它取一个整数 n，当 n 是完全数时，返回 1，否则返回 0。设计一个主程序，用 IsPerfect 检查 1～9 999 中的每一个数，看它是否是完全数。当发现是完全数时，将它显示在屏幕上。请用 N-S 图描述子程序和主程序的算法。

第 6 章 递归算法设计(一)

6.1 递归的概念

递归是计算机科学和数学中一个极其重要的问题求解工具。在程序设计语言中可以用它来定义语言的语法,在数据结构中可以用它来编制表和树结构的查找和排序算法,数学家们则将递归应用于组合数学领域,其处理对象是大量的计数和可能性问题。无论在理论还是在实际应用方面,递归都是算法研究、运算模型研究、博弈论和图论的重要课题。

大多数人在问题求解时不会自然而然地想到递归。例如,如果要求定义幂函数 x^n,其中 x 为实数,而 n 为非负整数,一种典型的做法是用 x 的重复乘积

$$x^n = \underbrace{x \times x \times x \times \cdots \times x \times x}_{n\text{个}x\text{相乘}}$$

例如,以下是 2 的各次幂的值

$$2^0 = 1 \quad\quad //\text{特殊定义}$$
$$2^1 = 2$$
$$2^2 = 2 \times 2 = 4$$
$$2^3 = 2 \times 2 \times 2 = 8$$
$$2^4 = 2 \times 2 \times 2 \times 2 = 16$$

再譬如,假设函数 $S(n)$ 用于计算前 n 个正整数的和,此问题可以用重复加的方法解决

$$S(n) = 1 + 2 + 3 + \cdots + (n-1) + n$$

例如,对于 $S(10)$,我们可以算出前 10 个整数的和为 55

$$S(10)=1+2+3+\cdots+9+10=55$$

如果我们想用同样的算法计算 S(11)，则以上加法会被重复一遍。

但是，求 S(11) 的一种更有效的方法是使用前面的结果 S(10) 并加上 11 从而得到 $S(11)=66$

$$S(11)=S(10)+11=55+11=66$$

该方法利用了前一次用较小值计算出的结果，从而求出了答案，我们将其称为递归过程。

现在，我们仍回到幂函数问题。当求 2 的后续幂值时，我们注意到前次幂值可以被用来计算后次幂值。例如

$$2^3=2\times 2^2=2\times 4=8$$
$$2^4=2\times 2^3=2\times 8=16$$

一旦我们有了 2 的初次幂值（$2^0=1$），其后续各幂次的值只需将前一幂次值加倍即可。用小的幂次值计算出另一值的过程便导致了幂函数的递归定义。对于实数 x，x^n 的值由下式得出

$$x^n=\begin{cases}1, & \text{当 }n=0\\ x\times x^{(n-1)}, & \text{当 }n>0\end{cases}$$

可以用类似的递归定义描述 $S(n)$，其功能是求前 n 个正整数的和。最简单的情况是 $S(1)$，其值为 1。一般情况下，我们可以用前 $n-1$ 个正整数的和 $S(n-1)$ 求 $S(n)$。

$$S(n)=\begin{cases}1, & \text{当 }n=1\\ n+S(n-1), & \text{当 }n>1\end{cases}$$

我们将这种一个对象部分地由自己组成，或是按照自己定义自己的，称为是递归定义的。 显然递归的能力在于它可以用有限的语句来定义对象的无限集合，用有穷的递归程序描述无穷多次计算。需要说明的是，递归算法主要适用于所求解的问题、要计算的函数、要处理的数据结构本身已经是递归定义的场合。

例 6.1 斐波那契数列为 $0,1,1,2,3,\cdots$，其递归定义可以描述如下

$$\text{fib}(n)=\begin{cases}0, & \text{当 }n=0\\ 1, & \text{当 }n=1\\ \text{fib}(n-1)+\text{fib}(n-2), & \text{当 }n>1\end{cases}$$

有许多实际问题可以递归定义，用递归方法来编写程序十分简单和方便。用递归方法编写程序的必要且充分的工具是程序设计语言中的子程序（过程或者函数），因为在语句中可以对子程序进行调用。

若有一子程序 A，该子程序体内有语句 P 对 A 进行了调用，这种情况称为直接递归；若在语句 P 中对另一子程序 B 进行了调用，而 B 又直接或间接地调用了 A，这种情况称为间接递归。

C语言中的子程序是函数。求斐波那契数列第 n 项 fib(n) 的 C 语言递归函数代码如下：

```
long fib(long n)
{
    if(n = = 1 || n = = 2)
        return n;
    else
        return fib(n - 2) + fib(n - 1);
}
```

在函数 fib 的最后一条语句中，又发出了对 fib 本身的调用，这就是直接递归。

6.2 递归过程

如果解决问题的算法是把一个问题分解成小的子问题，并且这些小的子问题可以用同样的算法解决，那么就可以用递归。当分解到可以解决的比较简单的子问题时分解过程即终止，我们将这些子问题称为终止条件。递归运用的是"分而治之"的策略。如果一种算法的定义组成如下，则它就是递归的。

① 有对应于某些参数的可以求值的一个或多个终止条件。
② 一个递归步骤，它根据先前某次值求当前值。递归步骤最终必须导致终止条件。
例如，幂函数的递归定义只有一个终止条件，那就是 $n=0$ 的情况（$x^0=1$）。递归步骤中描述了一般情况

$$x^n = x \times x^{(n-1)}, \qquad 当 n > 0$$

递归算法的执行过程分递推和回归两个阶段。

在递推阶段，把较复杂的问题（规模为 n）的求解推到比原问题简单一些的问题（规模小于 n）的求解。例如例 6.1 中，求解 fib(n)，把它推到求解 fib($n-1$) 和 fib($n-2$)。也就是说，为计算 fib(n)，必须先计算 fib($n-1$) 和 fib($n-2$)，而要计算 fib($n-1$) 和 fib($n-2$)，又必须先计算 fib($n-3$) 和 fib($n-4$)。依次类推，直至计算 fib(1) 和 fib(0)，此时能立即得到结果 1 和 0，于是就不再往下递推。请注意，在递推阶段，必须要有终止递推的情况存在。例如在函数 fib 中，n 为 1 和 0 就是终止递推的情况。

在回归阶段，当获得最简单情况的解后，逐级返回，依次得到稍复杂问题的解。例如得到 fib(1) 和 fib(0) 后，返回得到 fib(2) 的结果……在得到了 fib($n-1$) 和 fib($n-2$) 的结果后，返回得到 fib(n) 的结果。

下面给出求 $n!$ 的递归定义式，并对递归过程进行描述。

例 6.2 求 $n!$。

$$n! = 1 \times 2 \times 3 \times \cdots \times (n-1) \times n$$

当然,我们可以用循环直接求出 $n!$,但也可以采用递归的思想来求 $n!$。

$n!$ 的递归定义为

$$f(n) = \begin{cases} 1, & \text{当 } n=0 \\ n \times f(n-1), & \text{当 } n>0 \end{cases}$$

分析 上述的公式即为递归定义式,包含了一个递归步骤($f(n)=n \times f(n-1)$)和一个递归终止条件($n=0$)。递归的思想就是将一个问题先转化为与原问题性质相同但规模小一级的新问题,然后再重复这样的转化,直到问题的规模减小到很容易解决为止。在函数 $f(n)$ 的递归定义中,我们将 $n!$ 的问题转化为 $(n-1)!$ 问题,然后再将 $(n-1)!$ 问题转化为 $(n-2)!$ ……直到 $n=0$ 为止。

递归函数 $f(n)$ 的实际运行方式有些难以理解,下面的流程可以帮助大家理解递归函数的实现过程,如图 6.1 所示。

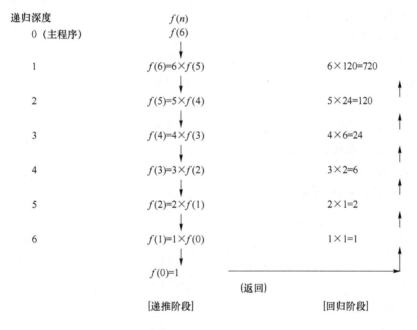

图 6.1 递归函数的实现过程

其中箭头的方向指明了递归函数的运行过程。可见,递归函数的运行过程可以分为两部分:递归下降过程(递推)和回退过程(回归)。当递归下降时,并没有求值的计算操作,实际的计算操作是在回退过程实现的。

在分析递归过程时另外一个重点是递归调用(子程序函数调用)中的局部环境变量和参数问题。允许递归的程序设计语言在执行函数调用时,按图 6.2 所示的步骤进行。其中,关键是"开辟新的运行环境"和"释放本函数的运行环境"两步。运行环境指的是本函数运行时需要的存储空间(分配给形式参数、局部变量、临时变量)以及为了保存程序运行的现场(使函数能正确返回)所需的空间等。为了简洁,目前仅涉及:① 函数返回值单元;② 返回地址单元;③ 函数的形式参数单元;④ 函数的局部变量单元;⑤ 函数的临时变量单元。

每次调用函数时,都是在新分配的运行环境下运行,保证了存储单元不会发生冲突(即使变量同名实际占用的也是不同的存储空间),从而也就保证了递归程序执行的正确性。

为了加深对递归程序执行过程的理解,下面给出例6.2中的 $f(n)$ 函数的定义,并描述了其执行过程,请读者仔细观察执行过程中内存的变化。

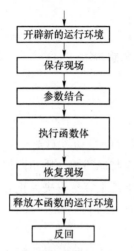

图 6.2 递归程序的执行过程

```
#include<stdio.h>              /*1*/
long f(int n);                 /*2*/
main()                         /*3*/
{                              /*4*/
    int i;                     /*5*/
    printf("Enter i:");        /*6*/
    scanf("%d",&i);            /*7*/
    printf("%d! = %ld",i,f(i));/*8*/
}                              /*9*/
long f(int n)                  /*10*/
{                              /*11*/
    if(n == 0)                 /*12*/
        return 1;              /*13*/
    else                       /*14*/
        return n * f(n-1);     /*15*/
}                              /*16*/
```

为了叙述方便,以上代码中的注释用于标识代码行号。

(1) 程序开始执行,到第3行处。给 main 函数开辟运行环境如图6.3(a)所示。main 函数由操作系统调用,当 main 函数执行完毕后,控制权将返回给操作系统,故返址是操作系

第 6 章 递归算法设计(一)

统。

(2) 执行第 7 行,输入"3",此时如图 6.3(b)所示。

(3) 执行第 8 行,发出函数调用 $f(3)$,此时为函数 $f(n)$ 开辟新的运行环境,进行参数结合 3→n,并将第 8 行设置为返址,如图 6.3(c)所示。进入 $f(n)$ 函数后,由于 $n=3$,所以运行第 15 行,发出函数调用 $f(n-1)$。

(4) 在如图 6.3(c)所示的运行环境下,进行 $f(2)$ 函数调用,此时为 $f(n)$ 开辟新的运行环境,进行参数结合 2→n,并将第 15 行设置为返址,如图 6.3(d)所示。进入 $f(n)$ 函数后,由于 $n=2$,所以运行第 15 行,发出函数调用 $f(n-1)$。

(5) 在如图 6.3(d)所示的运行环境下,进行 $f(1)$ 函数调用,此时为 $f(n)$ 开辟新的运行环境,进行参数结合 1→n,并将第 15 行设置为返址,如图 6.3(e)所示。进入 $f(n)$ 函数后,由于 $n=1$,所以运行第 15 行,发出函数调用 $f(n-1)$。

(6) 在如图 6.3(e)所示的运行环境下,进行 $f(0)$ 函数调用,此时为 $f(n)$ 开辟新的运行环境,进行参数结合 0→n,并将第 15 行设置为返址,如图 6.3(f)所示。进入 $f(n)$ 函数后,由于 $n=0$,所以运行第 13 行。

(7) 在如图 6.3(f)所示的运行环境下,运行第 13 行,返回函数值 1,函数调用结束。此时恢复现场(取出返址为第 15 行),并释放函数运行环境,如图 6.3(g)所示。

(8) 在如图 6.3(g)所示的运行环境下,运行第 15 行 return $n \times f(n-1)$,返回 $f(1)$ $=1 \times f(0)=1 \times 1=1$,函数调用结束。此时恢复现场(取出返址为第 15 行),并释放函数运行环境,如图 6.3(h)所示。

(9) 在如图 6.3(h)所示的运行环境下,运行第 15 行 return $n \times f(n-1)$,返回 $f(2)$ $=2f(1)=2 \times 1=2$,函数调用结束。此时恢复现场(取出返址为第 15 行),并释放函数运行环境,如图 6.3(i)所示。

(10) 在如图 6.3(i)所示的运行环境下,运行第 15 行 return $n \times f(n-1)$,返回 $f(3)$ $=3f(2)=3 \times 2=6$,函数调用结束。此时恢复现场(取出返址为第 8 行),并释放函数运行环境,如图 6.3(g)所示。

(11) 在如图 6.3(g)所示的运行环境下,运行第 8 行(main 函数),打印出 3!=6。

(12) main 函数结束,此时释放函数运行环境,返回操作系统,如图 6.3(k)所示。

可见递归的程序设计方法比较占用系统资源,效率也较低。当某个递归算法能较方便地转换成递推算法时,通常按递推算法编写程序。例如前面计算斐波那契数列的第 n 项的函数 fib(n)应采用递推算法,即从斐波那契数列的前两项出发,逐次由前两项计算出下一项,直至计算出要求的第 n 项。但是,递归的思想特别符合人们的思维习惯,便于问题解决和编程实现。

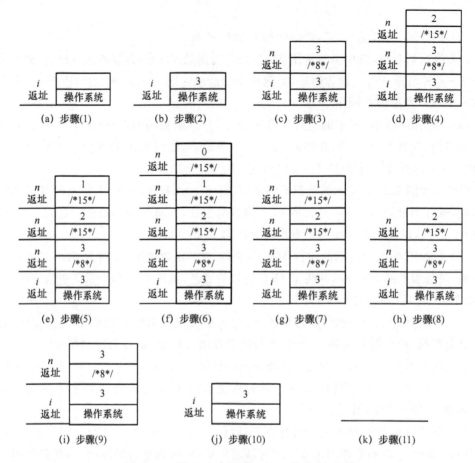

图 6.3　例 6.2 中函数 $f(n)$ 的执行步骤

为了清晰展示 $f(3)$ 的函数调用过程,也可以画出如图 6.4 所示的图。当同学们对于自己写的递归程序没有把握时,也可以通过画这样的递归调用过程图来进行验证。

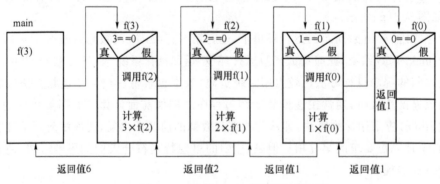

图 6.4　函数 $f(3)$ 的调用过程图

6.3 递归算法的设计要点

通过上面两节的分析,下面总结一下递归算法的设计要点。

(1) 首先需要采用"分而治之"的思想,描述出求解问题的递归思路,也就是给出递归定义。在递归定义时需要注意的是,一定要有终止条件和递归步骤。

例 6.3 求最大公约数算法的递归定义。

$$GCD(X,Y) = \begin{cases} Y, & \text{当}(X \text{ MOD } Y)=0 \\ GCD(Y, X \text{ MOD } Y), & \text{当}(X \text{ MOD } Y) \neq 0 \text{ 且 } X > Y \end{cases}$$

例 6.4 求数组元素之和算法的递归定义。

$$SUM(A[1:n]) = \begin{cases} A[n], & \text{当 } n=1, \text{只有一个元素的时候} \\ A[n] + SUM(A[1:n-1]), & \text{当 } n>1 \end{cases}$$

例 6.5 查找数组的最小元素算法的递归定义。

$$MIN(A[1:n]) = \begin{cases} A[n], & \text{当 } n=1 \\ minimum(A[n], MIN(A[1:n-1])), & \text{当 } n>0, minimum()\text{是选择最小值} \end{cases}$$

以上给出的例子都是能够进行递归定义的。其实我们设计的很多算法都是能够给出递归定义的。递归设计的关键问题是递归的思想,也就是分而治之的思想。诸如汉诺塔、八皇后、骑士巡游、人狼过河等经典问题都可以用递归的思想求解。

(2) 正确地设计参数。由于递归算法的核心是子程序的嵌套调用,在每一次调用时都会保留局部环境状态(局部变量、参数、返回的指令地址等),为了正确地完成递归计算和处理的任务,子程序的参数设计是非常关键的。具体地说就是值参数和引用参数的设计。如果参数设计不合适,将会使程序执行错误。

错误的发生主要是在回退阶段。简单的函数调用由于是通过函数名返回结果,所以相对比较简单,不容易出错;但是对于递归处理算法,特别是回溯算法,由于引入了数据结构(共享状态数据),所以需要在每一次递归调用时都操作这个数据结构,而且在回退的过程中是需要保存操作后的数据结构,还是撤消对该数据结构的操作等等,都是参数设计的依据。正确设计参数的根本是对程序设计语言中的参数机制有比较清晰的理解和认识。

习　　题

6.1　什么是递归?可以用递归解决的问题通常具有什么特点?

6.2　简述递归算法的执行过程。

6.3　写出例 6.3、例 6.4、例 6.5 对应的递归程序。

6.4　输入任意多个整数,以"-1"结束,求这些数的和。要求用递归函数实现。

第 2 篇

抽象与模型，从实际到理论

引　言

1. 一个经典的故事

　　故事的背景是 18 世纪的东普鲁士,美丽的普雷盖尔河穿过哥尼斯堡,人们在河的两岸及河中两个小岛间建立了七座桥,将它们联结成一个风景优美的公园(如图 1 所示)。有一天,有人突发奇想:如何才能走遍七座桥,而每座桥都只能经过一次,最后又回到原先的出发点? 当地的人们开始沉迷于这个问题,在桥上来来回回不知走了多少回,然而却始终不得其解。

　　七桥问题很快就传遍了欧洲,成了知名的难题。大数学家欧拉(Euler)此时正值二十多岁,受俄国之邀,正在圣彼得堡(现名列宁格勒)的科学院作研究。他的德国朋友告诉了他七桥问题,也引起了欧拉的高度兴趣。他想:经过这么多人的努力都找不到能不重复地一次走完七座桥的路径,会不会是这样的走法根本不存在? 于是他开始着手证明自己的猜想。

　　他最先想到的是用"穷举法"——把所有可能的走法详细列出,然后逐一检查是否可行。但是他马上发现这样做太烦了,因为七座桥排列起来共有 $7! = 5\,040$ 条路线,逐一检查实在太耗时了。况且,这样的方法没有通用性,桥的位置或数量一旦改变,就得重新检查一次。如果桥的数目增加为 10 座,那岂不是要检查 $10! = 362\,880$ 条路线?

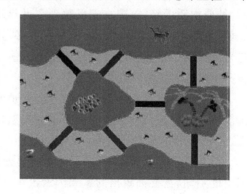

图 1　连接小岛和两岸的七座桥

　　接着,他又想到:岛的形状、大小及桥的长短并不影响结果,位置才是重点。于是他联想到了莱布尼兹(Leibniz)的位置几何学。他将图形简化,小岛化为点,桥则用线表示,于是就画出了如图 2 所示的图形,七桥问题就相当于能不能一笔画出此图形的问题。

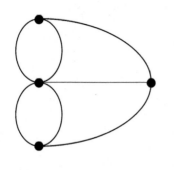

图 2　简化后的七桥问题

1736年,欧拉终于证实了自己的猜想——七桥问题的走法根本不存在,并发表了他的"一笔划定理"如下。

一个图形要能一笔划完成必须符合两个条件:
① 图形是封闭连通的;
② 图形中的奇点个数为0或2。

七桥问题中的4个点全部都是奇点,当然无法一次走完七座桥。

抽象思维是逻辑思维中最根本、最基础的内容之一,是灵魂。所谓抽象,就是把同类事件中最关键、最根本的东西拎出来,加以归纳,使其具有更大的推广性和普适性。上面的哥尼斯堡七桥问题,欧拉就是通过抽象,把两岸及两岛想象为4个点(因为点的大小是无关紧要的,事实上几何的点也无大小),把七座桥想象为7条线(线的形状如何,线的宽窄都是无关紧要的,事实上几何的线也无宽窄)。这样,就成了联结4个点的7条线。通过对七桥问题的解决,发现真正的问题是"奇点"、"偶点"的问题,这就把七桥问题的最本质的东西——组合拓扑性质——凸显出来了。今后凡是类似的问题,不管是七桥还是八桥、九桥都可以解决了。

2. 抽象与模型

通过上述的例子说明了在对现实世界中的事物进行处理时,不可能处理该事物包含的所有信息,而只能够选择一些有用的信息进行处理,这就是**抽象**,即忽略事物复杂的细节,抽取本质的特征,建立起反映现实世界事物本质特征的**模型**,这也是抽象建模的方法。比如,物理学中研究小球碰撞运动时不必考虑小球内部的分子运动。从另一方面说,这也符合人们认识世界和改造世界的基本方法,人们有限的智能及信息处理能力也强迫我们在分析问题时忽略不必要的细节。

为了能够更好地运用抽象的方法处理问题,必须选择一个好的模型结构。原则是"挑选能够充分描述某种现象的最简单的模型"(奥卡姆剃刀原理),该原则包括两个方面的含义。

(1) 充分描述:模型中必须包含所要处理事物的重要元素。需要注意的是,处理问题的角度不同,需要抽象出的重要因素也不同。

(2) 充分简单:模型中应该只包含所要处理的重要因素。

例如:人们在认识世界和改造世界过程中所产生的自然数,就是一个高度抽象的模型,当我们计数时,已经忽略了对什么计数和计数单位等。

[**模型功能**] 甚至一个粗糙的数学模型也能帮助我们更好地理解一个实际的问题。一个数学模型即使导出了与事实不符合的结果,它也还可能是有价值的,因为一个模型的失败可以帮助我们去寻找更好的模型。数学模型的最优之处,就是它扬弃了具体事物中的一切与研究目标无本质联系的各种具体的物质属性,是在一种纯粹状态下的数量、关系

的结构,因此更具有普适性。很多自然科学和人文、社会科学包括计算机科学,只有成功地建立起数学模型,才算得上趋于成熟和完善。本篇主要讨论的问题是"问题解决,模型化和应用",我们将问题求解和构造模型放在一起,这是计算机学科的主要方法论。]

在建立模型时,要依据以下要点和方法进行:

(1) 对什么进行建模(对象);

(2) 为什么要建模(研究和处理的目标);

(3) 进行对象"外观"的描述;

(4) 进行对象"内部结构"的描述,包括组成的成分、成分之间的关系、结构的分解;

(5) 采用某种方法和技术实现上述的描述;

(6) 结构分解应采用层次化、结构化方法。

就像在讨论自顶向下、逐步求精的程序设计方法时一样,层次化/结构化是认识问题、解决问题的基本方法和原则。我们在抽象建模的过程中也应该遵循和采用这种方法。

本书将介绍一些模型,希望能够帮助大家在计算学科的抽象形态上认识问题和解决问题。我们讨论的模型包括以下几种。

(1) 计算机的工作原理模型,即可编程结构模型,它抽象了各种各样计算机的共性与基本原理,并能够使我们在这个模型计算机上解决问题。

(2) 程序设计"模型"。这就是前面所述的程序设计方法,它告诉我们如何进行程序设计,采用哪些步骤,得到什么结果。

(3) 求解问题的模型。或者说是一种计算模型,建立这样的模型有助于问题的分析、理解以及找出解决问题的方法,如我们在后面讨论的图灵机模型就是用于求解问题的模型。这是应用计算机解决实际问题的基础,特别是在通信系统中,后面会有一些相关介绍。

请大家注意,我们讨论模型的目的是为了更好地解决实际问题,学习的重点应该更侧重在理论与实际的联系和结合上,所以在本章除了介绍基本概念和理论之外,还重点讨论了如何应用模型解决实际问题。

当然计算机中还有后面将要讨论的信息抽象的数据结构/数据类型模型。我们可以这样理解:计算模型(算法)+信息模型(数据结构)就是解决实际问题(程序)的基本方法。另外,在计算机学科的后续课程中会经常碰到各种各样的模型。请大家注意:抽象和建模是贯穿计算机学科学习始终的思想方法和行为准则。

第 7 章　计算机中数的表示与编码理论

大家都知道计算机中的数是二进制,而现实世界中数的表示却是十进制,那么如何将十进制数用二进制来表示呢？推而广之,客观世界并不都是数的表示,更重要的是信息,那么什么是信息呢？信息又是如何在计算机中表示呢？再进一步分析计算机内部,机器指令是如何表示呢？内存和外存的地址是如何表示呢？所有这些问题都归结为以下几点。

(1) 信息是什么？信息如何定量表示？
(2) 为什么用二进制可以表示信息？
(3) 二进制又是如何表示信息的呢？
(4) 如何将其他制式的数转换为二进制数呢？

上述这些问题就是这一章的重点。我们是从信息论的理论出发,并将该理论映射到实际的计算机中,使大家能够换个角度认识和理解计算机中的二进制表示以及二进制编码。

7.1　信息论初步

信息是计算机唯一要处理的要素。数字计算机要完成对信息的存储和处理,首先要将信息数字化,这就是所谓的信息编码。

信息不是物质,也不是能量,却无法脱离物质和能量而单独存在。信息必须有载体。我们日常生活中接触的信息都是通过载体传递的,例如电报、电话、广播、电视、书信、图片、书刊等等。计算机中的信息则是通过电能量传递,以内存、硬盘为载体保存的。

信息还具有可以复制和传播的特性。现代通信技术的发展大大推动了信息的这一特性,使得我们坐在家中就可以知道全球的资讯。信息被传播得越广,它的实际使用价值就越高,现在的产品广告就几乎滥用了这个规律。

信息的价值随着环境和时间的变化会逐渐贬值。这是信息的又一条重要规律。每一条信息都有自己的适用范围和时效性,超出了适用环境或者过了有效时间,信息的价值就等于零。例如新闻若过了期就不会有人愿意看,某公司的商业机密对旁人就毫无价值。

信息应当如何编码?这一问题在信息论中有科学的理论提供指导。信息论是应用近代数理统计方法来研究信息的传输和处理的科学。

借助于如图7.1所示的一个简单模型可以帮助我们理解信息的传播。

图 7.1　信息传播模型

信源是提供信息服务的一方,又称发送站,负责将信息编码后通过信道发送出去。信宿是接受信息服务的一方,又称接收站,负责从信道中收取信息码。

为了保证信宿能够无歧义地准确理解信源对信息的编码方式,双方必须共同规定一套信息的表示方法和含义,这套约定的专业名称就叫通信协议。

为了更好地理解上述模型,我们以交通灯控制指挥系统为例,来看看该系统的信源、信宿、信道以及协议。

发送:灯　　　　信道:光　　　　接受:人

灯		含　　义
红	绿	
√	×	停
×	√	前　进
×	×	无控制
√	√	无　效

说明:√和×分别代表灯亮和灯灭。

信息是以消息的形式发送的,信息一次发送/接收的一组符号构成一条消息,这组符号是根据信息编码规则产生的。

信息论研究的基本问题包括以下几个。

(1) 信源:研究信源所含的信息量(熵)、单位时间内信源发出的信息量(时间熵)。

(2) 信宿:研究在无干扰和有干扰的信道上,信宿能收到的信息量。

(3) 信道:研究信道传输信息量的能力(信道容量)。

(4) 信源编码:通过信源编码过程可以使信源发出的消息变换成代码组。

(5) 信道编码:纠错码理论。

可以看出,以上基本问题中的核心概念是信息量。信息量是信息含量的度量。

1. 消息的信息含量

一条消息的信息含量,不是由消息长度决定的,而是取决于消息的**不确定性**程度。

如果消息内容已知,则消息的信息量为零。

如果消息内容发生的概率大,则消息的不确定性小,信息量小。

如果消息内容发生的概率小,则消息的不确定性大,信息量大。

由此可以得出结论:收到消息 A 所获的信息量=不确定性减少的量。

2. 消息不确定性的计算

香农定理　用概率的方法来度量消息的不确定性,或叫信息含量。假定在信息的一次发送中接到一条特定消息 A 的事先估计的概率(称为先验概率)是 P,而接到消息后对 A 确信无疑(即事后概率为 1),那么这条消息的信息含量 I_A 就可用两个概率的对数之差来度量。

A 的先验概率 P:收到消息 A 的可能性。

A 的事后概率:收到消息 A 以后的概率一定是 1(100%)。

A 所含的信息量:$I_A = \log_2(事后概率) - \log_2(先验概率) = -\log_2(P) = \log_2(1/P)$

信息量的单位是比特(bit)。

信息量的含义:当消息 A 发生前,表示 A 发生的不确定性程度;

当消息 A 发生后,表示 A 所含的信息量。

3. 信源的熵

信源的熵是指发送一次消息的平均信息量。

设发送站(信源)可以发送出 n 种消息,发送每种消息的概率分别为 $P_1, P_2, \cdots, P_n$,显然 $P_1 + P_2 + \cdots + P_n = 1$。那么发送站发送一次消息的平均信息量计算公式如下

$$S = P_1 \log_2(1/P_1) + P_2 \log_2(1/P_2) + \cdots + P_n \log_2(1/P_n)$$

$$= \sum_{i=1}^{n} P_i \log_2(1/P_i)$$

S 称为熵,熵是信息系统信息量的总体指标,单位是比特(bit)。

例如:巴西和法国世界杯决赛的先验概率是,巴西 80% 赢,法国 20% 赢。那么,巴西赢的信息量 $I_A = \log_2(1/0.8)$,法国赢的信息量 $I_A = \log_2(1/0.2)$。比赛结果的消息的平均信息含量为

$$S = 0.8 \log_2(1/0.8) + 0.2 \log_2(1/0.2)$$

4. 信息编码

任何信息都可以用二进制符号 0、1 编码。

二进制(一位)的信息量是 $S = -\log_2(1/2) = 1$ bit。

八进制(一位)的信息量是 $S = -\log_2(1/8) = 3$ bit。

定理　发送一条消息平均需用的二进制符号长度必定大于等于发送站的熵。对于有

n 条消息的发送站,各条消息发生概率相等时熵最大。

当发送站的 n 条消息先验概率都相等时,即 $P_1 = P_2 = \cdots = P_n = 1/n$,发送站的熵 $S = \log_2(n)$,此时熵值最大。

根据这个定理,可以算出信息的最小编码长度。如果 S 不是整数,则至少需要大于 S 的最小整数位的二进制符号。

请读者思考,若改用八进制符号编码,则至少需要几位符号?

7.2 计算机中的数制

1. 数制

在日常生活中,我们会遇到多种不同的计数法,例如,阿拉伯数字的十进制、西方商业的十二进制、古代的十六进制、时间上的六十进制等。其中最常用的是十进制。

十进制有 $0,1,\cdots,9$ 共 10 个数字符号,每一个十进制数都由这 10 个数字的组合表示,数字在数中的位置不同,所代表的值也不同。

例如:321.45。

"1"位于小数点左第一位,代表 $1 \times 10^0 = 1$;

"2"位于小数点左第二位,代表 $2 \times 10^1 = 20$;

"3"位于小数点左第三位,代表 $3 \times 10^2 = 300$;

"4"位于小数点右第一位,代表 $4 \times 10^{-1} = 0.4$;

"5"位于小数点右第二位,代表 $5 \times 10^{-2} = 0.05$;

通过公式可以表示为:$321.45 = 3 \times 10^2 + 2 \times 10^1 + 1 \times 10^0 + 4 \times 10^{-1} + 5 \times 10^{-2}$。

这里的 10 称为基数,这种计数法叫做数制(又称进位制)。

从十进制的例子中,我们可以得到数制的 3 个重要特点:

(1) 数字的个数等于基数;

(2) 最大的数字比基数小 1;

(3) 每个数字所代表的值由数字本身乘以基数的幂来获得,而幂是由位置来决定的。

各种数制,除了基数不同之外,都具有上述的 3 个特点。下面就基于这三点分别说明计算机中几种常用的数制。

2. 十进制

十进制的基数是 10,数字是 $0,1,\cdots,9$。

任何一个十进制数 N,$N = K_n K_{n-1} \cdots K_1 K_0 \cdot K_{-1} K_{-2} \cdots K_{-m}$,其数值都可以表示为

$$\sum_{i=-m}^{n} K_i \times 10^i$$

3. 二进制

虽然十进制是人们日常生活中最常用的计数制,但是如果在计算机中直接采用十进制,那么需要 10 个稳定状态的存储器件和逻辑部件,这样实现起来有困难。通过分析和比较,发现二进制是计算机中最好实现的计数制,这是因为在数字电路中用开关电位表示 0、1 两种状态是非常容易的。虽然二进制编码比十进制长一些,但因为简化了运算规则,对于高速的电子计算机来说,处理速度反而更快。因此在计算机中,二进制是最基本的数值表示方法,其他进制都需要在二进制的基础上经过转换得到。无论是指令还是数据,在计算机中都是采用二进制进行编码存储的。

二进制的基数是 2,数字只有 0、1。

任何一个二进制数 N,$N = K_n K_{n-1} \cdots K_1 K_0 \cdot K_{-1} K_{-2} \cdots K_{-m}$,其数值都可以表示为

$$\sum_{i=-m}^{n} K_i \times 2^i$$

例如:$(1011)_2 = 1 \times 2^3 + 0 \times 2^2 + 1 \times 2^1 + 1 \times 2^0 = (11)_{10}$。

4. 八进制

八进制数是计算机科学发展过程中,为了减少人机交互中阅读较长的二进制字符串产生的困难而设计的。将 3 位二进制数编成一组,转换为八进制数,方便用户使用。

八进制的基数是 8,数字有 $0, 1, \cdots, 7$。

任何一个八进制数 N,$N = K_n K_{n-1} \cdots K_1 K_0 \cdot K_{-1} K_{-2} \cdots K_{-m}$,其数值都可以表示为

$$\sum_{i=-m}^{n} K_i \times 8^i$$

例如:$(7342)_8 = 7 \times 8^3 + 3 \times 8^2 + 4 \times 8^1 + 2 \times 8^0 = (3\,810)_{10}$。

5. 十六进制

十六进制数和八进制数的产生原因一样,为了方便人机交互,将 4 位二进制数编成一组,转换为十六进制数。

十六进制的基数是 16,数字有 $0, 1, \cdots 9, A, B, C, D, E, F$。其中 A~F 对应十进制的 10~15。

任何一个十六进制数 N,$N = K_n K_{n-1} \cdots K_1 K_0 \cdot K_{-1} K_{-2} \cdots K_{-m}$,其数值都可以表示为

$$\sum_{i=-m}^{n} K_i \times 16^i$$

例如:$(10AF)_{16} = 1 \times 16^3 + 0 \times 16^2 + A \times 16^1 + F \times 16^0 = (4\,271)_{10}$。

6. 不同数制间的转换方法

(1) 二进制与八进制、十六进制之间的转换

二进制转换为八进制,以小数点为界,分别向左、右每 3 位二进制数字直接写成 1 位八进制数字,前边或后边不满 3 位时补"0"。反之,则每位八进制数字转换为 3 位二进制数字。

例 7.1 二进制到八进制的转换。
$$(11111001.01111110)_2 = (371.374)_8$$

二进制转换为十六进制,以小数点为界,分别向左、右每 4 位二进制数字直接写成 1 位八进制数字,前边或后边不满 4 位时补"0"。反之,则每位十六进制数字转换为 4 位二进制数字。

例 7.2 十六进制到二进制的转换。
$$(18A6.3F75)_{16} = (0001100010100110.0011111101110101)_2$$

(2) 八进制与十六进制之间的转换

八进制与十六进制之间的转换可通过二进制间接实现转换。如:八进制到十六进制的转换,可通过先将八进制转换为二进制,再将得到的二进制转换为十六进制实现。

(3) 十进制与二进制、八进制、十六进制之间的转换

二进制、八进制、十六进制转换为十进制,直接按照进位制的数值定义计算即可。

例 7.3 $(1011.101)_2 = 1 \times 2^3 + 0 \times 2^2 + 1 \times 2^1 + 1 \times 2^0 + 1 \times 2^{-1} + 0 \times 2^{-2} + 1 \times 2^{-3}$
$= (11.625)_{10}$

十进制转换为二进制、八进制、十六进制,整数部分和小数部分要分别转换。**整数部分连除基数取余,小数部分连乘基数取整。**

例 7.4 将十进制数 157.390 625 转换为八进制。

a. 整数部分连续除以 8,直到商值为零,记下每次除以 8 产生的余数,最先得到的余数是最低位数字,最后得到的余数是最高位数字,按照此顺序组合余数数字就得到整数部分的八进制数。

```
8 | 157
8 |  19      …余5
8 |   2      …余3
      0      …余2
```

整数部分$(157)_{10}$转化为$(235)_8$。

b. 小数部分连续乘 8,直到乘积为整或保持足够精度为止,记下每次乘积所得的整数部分,按照运算的顺序组合整数数字就得到小数部分的八进制数。

```
    0.390 625
  ×        8
    3.125        …3
```

```
    0.125
  ×     8
    1.0          …1
```

小数部分$(0.390\,625)_{10}$转换为$(0.31)_8$。

所以$(157.390\,625)_{10} = (235.31)_8$。

对于一般情况,小数部分可能不能完全转化为整数。例如:
$$(0.138)_{10}=(0.106576\cdots)_8$$
这时只要计算出足够精度的小数位数即可以停止计算。

将十进制数转换成二进制或十六进制时,方法和十进制数转换成八进制类似,只是基数不同,分别取 2 和 16,故在此不再举例说明。

7.3 计算机中数据的表示法

计算机就是数据处理器。计算机要处理和存储的数据分成两大类:数值数据和非数值数据。数值数据用来表示数量的多少,通常它们都带有符号位,用来表示数的正负,如 −10 090.1。非数值数据包括各种西文字符(26 个英文字母、10 个十进制数、标点符号以及一系列专门字符),还有汉字、图形、声音等信息。无论是数值数据,还是非数值数据,在计算机中都只能采用二进制的编码形式。所以讨论数据在计算机中的表示,实际上是在讨论它们在计算机中的编码方式。

1. 计算机信息存储单元的结构

(1)"位"(bit):是计算机中最小的信息单位。一"位"只能表示 0 和 1 中的一个,即一个二进制位,或存储一个二进制数位的单位。

(2)"字节"(byte):是由相连 8 个位组成的信息存储单位。字节是目前计算机最基本的存储单位;也是计算机存储设备容量最基本的计量单位。一个字节通常可以存储一个字符(如字母、数字等)。只有字节才有地址的概念。对一种计算机的存储设备以字节为单位赋予的地址称为字节编址,也是目前计算机最基本的存储单元编址,如下所示:

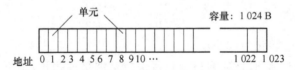

(3)"字"(word):是计算机运算的基本单位。字长就是字的位长,即计算机内部一次所能处理的二进制码的位数。不同的计算机,字长也不相同。随着计算机技术的发展,计算机的字长也越来越大。从 8 位机、16 位机发展到 32 位机、64 位机。目前常用的 PC 多是 32 位机。

2. 非数值数据的表示法

计算机内部的最基本符号是二进制符号 0、1。这些 0、1 代码组合起来可以表示西文字符、汉字、图形、声音等基本信息。

(1)西文字符

计算机中使用的西文字符,目前都遵循 ASCII 码标准表。ASCII 码包括 26×2 个字母(大小写)+10个数字+其他显示符号,总共95种;还有33种控制符号,总共128种符号。根据7.1节所述的香农定理,假设每种符号的发生概率是相等的,其信息源的熵是7 bit,得出每个ASCII码至少需要7位二进制数来表示。业界标准统一规定所有计算机的ASCII码都用8位二进制数表示,其中低7位为字符的ASCII码值,最高位一般做校验位。表7.1列出了西文字符的ASCII码值。如字符"A"的ASCII码是$(01000001)_2$,即$(65)_{10}$。

表 7.1 ASCII 码表

L\H	0000	0001	0010	0011	0100	0101	0110	0111
0000	NUL	DLE	SP	0	@	P	`	p
0001	SOH	DC1	!	1	A	Q	a	q
0010	STX	DC2	"	2	B	R	b	r
0011	ETX	DC3	#	3	C	S	c	s
0100	EOT	DC4	$	4	D	T	d	t
0101	ENQ	NAK	%	5	E	U	e	u
0110	ACK	SYN	&	6	F	V	f	v
0111	BEL	ETB	'	7	G	W	g	w
1000	BS	CAN	(	8	H	X	h	x
1001	HT	EM	)	9	I	Y	i	y
1010	LF	SUB	*	:	J	Z	j	z
1011	VT	ESC	+	;	K	[	k	{
1100	FF	FS	,	<	L	\	l		
1101	CR	GS	-	=	M	]	m	}
1110	SO	RS	.	>	N	^	n	~
1111	SI	US	/	?	O	_	o	DEL

(2) 汉字

我国的汉字标准编码采用16位的二进制数表示,相当于两个ASCII码字符位。使用16位二进制数,一方面是因为字库的汉字有上万种,8位肯定不够用;另一方面16位二进制数正好对应两个ASCII码,方便和国际标准接轨。《信息交换用汉字编码字符集—基本集》国家标准GB2312就是这样的编码表,它由94×94的表构成,即有94行、94

列。每个汉字对应一个区位。例如:

[南] 十进制码是:36 47

二进制码是:0100100 0101111

十六进制码是:24H 2FH

[京] 十进制码是:30 09

二进制码是:0011110 0001001

十六进制码是:1EH 09H

其中 H 表示是十六进制数。

(3) 图形

图形的表示不仅要表示出图的形状,还要表示出图的颜色、灰度、色调、饱和度和光强度。因此,图形在计算机内的表示显得极为复杂。图形信息的机内表示方法有多种,最主要的是位图表示法和矢量表示法。

① 位图表示法

位图表示法是最常用的方法,它可以表示任何图形及其色彩。位图法把一幅图形划分为一张栅格(如图 7.2 所示),栅格中的每一小格点称为一个"像素"(pixel),按像素的位置和光度值(色彩、亮暗)在机内表示出所有像素,就是位图(bit map)。像素的大小取决于分辨率。例如,图像可以分成 1 000 像素或者 10 000 个像素。第二种情况下,尽管有较好的图像显示,但是需要更多的存储空间来存储图像。

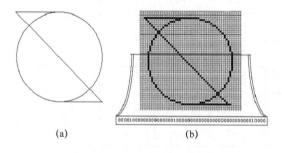

图 7.2 栅格示意图

② 矢量表示法

矢量表示法是将图像分解成曲线和直线的组合,其中每一条曲线或直线由数学公式来表示。例如,一条直线可以通过它的端点坐标来作图,圆则可以通过它的圆心坐标和半径长度来作图。这些公式的组合被存储在计算机中,当要显示或打印图像时,将图像的尺寸作为输入给系统,系统根据新的尺寸重新设计图像并用相同的公式画出图像。在这种情况下,每画一次图像,公式也将重新计算一次。

(4) 声音

声音是一种连续的随时间变化的波。用连续波形表示声音的信息谓之模拟信息,或模拟信号(如图 7.3 所示)。模拟信号有 3 个要素:基线、周期和振幅。

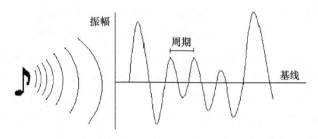

图 7.3 声波示意图

计算机不能表示模拟信号,只能表示数字信号,即 0 和 1 的组合;因此,声音在计算机内的表示就是把声音的波形数字化,又称量化,并以二进制的形式存储。量化的方法是:在每一固定的时间里对声波进行采样,采得的波形称为样本,再把样本(振幅的高度)量化成二进制数存储在机器内。这里有两个概念:"采样频率"和"量化精度"。"采样频率"是指 1 s 采样的次数,根据奈奎斯特理论,采样频率不低于信号最高频率的两倍,就能把数字表达的声音还原为原来的声音。显然,不同的采样频率表示出来的声音质量有低、中、高的区别。目前,采样频率通常有 11.025 kHz、22.05 kHz、44.1 kHz 3 种。"量化精度"是指将样本转换成数量的精确度。目前有 8 位的和 16 位的两种,它同样影响声音的质量。

(5) 视频

视频是图像(帧)在时间上的表示。电影就是一系列的帧,一张接一张地播放而形成的运动图像。所以,如果知道了图像在计算机中如何存储,也就知道了视频如何存储。每一幅图像或帧都转化成二进制编码进行存储。这些图像合起来就是视频。

3. 数值数据的表示法

(1) 机器数

在计算机中,使用二进制来表示数值。除了前面所讲的二进制的基本知识外,我们在计算机内部使用二进制表示数值,还有两个问题需要解决:负数如何表示?小数点的位置如何确定?

下面看看计算机科学是如何解答这两个问题的。

为了表示数的正负,计算机中的二进制数表示方法中用数的最高位来表示符号。如果最高位为 1,则是负数;为 0,则是正数。增加了符号位的二进制数就称为机器数,它的数值称为机器数的真值。

对于机器数,有 3 种不同的编码格式,即原码表示法、反码表示法和补码表示法。补码表示法是为了能将计算机中的减法运算转换成加法运算而诞生的。而反码表示法是在将机器数从原码表示转换成补码表示过程中的一个中间的表示方法。现代计算机中,机器数基本都采用补码表示法。在 8.3 节中,将对原码表示法、反码表示法和补码表示法做详细介绍。

下面给出一个机器数的例子。

8 位字长的计算机,如果采用补码表示法,则+91 和-91 分别表示如下。

数 $X=(0\ 1011011)_2=+91$。最高位为 0,表示该机器数为正。

数 $Y=(1\ 0100101)_2=-91$。最高位为 1,表示该机器数为负。

关于以上 +91 和 -91 的补码表示是如何得到的,读者在学完本篇 8.3 节之后就会明白。目前,读者只需关注正负符号在机器数中是如何表示的。

我们知道,计算机中的存储单元只能记录 0 或 1 的状态,日常手写分隔整数部分和小数部分的小数点无法用二进制数字表示。唯一可行的方法,就是约定小数点在数中的位置,计算机科学提供了两种约定方法,定点表示和浮点表示。

(2) 定点表示法

定点表示法,是固定小数点位置的表示方法。当表示整数时,小数点恒在最低位后面;当表示小数时,小数点恒在第零位与第 1 位之间,第零位是符号位。

例如:8 位字长的计算机,数 $X=(01011011)_2$,X 为整数时表示 +91,X 为小数时表示 +0.711。

使用定点表示法,N 比特的字长可以表示 $0\sim 2^N-1$ 之间的无符号整数,可以表示 $-2^{N-1}\sim 2^{N-1}-1$ 之间的带符号整数(假设机器采用补码表示法),还可以表示小数 $X(-1<X<1)$。例如,8 位补码能表示的带符号整数的范围是 $-128\sim 127$,其中 $[+0]_{补码}=0\ 0000000$,$[-0]_{补码}=0\ 0000000$,对于 $1\ 0000000$ 这个数,在补码表示法中被定义成 -128。

定点表示法的优点是固定小数点位置,比较容易阅读和理解。但缺点也很明显,可表示的小数范围太窄,整数范围也受限于位长。遇到一些特殊数据运算,可能会溢出或无法保证计算精度。

为了弥补定点表示的不足,计算机科学发展出浮点表示法,既要尽可能大范围地表示数值,同时又要能达到足够的精度要求。有了浮点表示法,定点表示法就专用于表示整数了。

(3) 浮点表示法

浮点表示法,是小数点位置根据指数浮动的表示方法。要理解浮点表示,首先要清楚科学计数法是怎么回事。科学计数法认为,任何一个十进制数字都可以表示成 $X=M\times 10^J$ 的形式。那么,我们在表示极大的数字或者精度很高的小数时,可以采用 M 尾数和 J 幂指数来共同表示。

例如:13 万亿 可以表示为 1.3E13。

0.000000491 可以表示为 0.491E-6。

可以看出,科学计数法比起传统的数值表示法,既简洁又能够直观显示数字的数量级和精度,很适合表示大范围的数字和精度很高的小数。

浮点表示法的原理和科学计数法一样。对任意一个二进制数,都可以将其写成 $X=M\times 2^J$ 的形式,其中 $0.5\leqslant |M|<1$。M 称为尾数,J 称为阶码,都是二进制数。

使用浮点表示法表示的数称为浮点数,浮点数由尾数和阶码组成,尾数和阶码都有各自的符号位。

以 16 位长二进制为例(如图 7.4 所示),尾数占 8 位,阶码占 8 位。第零位是阶码的符号位,第 1 位到第 7 位是阶码的数据位。第 8 位是尾数的符号位,尾数的小数点位于第 8 位与第 9 位之间,第 9 位到第 15 位是尾数的数据位。

例如,采用补码表示法:

二进制数 110000000000000000000010 可以非正式地表示为 0.11×2^{24},阶码为 0 0011000,尾数为 0 1100000。

二进制数 0.0000110101 的浮点可以非正式地表示为 0.110101×2^{-4},阶码是 1 1111100,尾数是 0 1101010。

在计算机中,不足位要补"0"。在上例中,阶码是整数,数据位不足 7 位的高位补"0"。尾数是小于 1 的小数,数据位不足 7 位的低位补"0"。

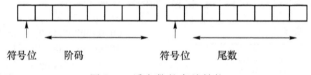

图 7.4 浮点数的存放结构

7.4 计算机中的其他编码

在计算机中,除了对数据(包括符号数据和数值数据)要进行编码,对指令的操作和存储地址也要进行编码。

1. 指令操作编码

机器指令由操作码和地址码组成,一般的指令格式如下所示:

操作码	地址码

操作码用来表明本条指令要求计算机完成的操作。早期的计算机采用等长编码,即操作码占用的二进制位数相同,这样控制起来比较简单,因为全机只需要设置一个操作码译码器就可以完成对所有指令的识别。但是这样会造成一定的浪费。例如某指令系统共有 130 条指令,根据 7.1 节的信息编码定理,若采用等长编码,则操作码部分至少要 8 位,而 8 位实际上可以表示 256 种不同的编码,即有 126 种编码是无效的。因此在现代计算机中多采用不等长编码,使用频度大的指令采用较短的操作码,使用频度小的指令采用较长的操作码,这样可以提高指令的执行速度。这样虽然缩短了操作码的平均长度,但增加了译码和分析的难度,微机中常用此方式。

下面再看一个例子:假定某型号的计算机只有最多 8 条指令(这只是一个假设),显然,可以用 3 位二进制数表示操作码,表 7.2 列出所有可能的操作码及其操作功能。

计算机执行一条指定的指令时,必须首先分析这条指令的操作码是什么,以决定操作的性质和方法,然后才能控制计算机其他各部件协同完成指令表达的功能。这个分析工作由译码器来完成。译码器的工作基础是逻辑运算(见第8章的论述)。

地址码用来给出参加本次运算的操作数和运算结果所在的地址。这个地址可以是内存单元的地址,也可以是CPU中的通用寄存器或者是直接参加运算的数。

2. 存储地址编码

程序在执行前,指令序列和数据必须先放入计算机的主存储器中。主存储器被划分成许许多多的存储单元。为了标识和识别存储器的每一个存储单元,每一个存储单元都有一个对应的编码,该编码就是"存储单元地址"。对存储单元的地址采用几位编码取决于内存空间的大小。假设内存容量为 64 KB(2^{16} 字节),则地址码的长度为 16 位(从 0000000000000000 到 1111111111111111),如图 7.5 所示。

表 7.2

操作码 $X_2X_1X_0$	操作名称 F
000	停机 F0
001	加法 F1
010	减法 F2
011	乘法 F3
100	除法 F4
101	取数 F5
110	存数 F6
111	打印 F7

0000000000000000	00011101
0000000000000001	11010010
0000000000000010	11011000
0000000000000011	10100110
...	...
1111111111111101	00011100
1111111111111110	11100111
1111111111111111	01011010

图 7.5

习 题

7.1 将下列十进制数转换为二进制、十六进制形式(二进制,小数保留 6 位;十六进制,小数保留 2 位)。
23.819,701.23,333.33,87779.1。

7.2 把下列十六进制数转换为二进制、十进制形式。
A134,78AF,5D3B,100F。

7.3 将以下十进制算式,按照计算机内部运算方式,写出原码、反码、补码和运算过程(限定 8 位字长)。
23 + 101,49 - 21,50 - 100

7.4 将下列二进制数用浮点形式表示,阶码占 8 位,尾数占 8 位,包括符号位。
110.11011,-0.00011101,11010000000001.01。

7.5 一个信息发送站,可以顺序发送 16 组消息,每组消息有 8 种内容,这 8 种内容出现的概率相等。请计算发送站的熵。

第 8 章 计算机运算基础(数理逻辑初步)

逻辑:是研究推理的科学。公元前四世纪由希腊的亚里士多德首创。十七世纪,德国莱布尼兹给逻辑学引进了符号,称作符号逻辑,又称为数理逻辑。

数理逻辑是数学的一个分支。它是用数学的方法来研究逻辑或形式逻辑的学科。所谓数学方法是指采用数学的研究手段,包括使用精确的符号体系和严密的推理演算。

计算机发展简史中提到图灵机概念,将计算机从数学角度抽象为一个可计算数学模型,一个有限的数学系统,从此,计算机科学就与数学密不可分,并逐渐发展形成独立的计算机数学。

现代数理逻辑可分为:逻辑演算、证明论、递归论、模型论、公理化集合论。

(1) 逻辑演算:命题演算和谓词演算。

(2) 证明论:数学系统之间相容性(即不矛盾性、协调性)的证明理论。

(3) 递归论:又叫能行性理论。研究哪些问题是计算机可以解决的,研究能行可计算的理论,为能行可计算的函数找出各种理论上精确化的严密类比物。

(4) 模型论:对各种数学系统建立模型,并研究各模型之间的关系,以及模型与数学系统之间的关系。

(5) 公理化集合论:在消除已知集合论悖论的前提下,使用公理化方法研究集合的理论。

著名计算机科学家、软件大师 E. W. Dijkstra 曾经这样说:"我如今年纪大了,回头看看这么多年做软件的经历,错误不知道犯了多少。假如我早年在数理逻辑上好好下点功夫的话,不至于犯下这么多错误。不少问题逻辑学家早就说了,可我不知道。要是我能年轻 20 岁的话,就要回去学逻辑。"可见数理逻辑与计算机科学的关系非常密切。下面仅举两例。

(1) 数理逻辑在程序设计方法学上的应用。

① 程序正确性证明:证明一个程序能够在正确输入的条件下,正确输出结果。

② 停机证明:证明一个程序不会无休止运行,最终会结束退出。
③ 程序展开:从给定的输入、输出断言出发,逐步展开,最终得到一个正确的程序。
④ 程序优化:针对一个给定的程序,展开逻辑分析,得到一个更优的程序。
(2) 数理逻辑与人工智能的关系。
① 定理的机器证明:由计算机完成某些数学定理的证明。

例如"4色定理"的证明。"4色定理"是:要给任何地图着色,使得地图上的任何相邻区域都有不同的颜色,4种颜色就足够了。这个问题自1852年由英国科学家Guthrie提出后,一直未有人给出正确证明。直到1976年,美国人Haken和Appel用了1 200小时的机器时间,在计算机上得到了证明。

② 逻辑型程序设计语言PROLOG与谓词逻辑关系非常密切。
③ 人工智能中的非标准逻辑推理方式中大量概念直接来自数理逻辑。

数理逻辑内容丰富,但限于篇幅,本章只能介绍与计算机科学关系最密切的部分,即命题逻辑和谓词逻辑初步。通过本章的学习,能掌握最基本的数理逻辑内容与方法,为今后的系统学习打下良好的基础。

8.1 命题逻辑

1. 命题

命题是一个表示判断的陈述句。判断可为"真"或为"假",这个真假值称为命题的真值。这个定义有两层含义:首先,命题是一个陈述句,而命令句、疑问句和感叹句都不是命题;其次,说明了这个陈述句所表达的内容可确定是真还是假,而且非真即假,不能既不真又不假,也不能亦真亦假。

例 8.1

人总是要死的。	真
中国的首都是北京。	真(至少目前如此)
$2+2=5$。	假
2040年中国有15亿人。	?(到2040年就知道了,仍算可判断的)

以上4个句子,都有判断,有真值,所以都是命题。但下面的句子不是命题。

例 8.2

我要3个苹果。	表达意愿,没有判断
对不起,请你让一下!	动作请求或命令,没有判断
$x+y=4$	含有未知元素 x 和 y,无法判断真假,故不是命题

通过例8.1和例8.2的对比,我们知道了命题与其他语句的区别在于是否有可确定的真值。

命题是数理逻辑的基础,命题的真值就是逻辑运算的最小单元。按真值划分,命题可以分为两类。

真命题:符合事实、常识、逻辑的命题。也可以说命题的真值为真,记做 1 或者 T(True)。假命题:不符合事实、常识、逻辑的命题。也可以说命题的真值为假,记做 0 或者 F(False)。

在进一步学习命题的逻辑运算之前,我们必须了解数理逻辑中命题的符号表示,通常用单个小写英文字母(可带下标)来表示命题,例如 $p, q, r_1\cdots$。命题标识的值就是命题的真值。

例 8.3 设 p 代表 $2+2=5$,那么 $2+2=5$ 的值就是 p 的值,p 的真值为 F(表示 False 假)。

例 8.4 设 r_1 代表 2040 年中国有 15 亿人。则 r_1 真值不确定的,可以为真也可以为假,在进行多命题的逻辑运算时,需要指定 r_1 为真和为假两种情况进行运算。

一个命题标识,代表一个具体的命题时,这类命题标识,称为"命题常元"。

我们还可以用单个英文字母表示任何一个命题,此时这个命题标识所代表的不是某个特定命题;从代数的角度看,这个命题标识相当于一个变量。我们把它称为"命题变元"。这类命题标识,它的真值是不确定的;在运算中可以为其指定真值,或者把某个具体的命题代入,才能确定其真值。

在逻辑运算等价公式和推导公式中出现的命题标识,都是这类命题变元。

2. 逻辑连接词

只有一套主谓语结构的命题称为"简单命题"或"原子命题"。原子命题不能分解成更简单的命题。例 8.1 中的 4 个命题都是简单命题。而像命题"雪是白的而且 $1+1=2$",就不是简单命题,它可以分割成"雪是白的"以及"$1+1=2$"两个简单命题,连接词是"而且"。

日常语言中,我们常常要表示一些比较复杂的含义。此时,通常用一些连接词"并且"、"或"等来连接几个简单命题。这样,我们把由连接词和简单命题构成的命题称为"复合命题"。

数理逻辑中的连接词,又叫逻辑连接词,是基于命题真值的逻辑运算符。多个命题通过逻辑连接词可以构成复合命题,又叫命题表达式。逻辑连接词主要包括以下几种。

与($\wedge$):"与","合取"。

或($\vee$):"或","相容或","析取"。

非($\neg$):"非","否定"。

异或($\oplus$):"异或","排斥或"。

等价($\leftrightarrow$):"等价"。

蕴涵($\rightarrow$):"蕴涵"。

逻辑连接词都有严格的定义,但它们都是从我们日常语言中的连接词演化而来的。

逻辑连接词的含义和逻辑运算规则,即原子命题与复合命题真值之间的关系,可以通过称为"真值表"的方法来表示。

真值表,是采用表格的形式,对含有命题变元的命题表达式,将其多种真值结果清晰地反映出来。通常用"T"表示真,"F"表示假。

真值表的格式可以概括为:真值表中首行显示命题变元和复合命题,以及必要的中间结果(也是复合命题)的符号名称;以下逐行显示命题变元的真值指派,和根据命题变元的真值指派算出的复合命题真值。如果一个复合命题含有 n 个命题变元,那么真值表中要包含 2^n 组真值指派。

1. 否定词 ¬

定义:(命题的否定)设 p 为一命题,p 加上否定词就形成一个新的命题,记作 ¬p。这个新命题是原命题的否定,读作"非 p"。规定:若命题 p 的真值为真,则 ¬p 的真值为假;若 p 为假,则 ¬p 为真。

P 与 ¬p 之间的真值关系,可以用真值表表示,如表 8.1 所示:

表 8.1 否定词的真值表

p	¬p
T	F
F	T

真值表的左边一列,是命题变元 p 的两组真值指派;右边一列,是逻辑连接词"¬"和命题变元 p 组成的命题表达式的真值结果,这个命题表达式的真值是对应于左边命题变元 p 的真值指派,按照逻辑连接词的含义给出的结果。

真值表的优点是直观。当命题变元个数不是太多时,真值表的建立很容易。因此真值表是命题逻辑中研究真值关系的重要工具。

例 8.5

设 p 为"北京是中国首都",则 ¬p 为"北京不是中国首都"。

设 q 为"今天是星期四",则 ¬p 为"今天不是星期四"。(¬p 不能解释为"今天是星期五")

2. 合取词 ∧

定义:(命题的合取)设 p,q 为两个命题,由 p 和 q 利用合取词"∧"组成的复合命题,记作 $p∧q$,称为 p、q 的合取,也可读作"p 与 q"、"p 且 q"。$p∧q$ 与 p、q 之间的真值关系由表 8.2 定义。

由上表可知,只有当命题变元 p 为真且 q 为真时,才有 $p∧q$ 为真,而 p、q 只要有一个为假,则 $p∧q$ 为假。

表 8.2 合取词的真值表

p	q	$p∧q$
T	T	T
T	F	F
F	T	F
F	F	F

另外我们可以看出,"∧"与自然语言中的"和、且、与"等价。

例 8.6

设 p 为"今天休息",q 为"今天下雨"。

则 $p \wedge q$ 为"今天休息并且今天下雨"。

3. 析取词 ∨

定义:(命题的析取)设 p、q 为两个命题,由 p 和 q 利用析取词"∨"组成的复合命题,记作 $p \vee q$,称为 p、q 的析取,也可读作"p 或 q"。$p \vee q$ 与 p、q 之间的真值关系由表 8.3 定义。

由真值表可知,当 p、q 有一个取值为真时,$p \vee q$ 便为真。当且仅当 p、q 都为假时,$p \vee q$ 为假。

例 8.7

设 p 为"今晚看电影",q 为"今晚打扑克"。

则 $p \vee q$ 为"今晚看电影或者打扑克"。

我们注意到自然语言中的"或",常有不可兼有的意思,而"∨"析取词并没有这样的约束。为了表达不可兼有的"或",数理逻辑中定义了异或词"⊕"。

4. 异或词 ⊕

定义:(命题的排斥)设 p、q 为两个命题,由 p 和 q 利用异或词"⊕"组成的复合命题,记作 $p \oplus q$,称为 p、q 的异或,也可读作"p 异或 q"。$p \oplus q$ 与 p、q 之间的真值关系由表 8.4 定义。

表 8.3 析取词的真值表

p	q	$p \vee q$
T	T	T
T	F	T
F	T	T
F	F	F

表 8.4 异或词的真值表

p	q	$p \oplus q$
T	T	F
T	F	T
F	T	T
F	F	F

由真值表可知,当 p、q 的取值同为真或同为假时,$p \oplus q$ 便为假。否则,$p \oplus q$ 为真。

例 8.8

设 p 为"$1+1=2$",q 为"$1+1 \neq 2$"。

则 $p \oplus q$ 为"$1+1=2$ 或者 $1+1 \neq 2$"。

5. 蕴含词 →

定义:(命题的蕴含)设 p、q 为两个命题,由 p 和 q 利用蕴含词"→"组成的复合命题,记作 $p \rightarrow q$,称为 p 与 q 的蕴含式,也可读作"如果 p 那么 q"或"如 p 则 q",其中 p 称为"条件"或"前件",q 称为"结论"或"后件"。$p \rightarrow q$ 与 p、q 之间的真值关系由表 8.5 定义。

由真值表可知,只有当 p 为真,q 为假时,$p \rightarrow q$ 为假;其他情况下 $p \rightarrow q$ 均为真。

引入蕴含词"→"的目的是为了表示命题之间的推理,它近似于自然语言中的"如果

……那么……",其含义是:

(1) 表示 p 是 q 的充分条件;

(2) 表示 q 是 p 的必然结果。

例 8.9

设 p 为"我拿到奖学金",q 为"我请客"。

则 $p \rightarrow q$ 为"如果我拿到奖学金,我就请客"。

6. 等价词 ↔

定义:(命题的等价)设 p、q 为两个命题,由 p 和 q 利用等价词"↔"组成的复合命题,记作 $p \leftrightarrow q$,读作"p 当且仅当 q"。$p \leftrightarrow q$ 与 p、q 之间的真值关系由表 8.6 定义。

表 8.5 蕴含词的真值表

p	q	$p \rightarrow q$
T	T	T
T	F	F
F	T	T
F	F	T

表 8.6 等价词的真值表

p	q	$p \leftrightarrow q$
T	T	T
T	F	F
F	T	F
F	F	T

由真值表可知,只有当 p、q 同为真或同为假时,$p \leftrightarrow q$ 为真;否则为假。

等价词"↔"表示命题之间的相互蕴含关系推理,它近似于自然语言中的"如果……那么……",其含义是:

(1) 表示 p 是 q 的充要条件;

(2) 表示 q 是 p 的充要结果;

(3) p 当且仅当 q;

(4) q 当且仅当 p。

例 8.10

设 p 为"1+1=10",q 为"二进制运算"。

则 $p \leftrightarrow q$ 为"1+1=10 当且仅当二进制运算"。

以上 6 种逻辑连接词构成的命题表达式的真值表如表 8.7 所示。

表 8.7 逻辑连接词的真值表

p	q	$\neg p$	$p \land q$	$p \lor q$	$p \oplus q$	$p \rightarrow q$	$p \leftrightarrow q$
T	T	F	T	T	F	T	T
T	F	F	F	T	T	F	F
F	T	T	F	T	T	T	F
F	F	T	F	F	F	T	T

当若干个逻辑连接词在一个命题中同时出现时,需要规定运算的优先顺序。约定如下:

(1) 逻辑连接词,又叫逻辑运算符的运算优先级,从高到低依次为:¬、∧、∨、⊕、→、↔。

(2) 相同的逻辑运算符,按从左到右的次序计算,否则要加括号"()"。

7. 命题公式与翻译

学习了命题、逻辑连接词以后,我们能够把原子命题和逻辑连接词组合在一起,构成复合命题,各种复杂的逻辑表达式。但是,我们把原子命题与逻辑连接词组合在一起形成的符号串是否都有意义?如何用命题表达式表示复杂的自然语言语句?本节就来解决这两个问题。

什么样的命题表达式有意义?数理逻辑中给出了"合式公式"的概念。如果一个命题表达式是合式公式,那么它就在形式上合法,即有意义。

合式公式的定义:(wff)

(1) 单个命题变元(包括 T、F)本身是一个合式公式;

(2) 如果 A 是合式公式,那么 ¬A 也是合式公式;

(3) 如果 A、B 是合式公式,那么 $(A \land B)$、$(A \lor B)$、$(A \oplus B)$、$(A \rightarrow B)$、$(A \leftrightarrow B)$ 都是合式公式;

(4) 当且仅当经过有限次地使用(1)、(2)、(3)所组成的符号串才是合式公式。

如果一个命题表达式是合式公式,我们称其为"命题公式"。

合式公式的定义是一个递归定义,是计算机科学中常用的方法。其中(1)是基础,(2)、(3)称为归纳,(4)是限定。

例 8.11 证明 $((p \land q) \rightarrow (\neg (q \lor r)))$ 是 wff。

证明: (1) p, q, r 是 wff   定义(1)

(2) $(p \land q)$ 是 wff   定义(3)

(3) $(q \lor r)$ 是 wff   定义(3)

(4) $(\neg (q \lor r))$ 是 wff   定义(2)

(5) $((p \land q) \rightarrow (\neg (q \lor r)))$ 是 wff   定义(3、4)

有了合式公式的概念,我们可以把某些自然语言语句形式化成逻辑表达式,这就是命题的形式化,也叫"翻译"。

翻译的过程如下:

首先引入一些命题符号,如 p、q 等用来表示自然语言语句所出现的原子命题;进而通过逻辑连接词将这些命题符号适当地联结起来,以形成表示自然语言语句的合式公式(形式上合法)。在此过程中要留意自然语言中连接词的实际逻辑含义,因为自然语言中连接词不像数理逻辑中逻辑连接词那样定义严格。

例 8.12 天黑了,前面山中有狼,因此他决定留下来不走了。

设 p:天黑了。

q：前面山中有狼。

r：他走了。

命题表达式：$(p \wedge q) \rightarrow \neg r$

例 8.13 如果没有老王和老李帮助我，我是完不成这个任务的。

设 p：老王帮助我。

q：老李帮助我。

r：我完成了这个任务。

命题表达式：$\neg(p \wedge q) \rightarrow \neg r$

例 8.14 居里夫人是波兰人，她是一个伟大的科学家，由于她对科学事业做出了巨大的贡献，因此她被授予诺贝尔奖。

设 p：居里夫人是波兰人。

q：她是一个伟大的科学家。

r：她对科学事业做出了巨大的贡献。

s：她被授予诺贝尔奖。

命题表达式：$p \wedge q \wedge (r \rightarrow s)$

8. 命题公式的解释与逻辑推理

上节我们讨论了命题公式的形式，即 wff。由 wff 定义可知，命题公式是由命题符号、逻辑连接词、括号组成的符号串。因此，命题公式不再是一个复合命题，而是复合命题的抽象。这种抽象表现在命题公式中的命题符号不代表具体的命题，只是一个符号。因此，若不对命题公式中的命题符号进行解释，命题公式就无真、假可言。如果对命题公式中的每个原子命题符号都解释为真或为假（即对每个原子命题都赋予真值），则命题公式就变成一个有真值的命题。

设 G 是命题公式，$A_1,\cdots,A_n$ 是出现在 G 中的所有原子命题，指定 $A_1,\cdots,A_n$ 的一组真值，则这组真值称为 G 的一个解释，记作 I。

例如，$G=(p \wedge q) \rightarrow r$ 则 I：$(p=F, q=T, r=F)$ 就是 G 的一个解释。

显然，公式 G 在解释 I 下有真值，其真值记作 $T_i(G)$，命题公式 G 在解释 I 下，$T_i(G)=1$(True)。

可以看出，一个命题公式有不止一个解释。有 n 个不同原子命题的命题公式，可以有 2^n 个不同的解释。对一个公式 G，将 G 在其所有解释下所取真值列成一个表，称为 G 的真值表。任一公式都有一个真值表，对上述公式 $G=(p \wedge q) \rightarrow r$，其真值表如表 8.8 所示。

表 8.8　$G=(p \wedge q) \rightarrow r$ 的真值表

p	q	r	G
T	T	T	T
T	T	F	F
T	F	T	T
T	F	F	T
F	T	T	T
F	T	F	T
F	F	T	T
F	F	F	T

设命题公式 G 中出现的所有原子命题为 $A_1,\cdots,A_n$，我们用 $\{m_1, m_2,\cdots,m_n\}$ 表示 G 的一个解释 I，其中 $m_i=\{A_i$ 表示 A_i 在 I 下为 T，$\neg A_i$ 表示 A_i 在 I 下为 $F\}$（$i=1,2,$

…, n)

例如，公式 $G=(p \land q) \to r$ 的解释 $\{T,F,F\}$ 就可记作 $\{p, \neg q, \neg r\}$，这个解释的直观意义是 p 指定为真，q 指定为假，r 指定为假。

永真式

如果命题公式 G 在它的所有解释下都是真的，则公式 G 称为永真式（或重言式）。

典型的永真式例子是 $p \lor \neg p$，这个命题公式无论是在任何解释下都是真的，可以用真值表的方式来证明。

永假式

如果命题公式 G 在它的所有解释下都是假的，则公式 G 称为永假式。

典型的永假式例子是 $p \land \neg p$，这个命题公式无论是在任何解释下都是假的，可以用真值表的方式来证明。

可满足式

如果命题公式 G 在它的所有解释下至少有一个为真，则公式 G 称为可满足式。

如果命题公式 G 在解释 I 下为真，我们称 I 满足 G；如果 G 在解释 I 下为假，则称 I 弄假 G。永真式必为可满足式，永假式必然不是可满足式。

逻辑等值公式

设 A 和 B 是两个命题公式，如果 A、B 在其任意解释 I 下真值都相同，就称 A、B 是逻辑等值（或称逻辑等价）的。记作 $A \Leftrightarrow B$ 或 $A \equiv B$。

等值定理：设 A、B 为两个命题公式，$A \Leftrightarrow B$ 的充分必要条件是 $A \leftrightarrow B$ 为永真式。

证明：

充分条件：若 $A \leftrightarrow B$ 为永真式，则其原子命题不论在任何解释下，$A \leftrightarrow B$ 均为真；按照 $A \leftrightarrow B$ 的真值表，只有 A、B 真值相同时才有 $A \leftrightarrow B = T$。因此，无论任何解释下，都有 A、B 真值相同，即 $A \Leftrightarrow B$。

必要条件：如果 $A \Leftrightarrow B$，即 A、B 在任何时候都具有相同的真值，故 $A \leftrightarrow B$ 恒为真。

重言蕴含

当且仅当 $A \to B$ 是一个重言式（永真式）时，称"A 重言蕴含 B（也叫永真蕴含）"或称"B 是 A 的逻辑推论"。记作 $A \Rightarrow B$。

逻辑等值和重言蕴含的意义在哪里呢？它们是逻辑推理的基础。所有的逻辑推理都是演绎推理，即有前提、有结论，并且前提和结论之间有严格的等价、推导联系。数理逻辑中的逻辑推理是一种形式证明，基本方法是：先将前提和结论转化为逻辑公式，然后使用已经证明的推理规则，有步骤地从前提所代表的逻辑公式推出结论所代表的逻辑公式。在这个过程中，我们关心的只是逻辑公式的形式，而这些逻辑公式所代表的前提或结论的含义已经不再重要。

例如，对于逻辑公式 $P \to Q$ 来说，如果它是一个重言式，则根据 $P \to Q$ 的真值表，其前提 P、结论 Q 之间的关系只能是：或者前提 P 为假，或者前提 P 为真时结论 Q 也为真。

不论前提 P 和结论 Q 代表什么含义。这时我们说,Q 是 P 的逻辑结论,或称为 P 推理出 Q。所以重言蕴含实际上就是判断一个推理过程是否正确的充要条件。

重言蕴含可以理解为,如果能保证 $P \to Q$ 为真,则 P 的逻辑结论就是 Q;反过来,如果 P 的逻辑结论为 Q,那么 $P \to Q$ 一定为真。

逻辑等价可以理解为,如果 $P \leftrightarrow Q$ 为真,则 P 与 Q 真值相同,$P \to Q$ 一定为真,P 的逻辑结论就是 Q;同时,$Q \to P$ 一定为真,Q 的逻辑结论就是 P。因为 P、Q 可以互为前提和结论,正反都可以推导,我们称 P 和 Q 逻辑等价。

下面是一些常用的、经过证明的逻辑等值公式。

(1) $A \leftrightarrow B \Leftrightarrow (A \to B) \land (B \to A)$ 等价等值式

(2) $A \to B \Leftrightarrow \neg A \lor B$ 蕴含等值式

(3) $A \lor A \Leftrightarrow A, A \land A \Leftrightarrow A$ 等幂律

(4) $A \lor B \Leftrightarrow B \lor A, A \land B \Leftrightarrow B \land A$ 交换律

(5) $A \lor (B \lor C) \Leftrightarrow (A \lor B) \lor C$
      $A \land (B \land C) \Leftrightarrow (A \land B) \land C$ 结合律

(6) $A \lor (A \land B) \Leftrightarrow A$
      $A \land (A \lor B) \Leftrightarrow A$ 吸收律

(7) $A \lor (B \land C) \Leftrightarrow (A \lor B) \land (A \lor C)$
      $A \land (B \lor C) \Leftrightarrow (A \land B) \lor (A \land C)$ 分配律

(8) $A \lor F \Leftrightarrow A, A \land T \Leftrightarrow A$ 同一律
      $A \land F \Leftrightarrow F, A \lor T \Leftrightarrow T$ 零律

(9) $A \lor \neg A \Leftrightarrow T, A \land \neg A \Leftrightarrow F$ 互补律

(10) $\neg (A \lor B) \Leftrightarrow \neg A \land \neg B$
       $\neg (A \land B) \Leftrightarrow \neg A \lor \neg B$ 德·摩根律

(11) $A \Leftrightarrow \neg (\neg A)$ 否定律

以上逻辑等值公式,都可以利用真值表证明。

例 8.15 $A \Leftrightarrow \neg (\neg A)$

A	$\neg A$	$\neg (\neg A)$
T	F	T
F	T	F

我们在真值表中看到公式左边和右边的值在各种真值指派下相等。所以根据等价的定义,公式成立。

逻辑等值公式除了可以用来证明和推导逻辑公式以外,还可以用来简化逻辑公式,例如吸收律、等价等值式、同一律、零律等都可以将逻辑公式化繁为简。

第8章 计算机运算基础(数理逻辑初步)

下面是一些常用的、经过证明的重言蕴含公式。

(1) $P \wedge Q \Rightarrow P$

(2) $P \wedge Q \Rightarrow Q$

(3) $P \Rightarrow P \vee Q$

(4) $Q \Rightarrow P \vee Q$

(5) $\neg P \Rightarrow P \rightarrow Q$

(6) $Q \Rightarrow P \rightarrow Q$

(7) $\neg (P \rightarrow Q) \Rightarrow P$

(8) $\neg (P \rightarrow Q) \Rightarrow \neg Q$

(9) $\neg P \wedge (P \vee Q) \Rightarrow Q$

(10) $\neg Q \wedge (P \vee Q) \Rightarrow P$

(11) $P \wedge (P \rightarrow Q) \Rightarrow Q$

(12) $\neg Q \wedge (P \rightarrow Q) \Rightarrow \neg P$

(13) $(P \rightarrow Q) \wedge (Q \rightarrow R) \Rightarrow P \rightarrow R$

(14) $(P \rightarrow Q) \wedge (R \rightarrow S) \Rightarrow (P \wedge R) \rightarrow (Q \wedge S)$

(15) $(P \vee Q) \wedge (P \rightarrow R) \wedge (Q \rightarrow R) \Rightarrow R$

以上这些逻辑等值公式、重言蕴含公式,可以通过真值表的方式证明;也可以通过逻辑等值公式来证明。

例 8.16　$(p \rightarrow q) \wedge (q \rightarrow r) \Rightarrow p \rightarrow r$

p	q	r	$p \rightarrow q$	$q \rightarrow r$	$(p \rightarrow q) \wedge (q \rightarrow r)$	$p \rightarrow r$
0	0	0	1	1	1	1
0	0	1	1	1	1	1
0	1	0	1	0	0	1
0	1	1	1	1	1	1
1	0	0	0	1	0	0
1	0	1	0	1	0	1
1	1	0	1	0	0	0
1	1	1	1	1	1	1

我们在真值表中看到,在各种真值指派下公式左边为"1"时,右边的值也为"1"。所以根据推导的定义,公式成立。

通过以上两个例子,我们知道了利用真值表可以证明逻辑公式正确。如果要证明某个逻辑公式不正确,除了真值表以外,还可以采用举反例的方法。

例 8.17　$(p \rightarrow q) \wedge p \Leftrightarrow q$

利用反证法,证明这个等价关系不成立。

要证明这个等价关系不成立,只要找到一种真值情况,使得公式左边为假,而右边却为真就可以了。假设 $p=F, q=T$,则 $p \rightarrow q = T$, $(p \rightarrow q) \wedge p = F$,而 $q = T$。左边为假,右边为真,根据等价定义,公式不成立。

下面我们将利用这些重言蕴含式来进行一些简单的逻辑推理。

例 8.18　判断下列推理是否正确。

(1) 如果太阳从西方出来,则地球停止转动;太阳从西方出来了,所以地球停止转动。

(2) 如果我是小孩,我会喜欢孙悟空;我不是小孩,所以我不喜欢孙悟空。

解 1　设 P 为太阳从西方出来,Q 地球停止转动;

前提:$P \rightarrow Q, P$

结论:Q

逻辑推理式:$(P \rightarrow Q) \wedge P \Rightarrow Q$

根据重言蕴含公式(11),知 $(P \rightarrow Q) \wedge P \Rightarrow Q$ 为 T,故推理正确。

解 2　设 P 为我是小孩,Q 我喜欢孙悟空;

前提:$P \rightarrow Q, \neg P$

结论:$\neg Q$

逻辑推理式:$(P \rightarrow Q) \wedge \neg P \Rightarrow \neg Q$

用真值表证明,$(P \rightarrow Q) \wedge \neg P \Rightarrow \neg Q$ 不是重言式,故推理不正确。

8.2　谓词逻辑

命题逻辑的局限性在于:原子命题不可分割,所以原子命题之间没有任何内在联系。但实际情况是许多命题之间存在共同的判断模式,只是判断模式中取的变量不同导致了不同的命题。

例 8.19

p 北京今天下雨。　　判断模式:某地(北京)某天(今天)下雨。

q 上海明天下雨。　　判断模式:某地(上海)某天(明天)下雨。

考虑到这种命题的内部结构,命题逻辑被扩展成为谓词逻辑。

在谓词逻辑中,把简单命题进一步分解为个体词(主语)和谓词(谓语)两部分。

可以独立存在的事物称为个体。表示具体的、特指的个体词,称为个体常元,常用小写字母 $a, b, c \cdots$ 表示。表示抽象的、泛指的或在一定范围内变化的个体词,称为个体变元,常用小写字母 $x, y, z \cdots$ 表示。个体变元的取值范围称为个体域,常用 D 表示。

用来刻画个体的性质或个体之间关系的词称为谓词。谓词中包含的个体的数目称为谓词的元数。一元谓词表达个体的性质；多元谓词表达个体之间的关系。谓词通常用大写字母 $P,Q,R\cdots$ 表示。

谓词逻辑把命题划分为两种语法部分：谓词＋变元。谓词是命题中的判断，保持不变。变元则是判断的条件，可以变化取值。命题的形式化表示方法也变为：大写英文字母 P、Q、$R\cdots$ 表示谓词，后面跟括号，括号里是命题中的所有变元，变元用小写英文字母 x、y、$z\cdots$ 表示。

上例中的两个命题可以合为一个谓词，$P(x,y)$。P 下雨，x 地点，y 时间。P（北京，今天）有确定的真值，P（上海，明天）也有可判断的真值。

上面的 P（北京，今天）、P（上海，明天）中变元部分是给定的，但如果不给定，谓词的真值是否仍有意义？还拿上面的例子来说。$P(x,y)$，P 下雨，x 地点，y 时间。如果不给定具体的地点和时间，我们仍然可以找到一些可判断的命题：

每一天总存在一些地方在下雨；

存在某天，所有地方都下雨；

存在一个地方，每天都下雨。

可见，在不给定变元具体取值的情况下，对变元的范围进行数量限定，仍可以产生有意义、可判断的谓词。因此，谓词逻辑引入了量词，对变元进行限定。

全称量词"$\forall$"，表示变元的所有取值。

部分量词"$\exists$"，表示变元的某些值。

引入量词后，不仅变元的不同值对应谓词的不同真假值，变元的全体也可以和命题的真假值联系起来。具体分为以下 4 类：

（1）变元的所有值均使得谓词为真；

（2）变元的所有值均使得谓词为假；

（3）变元的有些值使得谓词为真；

（4）变元的有些值使得谓词为假。

例 8.20 所有自然数均大于等于 0。

令 $P(x)$ 表示 x 是自然数，那么谓词 $\forall x(P(x)\rightarrow x\geqslant 0)$ 表示上面的命题。

例 8.21 P 下雨，x 地方，y 时间。

存在一个地方天天下雨	$\exists x\forall y P(x,y)$
每天都有一个地方下雨	$\forall y\exists x P(x,y)$
某天某个地方下雨	$\exists x\exists y P(x,y)$
每天每个地方都在下雨	$\forall x\forall y P(x,y)$

在计算机程序的正确性证明领域里，谓词逻辑也称为断言。

8.3 计算机中的加法运算

在计算机中,各种算术运算和逻辑运算都是在运算器中进行的,运算器的核心部件是算术逻辑单元(ALU)和若干个寄存器。其中算术逻辑单元用于运算,通过控制端来决定当前执行算术运算还是逻辑运算、以及是哪一种运算。寄存器用于存储参加运算的各种数据以及运算后的结果。算术运算中,减法、乘法和除法事实上是通过转换成加法来实现的。至于为什么一定要转换成加法,是因为加法的计算规则最简单,在二进制中加法可以用位逻辑运算来代替,这样计算机的运算电路比较简单、容易实现,效率也高。

计算机中的机器数有 3 种编码格式,即原码表示法、反码表示法、补码表示法。

1. 原码

(1) 原码的概念及其表示

我们前面讲的机器数表示法(符号位+二进制数),又叫做原码。表示形式如下(假设机器字长为 8 位):

$$[X]_{原码} = \begin{cases} X & (当\ X \geqslant 0) \\ 2^7 - X & (当\ X \leqslant 0) \end{cases}$$

(2) 原码的运算限制

原码形式只能够支持两个正数的加法求和得到正确的结果。两个正数的原码相加,加法规则和我们手工计算是一致的,按位计算,符号位参与计算,$0+1=1, 0+0=0, 1+1=0$ 且进位 1。

例如:43 + 43

$$X = (+43)_{10}, [X]_{原码} = 0\ 0101011$$
$$Y = (+43)_{10}, [X]_{原码} = 0\ 0101011$$

$X + Y$

```
   0 0101011
+  0 0101011
───────────
   0 1010110      = 86
```

负数的原码,符号位为 1,数据位表示负数的绝对值。我们可以看看按照加法规则,正数的原码和负数的原码相加,结果是否正确。

例如:43 +(-43)

$$X = (+43)_{10}, [X]_{原码} = 0\ 0101011$$
$$Y = (-43)_{10}, [X]_{原码} = 1\ 0101011$$

$X + Y$

```
   0 0101011
+  1 0101011
───────────
   1 1010110      = -86
```

正负数的原码相加,结果不正确,原因是减法运算不能直接用符号位的方式变成加法运算。

原码表示简单易懂,与真值的转换方便,但不能将减法转换为加法来运算。为了把减法变成加法运算,设计了补码。

2. 补码原理——计算机运算原理和基础

什么是补码?减法如何转换为加法?为了回答这两个问题,我们先来看一个时钟的例子。时钟的6点减去8个小时等于几点?我们在算减法时,发现6点减去8个小时就相当于将时钟逆时针调8个小时,结果是10点。我们都知道时钟是圆形的,逆时针调8个小时 = 顺时针调4个小时,逆时针调是减法,顺时针调却是加法。由此可以得出结论:在时钟的12进制上,(6−8) = (6+4)。说明(6−8)与(6+4)对模12是同余的。那么,−8和+4之间又有什么算术关系呢?−8和+4在模12上互为补数。12进制数的模是12,任何一个十二进制数的绝对值和它的补数绝对值之和等于模12,该数的正负和补数正好相反。−8的补数是4,4的补数是−8。

同理,N位二进制数的模是2^N,两个N位二进制数相减,X−Y,都可以转换成X + (−Y的补数),−Y的补数是正数,等于模数$2^N−Y$,这就是补码的原理。

根据补码原理,以及计算机中的减法表示,我们只需要将参与运算的负数都转换为它的补数,就可以将减法变为加法。计算机科学称负数的补数为补码,由此引出我们的下一个问题,在计算机中补码如何由机器数转换得到呢?

为了生成补码,负数的原码必须经过转换,这个转换过程中需要引入反码。

3. 反码、补码的表示

正数的反码表示与原码相同。

负数的反码表示,是原码按位取反(不包括符号位)形成的。如下所示(假设机器字长为8位):

$$[X]_{反码} = \begin{cases} X & (当\ X \geqslant 0) \\ (2^8-1)+X & (当\ X \leqslant 0) \end{cases}$$

例如:$X = (-43)_{10}$

$\quad [X]_{原码} = 1\ 0101011$

$\quad [X]_{反码} = 1\ 1010100$

正数的补码表示与原码相同。

负数的补码表示,是负数的反码在最低位加1得到的结果。如下所示(假设机器字长为8位)

$$[X]_{补码} = \begin{cases} X & (当\ X \geqslant 0) \\ 2^8+X & (当\ X \leqslant 0) \end{cases}$$

例如:$X = (-43)_{10}$

$$[X]_{原码} = 1\ 0101011$$
$$[X]_{反码} = 1\ 1010100$$
$$+\quad\quad\quad 1$$
$$1\ 1010101$$
$$[X]_{补码} = 1\ 1010101$$

4. 补码的运算及运算法则

8 位二进制数的模是 $2^8 = 256$，-43 对模 256 的补数是 $(256-43)=213$。我们计算出的 -43 的补码 11010101(符号位也看做数据位)的十进制数就是 213。

补码加减法运算有如下公式

$$[X+Y]_{补码} = [X]_{补码} + [Y]_{补码}$$
$$[X-Y]_{补码} = [X]_{补码} + [-Y]_{补码}$$

现在,我们利用补码重新计算 $(43)_{10} + (-43)_{10}$,使用加法规则

$$X = (+43)_{10}, [X]_{补码} = 0\ 0101011$$
$$Y = (-43)_{10}, [Y]_{补码} = 1\ 1010101$$
$$[X+Y]_{补码} = [X]_{补码} + [Y]_{补码}$$

$$\begin{array}{r} 0\ 0101011 \\ +\quad 1\ 1010101 \\ \hline 1\quad 0\ 0000000 \end{array} = 0$$

↑自然舍去

即 $\quad\quad\quad\quad\quad\quad [X+Y]_{补码} = (0)_{10}$

所以 $\quad [X+Y]_{原码} = [[X+Y]_{补码}]_{补码} = [0\ 0000000]_{补码} = (0)_{10}$

即 $\quad\quad\quad\quad\quad\quad (43)_{10} + (-43)_{10} = 0$

运算结果正确! 负数的补码表示成功地将减法变成了加法。

接下来,我们再看一个例子 $(92)_{10} - (100)_{10}$。

$X = (+92)_{10}, [X]_{补码} = 0\ 1011100$

$Y = (100)_{10}, -Y = (-100)_{10}, [-Y]_{补码} = 1\ 0011100$

$[X-Y]_{补码} = [X]_{补码} + [-Y]_{补码}$

$$\begin{array}{r} 0\ 1011100 \\ +\quad 1\ 0011100 \\ \hline 1\ 1111000 \end{array}$$

即 $\quad\quad\quad\quad\quad\quad [X-Y]_{补码} = (1\ 1111000)_2$

所以 $\quad [X-Y]_{原码} = [[X-Y]_{补码}]_{补码} = (1\ 0001000)_2 = (-8)_{10}$

即 $\quad\quad\quad\quad\quad\quad (92)_{10} - (100)_{10} = (-8)_{10}$

需要说明的是,在进行定点加减法运算时,如果运算结果大于机器所能表示的最大正

数或者小于机器所能表示的最小负数,就会出现"运算溢出"问题。如两正数相加运算结果为负数,或者两个负数相加运行结果为正数。"溢出"是一种错误。事实上,计算机在运算过程中会发现这种溢出现象并进行必要的处理。具体的处理方法在后续的相关课程中会介绍,在此不再阐述。

对于计算机中的乘法和除法,同样是通过转换成加法(相加和移位)来实现的;浮点数也可以进行包括加减乘除在内的算术运算。这些内容在后续的相关课程中同样会详细描述,在此也不再介绍。

8.4 计算机中的逻辑运算

计算机中的逻辑运算的基础是本章前面中介绍的数理逻辑,主要是指"逻辑非"、"逻辑与"、"逻辑或"和"逻辑异或"运算。每一种逻辑运算直接由相应的电路来实现,逻辑电路的原理示意图如图 8.1 所示。

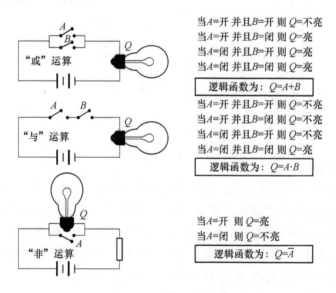

图 8.1　逻辑电路原理示意图

计算机工作者们设计和生产出了相应的 3 种基本电路,使之有一个或两个输入端,有一个输出端,且能满足图 8.1 的 3 种基本运算。因为信息从输入端进入电路,通过电路的转换产生新的信息从输出端流出。所以我们把这种电路称为"门电路"(Gate Circuits)。3 种门电路的符号表示如图 8.2 所示。其中逻辑非直接由逻辑非门电路来实现,逻辑与直接由逻辑与门电路来实现,逻辑或直接由逻辑或门电路来实现,逻辑异或直接由逻辑异或电路来实现。

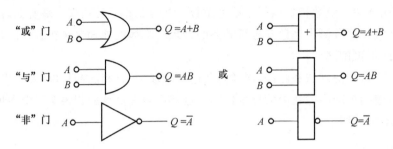

图 8.2 逻辑门电路

用这 3 种门电路就可以表示任何一个逻辑函数的运算,从而可以实现二进制数的算术运算和逻辑运算。如图 8.3 所示是一个用门电路实现逻辑函数的例子。

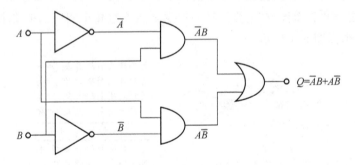

图 8.3 逻辑运算电路

计算机逻辑部件

计算机的各部件主要由门电路(或称开关电路)构成。这些电路只有两种稳定状态,从电路的内部看是晶体管的通导或截止,从电路的外部(输入/输出)看是高电位或低电位。若用高电位表示"1",低电位表示"0",这样就可以用这些逻辑电路实现算术运算和逻辑运算了。因此,我们又常把这些电路称为数字电路。用这些基本电路构造计算机的基本逻辑部件,如全加器、触发器、寄存器、计数器、译码器等部件。

计算机基本逻辑部件举例:计算机加法器

两个二进制数的加法运算可以用一个逻辑表达式表示。先看两个一位的二进制数的运算规则,即 $X+Y$。两个一位数相加的结果得到一位本位(记为 S)和一位进位(记为 C)。如图 8.4 所示。

利用逻辑门电路设计成一位加法运算的逻辑部件,如图 8.5 所示。

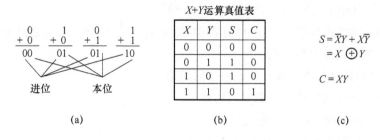

图 8.4 加法运算的逻辑表达式

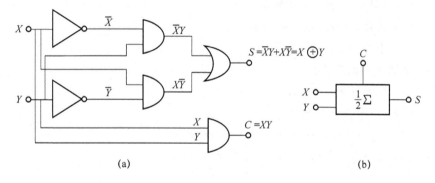

图 8.5 加法运算的逻辑电路

习　题

8.1　给出下列公式的真值表。

(1) $(p \wedge q \rightarrow r) \rightarrow p \wedge q \wedge \neg r$

(2) $(\neg p \vee q) \wedge (q \rightarrow r) \rightarrow \neg (p \wedge \neg r)$

8.2　下面的语句哪些是真命题,哪些是假命题,哪些不是命题?

(1) 我正在看电视。

(2) 如果 1+2=3,则雪是黑色的。

(3) 如果 1+2=5,则雪是黑色的。

(4) 你上网吗?

8.3　指出下列谓词公式在相应解释下的真值。

(1) $\forall x((P \rightarrow Q(x)) \vee R(x))$

其中 P:"3>2"。$Q(x)$:"$x \leqslant 3$"。$R(x)$:"$x>5$"。设变元 x 的取值域 = $\{-2, 6, 3\}$。

(2) $\exists x(P(x) \rightarrow Q(y))$

其中 $P(x)$:"$x>3$"。$Q(x)$:"$x=4$"。

8.4 如果他是理科学生,他必学好数学;如果他不是文科学生,他必是理科学生。他没学好数学,所以他是文科学生。

判断上面的推理是否正确?并证明你的结论。

8.5 将下列命题写成命题逻辑表达式。

(1) 张三或李四可以做这件事。

(2) 我们不能既划船又跑步。

(3) 如果天下雨,我将不去。

(4) 我将去旅游,仅当我放假时。

(5) 不经一事,不长一智。

8.6 证明下列蕴含式。

(1) $p \rightarrow q \Rightarrow p \rightarrow p \wedge q$

(2) $(p \rightarrow q) \rightarrow q \Rightarrow p \vee q$

(3) $((p \vee \neg p) \rightarrow q) \rightarrow ((p \vee \neg p) \rightarrow r) \Rightarrow q \rightarrow r$

(4) $(q \rightarrow (p \wedge \neg p)) \rightarrow (r \rightarrow (p \wedge \neg p)) \Rightarrow r \rightarrow q$

第9章 计算机工作原理与可编程结构模型

9.1 计算机程序的执行

计算机由五大组成部分：运算器、控制器、存储器、输入设备、输出设备。其中运算器和控制器合起来又称为中央处理单元(CPU)。CPU是计算机的控制和运算中心，主要由三大部分组成：算术逻辑单元、控制器和寄存器组，如图9.1所示。

在1.4节中我们详细介绍了算术逻辑单元和控制器，也介绍了指令寄存器和程序计数器这两种寄存器。在本节中我们将通过一个例子向大家进一步揭示程序是如何执行的。

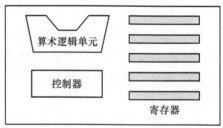

图 9.1 CPU 的组成

1. 指令周期

前面已经说过，程序员写好的程序要经过编译器的编译，被翻译成机器指令序列后才能被计算机硬件执行。程序的执行就是指令按照预先设计的顺序，被CPU从主存中依次取出并执行的过程。每一条指令执行需要的时间称为该条指令的指令周期。有些机器中所有指令的指令周期都是相同的，这样控制简单但是会浪费时间；而有些机器中不同的指令其指令周期可能不同，这样控制会复杂一些但是会减少时间上的浪费。CPU利用重复的指令周期来执行指令，一条指令接一条指令，从开始到结束。简化的指令周期可以划分成3个步骤：取指令、分析指令和执行指令(如图9.2所示)。

(1) 取指令

在取指令阶段，控制器根据当前程序计数器PC中的指令地址，从内存中取出指令并复制到控制器的指令寄存器中。复制完成后，PC自动加1，指向内存中下一条指令(当然

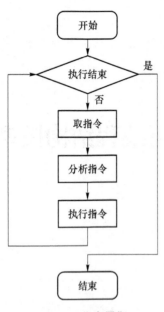

图 9.2 指令周期

如果遇到跳转的指令，PC 就不是加 1，而是被赋予目标指令的内存地址)。

(2) 分析指令

当指令置于指令寄存器中后，由控制器中的操作码译码器进行译码，识别出当前操作的是什么指令，并通过微操作控制部件产生与当前指令相对应的微操作控制信号。

(3) 执行指令

译码结束后，由微操作控制部件产生的各种最基本的不可再分的微操作控制信号将被发向相关的计算机部件，控制这些部件执行相应的操作，从而完成该条指令的功能。

2. 程序的执行

下面，我们通过一个简单的求 20－10 的例子，更好地理解一下程序在计算机内部是如何执行的。尽管在计算机中，数据和地址都是用二进制表示的，但为了简化起见，假设数据和地址都用十进制表示，而且整型数占据 1 个字节，每一条指令占据 1 个字节。

在程序运行前，指令和数据都已经放至计算机主存中；运算结果也要放到主存中。为了完成减法，至少需要 4 条指令，假设这 4 条指令分别放在编号为 50、51、52、53 的存储单元中，两个输入数据分别存储在编号为 100、101 的存储单元中，输出数据存储在编号为 102 的存储单元中。

图 9.3 给出了程序执行前、执行中、执行结束后内存和 CPU 中寄存器的状态。其中寄存器 R1 和 R2 是通用寄存器，R1 用于临时存放输入数据和输出数据，R2 用来临时存放输入数据。寄存器 I 是指令寄存器。

执行步骤描述如下：

第一步(Load 100 R1)：经过取指令、分析指令、执行指令，将内存单元 100 中的数据置入寄存器 R1 中；

第二步(Load 101 R2)：经过取指令、分析指令、执行指令，将内存单元 101 中的数据置入寄存器 R2 中；

第三步(Sub R1 R2)：经过取指令、分析指令、执行指令，将寄存器 R1 中的内容减去寄存器 R2 中的内容，并将计算结果置入寄存器 R1 中；

第四步(Store R2 102)：经过取指令、分析指令、执行指令，将寄存器 R2 中的内容存入内存单元 102 中。

第 9 章 计算机工作原理与可编程结构模型

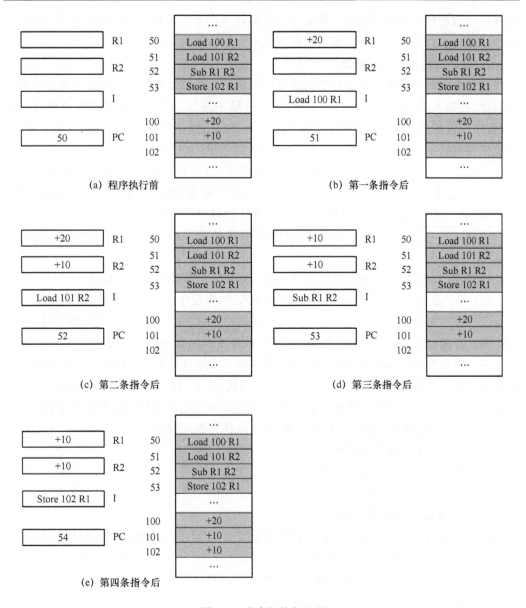

图 9.3 程序的执行过程

9.2 可编程结构模型定义

在开始学习本部分的内容之前,请大家再复习一下计算机的组成及工作原理,这是我们理解可编程结构模型的基础。可编程结构是计算机及其工作过程的抽象模型,我们介绍这个模型的目的是以一个模型为例告诉大家如何抽象以及如何建模。

1. 可编程结构的外观描述

我们首先对计算机的信息处理本质进行抽象。计算机处理信息的本质就是接收输入的数据、对输入的数据进行加工和处理、产生结果并输出。同时冯·诺依曼结构告诉我们,程序可以预先存储在计算机中调度运行。计算机的操作是在程序的控制下进行的,这样我们就得到了一个简单的模型——可编程模型,如图 9.4 所示。

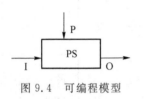

图 9.4 可编程模型

在可编程模型中,计算机被抽象为执行程序的一个装置(图中方框),叫做可编程结构(Program Structure,PS)。可编程结构强调计算机具有可编程控制的性质,我们可以通过设计和改写控制指令序列,达到使计算机处理不同任务的目的。

PS 外围的 3 个箭头,表示可编程结构在实际应用中必需的 3 项信息流。

(1) 左边的箭头,标记为 I(Input),表示输入流,将程序所需的数据送入计算机。

(2) 右边的箭头,标记为 O(Output),表示输出流,把计算机的处理结果送给外界。

(3) 上部的箭头,标记为 P(Program),表示程序信息流,输送程序进入计算机。

一个可编程结构是可以根据程序来控制对输入实体进行加工、处理、并生成输出实体的装置。对于计算机来说,虽然 I、O 和 P 有所不同,但它们从本质上来说都是信息流、是不同种类的信息流。I 和 O 是被加工处理的数据流,P 则是控制处理过程的指令流。

由可编程结构模型,可以归纳出可编程结构(计算机)的功能:

(1) 接收程序和待处理数据的输入;

(2) 由程序控制,完成对输入数据的加工计算;

(3) 输出计算结果数据。

2. 可编程结构的内部结构描述

接下来我们需要对计算机在程序控制下的工作过程进行抽象,所以要继续对 PS 本身进行抽象,结合建模要点进行分析。

(1) PS 建模的目标是抽象程序的控制和执行过程;

(2) 抽象的对象是计算机的组成结构;

(3) 建模任务是对 PS 内部的成分以及成分之间的关系进行描述。

由计算机的组成结构我们知道,计算机的主要成分是控制器、存储器、指令系统以及时序部件。结合图灵机模型的思想(利用很长的纸带作为计算过程状态的存储),我们抽象出了 PS 内部的结构模型。实际上 PS 完全包含了计算机的 5 个部件(输入、输出、控制、运算、存储)。

9.3 可编程结构工作原理

PS 的内部结构如何？又是怎样工作的？带着这两个问题，我们一同进入可编程结构的内部，看看可编程结构的工作原理，如图 9.5 所示。

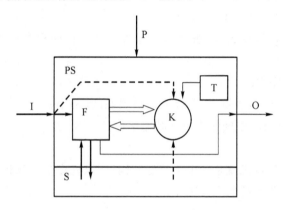

图 9.5 可编程结构工作原理图

图中各符号含义如下。

数据实体流：⟶

控制信息流：-->

操作控制流：⇒

F：操作集，负责执行计算机所有的加工处理动作。

K：控制集，按照程序的要求，协调控制计算机的操作，完成用户提交的任务。

S：状态，在程序的运行期间，暂时记录计算机中的输入数据、中间结果。

T：时钟，确定计算机操作的步调和节拍，为计算机部件协同工作提供基准。

操作，指的是指令执行引发的一个动作，或输入数据的一次计算，或计算机系统状态的一个改变。操作集合中的操作种类由计算机硬件决定，而每次任务的操作序列由程序指定。程序是为完成一个任务而编写的指令序列。因此指令集对应操作集，指令是对操作的整合，操作是对指令的动作细分。图 9.5 中没有体现 P 在 PS 内部的控制方式，因为程序作为软件，其作用方式是隐形的。图中的控制信息流和对操作的控制都是由 P 决定的。

PS 一旦开始运行，操作就会一个接一个地顺序执行，直到程序中指定的操作全部执行完毕。为保证每一步操作的准确无误、衔接顺利，控制集 K 在触发每一个操作前都必须检查以下条件是否满足：

(1) 前一个操作已经正常结束；

(2) 所需的输入数据、中间结果已经准备就绪；

(3) PS 的当前状态无异常；

(4) 确定操作时间，同步时钟信号。

计算机可执行的、无法分解的操作，称为基本操作。基本操作是计算机基本指令的动态执行。由多个基本操作按照一定的逻辑结构组成的有机整体，称为复合操作。如何设计复合操作，正是程序设计的工作。

冯·诺依曼的存储程序结构，被许多计算机采用。存储程序在 PS 模型中的工作原理如下：

(1) 接受控制程序 P；

(2) 在 P 的控制下，接受输入，并存入内部状态区(S)中；

(3) 对输入进行处理，中间结果放入状态区中；

(4) 输出结果。

以上详细说明了计算机就是一个可编程结构，所以程序是计算机应用的核心，程序的设计也就是计算机专业人员的主要工作。

9.4 可编程结构的连接和组合

若干个操作可以构成一个复合操作。例如，可以参考总厂与分厂的关系，相对于总厂而言，分厂所作的全部工作可看作是一个操作。再如，运行在某个 PS 上的一个程序也可以看成一个操作。

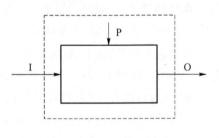

图 9.6 可编程结构的扩大

在这种情况下，我们需要把这个操作放在一个更大的 PS 中看待，如图 9.6 中虚线所示。

多个 PS 可以连接组合起来构成一个更大、更复杂的 PS，下面介绍几种组合方式，分别如图 9.7～9.10 所示。

1. 串联

PS 的串联如图 9.7 所示。

2. 并联

PS 的并联如图 9.8 所示。

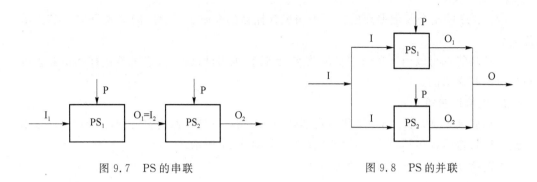

图 9.7　PS 的串联　　　　　　　图 9.8　PS 的并联

3. 数据-程序连接

数据-程序连接如图 9.9 所示。图 9.9 也可以表示为图 9.10。

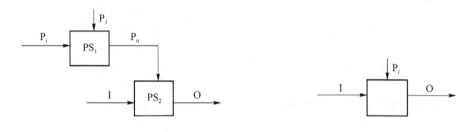

图 9.9　数据与程序连接(a)　　　　　　　图 9.10　数据与程序连接(b)

4. 层次化的 PS 结构

PS 中包含 PS。事实上，上述 3 种结构都属于层次化的 PS 结构。

9.5　再谈计算机系统

在从计算机抽象出 PS 结构、初步探讨 PS 工作原理之后，我们再回头利用已知的 PS 原理，重新审视下计算机系统。

1. 硬件裸机

计算机硬件是由集成电路等电子元件组成的，把它看成一个 PS，功能如下。

（1）接收的程序、数据及输出的数据都是二进制的（注意，这里忽略了如何进行输入/输出）。

（2）程序由指令组成，每条指令有一个编号，定义了一个基本操作。

（3）基本操作包括：

① 对定长的二进制数进行运算，同时转去执行下一条指令；

② 通过判断一个二进制数的值，决定下一步执行哪条指令。

(4) 程序的指令及数据都放在一种叫做存储器的介质上。存放的形式是以"字"为单位的。

上述功能都可以用大量的逻辑电路实现,计算机问世之初,人们就是这样用机器语言与计算机打交道的。

2. 汇编语言机

人们后来发现,可以用符号代替机器代码指令编写程序(称为符号程序),并且可以用汇编程序将符号程序转换为机器指令程序。如图 9.11 所示。

如前所述,图 9.11 可以表示为图 9.12。

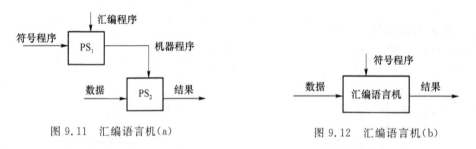

图 9.11　汇编语言机(a)　　　　图 9.12　汇编语言机(b)

我们称这种接受符号程序的 PS 为汇编语言机。注意,PS_1,PS_2 实际上是同一个硬件机器。

汇编语言机与硬件裸机可执行的基本操作及存储方式是相同的。但汇编语言机为使用者提供了较为方便的书写形式。

3. 高级语言机

尽管汇编语言机给使用者提供了较好的界面,但实际应用上仍有很多不便,原因是它与人类自然的思维方式差距很大。例如:① 计算一个数学式要写一段程序,像 $x+yz-5$ 要至少写 3 条指令;② 一组有关联的数据必须单独存储、单独处理,如学生档案的处理等。为了解决这些问题,人们设计了高级语言。

高级语言提供了较高级别的复杂操作和控制功能。而一种称为"编译程序"的软件可以将一个用高级语言编写的程序最终转换为机器代码程序。如图 9.13 所示,也可以表示为图 9.14。

我们称这种可以执行高级语言的计算机为高级语言机。我们所学习的 C 语言就是一种经典的高级语言。至于编译程序如何将高级语言转换为机器语言,以后将有专门的编译原理课程讲述。

还有很重要的一点,在高级语言机中,对一些设备的操纵控制,已经由操作系统管理起来了。这样,以前需要几十条乃至上百条机器指令,重复执行成千上万次操作才能完成的一些复杂操作(例如从磁盘上读出一块数据)对于使用者来说已经可以打包成一个操作来完成了。

本书所讲的程序设计,都是基于高级语言机进行的。

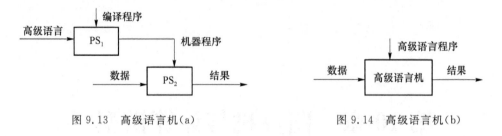

图 9.13　高级语言机(a)　　　　　图 9.14　高级语言机(b)

4. 更高层的机器

和高级语言机类似,计算机配上其他软件后可以构成功能更强的 PS。计算机语言也在逐渐地发展中,功能越来越强,形式上也更趋于自然语言。

第 10 章 图灵机与计算模型

从前面论述的可编程结构工作原理中可以看出,计算机程序的工作实质上是"状态"的转移。也就是说控制器基于存储程序的命令,调用操作集中的操作指令,在时钟节拍的控制下,根据输入的数据执行操作指令,产生状态的转移和必要的输出,从而完成一次操作。我们在前面讲述算法的概念的时候也曾经提出过用"状态"来描述算法的思想。以上这些给我们提供了一个思路,是否有一个可以用于计算和求解问题的抽象模型,答案是肯定的,这就是计算模型。我们在这一章给大家介绍一些基本的计算模型——图灵机模型和有限状态自动机模型,并试图给出比较严谨的数学定义,同时给出一些实际的应用实例以加深对计算模型作用的理解。

10.1 图灵机模型概述

1. 图灵机模型

关于图灵机的概念,我们先前已做过一些解释,但这个概念对于初学者却是非常抽象并难于理解,下面我们会采用大家比较容易理解的形式重新解释图灵机的概念。在这里大家仅仅需要先认识一下图灵机的轮廓。结合我们前面介绍的可编程结构模型,一个图灵机是形如图 10.1 所示的一个装置。

这个装置由下面几个部分组成:
① 一个无限长的纸带;
② 一个读写头(中间那个大盒子);
③ 内部状态(盒子上的方块,比如 A,B,E,H);
④ 另外,还有一个程序对这个盒子进行控制,这个装置根据程序的命令以及它的内部状态进行磁带的读写、移动。

第 10 章 图灵机与计算模型

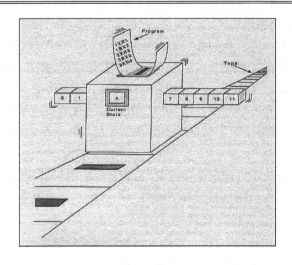

图 10.1 图灵机

图灵机的工作过程描述

从读写头在纸带上读出一个方格的信息,并且根据它当前的内部状态开始对程序进行查表,然后得出一个输出动作,也就是是否往纸带上写信息,还是移动读写头到下一个方格;程序也会告诉它下一时刻转移到哪一个内部状态。

具体的程序就是一个列表,也叫做规则表,如表 10.1 所示。

表 10.1 规则表

当前内部状态 S	输入数值 I	输出动作 O	下一时刻的内部状态 S'
B	1	前移	C
A	0	往纸带上写 1	B
C	0	后移	A
…	…	…	…

因此,图灵机只要根据每一时刻读写头读到的信息和当前的内部状态进行查表就可以确定它下一时刻的内部状态和输出动作了。

图灵机就是这么简单,只要你改变它的程序(也就是表 10.1),那么它就可能为你做任何计算机能够完成的工作。因此可以说,图灵机就是一个最简单的计算机模型。也许,你会觉得图灵机模型太简单,怎么可能完成计算机的复杂任务呢?问题的关键是如何理解这个模型。

2. 理解图灵机模型

(1) 小虫的比喻

我们不妨考虑这样一个问题。假设一个小虫在地上爬,那么我们应该怎样从小虫信息处理的角度来建立它的模型？

首先，我们需要对小虫所在的环境进行建模。我们不妨就假设小虫所处的世界是一个无限长的纸带，这个纸带上被分成了若干个小的方格，而每个方格都只有黑和白两种颜色。很显然，这个小虫要有眼睛、鼻子、耳朵等感觉器官来获得世界的信息，我们不妨把模型简化，假设它仅仅具有一个感觉器官：眼睛，而且它的视力短得可怜，也就是说它仅仅能够感受到它所处的方格的颜色。因而这个方格所在的位置的黑色或者白色的信息就是小虫的输入信息。

另外，我们还需要为小虫建立输出装置，也就是说它能够动起来。我们仍然考虑最简单的情况：小虫的输出动作就是往纸带上前爬一个方格或者后退一个方格。

仅仅有了输入装置以及输出装置，小虫还不能动起来。原因很简单，它并不知道该怎样在各种情况下选择它的输出动作。于是我们就需要给它指定行动的规则，这就是程序。

假设：小虫的输入信息集合为 I＝{黑色,白色}，
　　　它的输出可能行动的集合就是 O＝{前移,后移}。

那么程序就是要告诉它在给定了输入（比如黑色）的情况下，应该选择什么输出。因而，一个程序就是一个从 I 集合到 O 集合的映射。我们也可以用列表的方式来表示程序，比如：

程序-1

输入	输出
黑色	前移
白色	后移

这个程序非常简单，它告诉小虫当读到一个黑色方格的时候就往前走一个方格，当读到一个白色方格的时候就后退一个方格。

我们不妨假设小虫所处的世界的一个片断是"黑黑黑白白黑白……"，小虫从左端开始。那么小虫读到这个片断会怎样行动呢？它先读到黑色，然后根据程序前移一个方格，于是就会得到另外一个黑色信息，这个时候它会根据程序再次前移一个方格，仍然是黑色，再前移，这个时候就读到白色方格了，根据程序它应该后退一个方格，这个时候输入就是黑色了，前移，白色，后移……，可以预见小虫会无限地循环下去。

然而，现实世界中的小虫肯定不会这样傻得在那里无限循环下去。我们还需要改进这个最简单的模型。首先，我们知道小虫除了可以机械地在世界上移动以外，还会对世界本身造成影响，从而改变这个世界。比如虫子看到旁边有食物，它就会把那个东西吃掉了。在我们这个模型中，也就相当于我们必须假设小虫可以改写纸带上的信息。因而，小虫可能的输出动作集合就变成了：O＝{前移,后移,涂黑,涂白}。

这个时候，我们可以把程序-1改为：

程序-2

输入	输出
黑色	前移
白色	涂黑

输入的纸带是："黑黑白白黑……"，小虫会怎样行动呢？下面解释了这个例子中每一步小虫的位置（标有圆点的方格就是小虫的当前位置），以及纸带的状况。

第一步：小虫在最左边的方格，根据程序的第一行，读入黑色应该前移。

第二步：仍然读入黑，根据程序的第一行，前移。

第三步：这个时候读入的是白色，根据程序的第二行，应该把这个方格涂黑，而没有其他的动作。假设这张图上方格仍然没有涂黑，而在下一时刻才把它表示出来。

第四步：当前方格已经是黑色的，因此小虫读入黑色方格，前移。

第五步：读入白色，涂黑方格，原地不动。

第六步：当前的方格已经被涂黑，继续前移。

第七步：读入黑色，前移。

小虫的动作还会持续下去……我们看到，小虫将会不停地重复上面的动作不断往前走，并会把所有的纸带涂黑。

显然，你还可以设计出其他的程序来。然而无论你的程序怎么复杂，也无论纸带子的情况如何，小虫的行为都会要么停留在一个方格上，要么朝一个方向永远运动下去，或者就是在几个方格上来回打转。然而，无论怎样，小虫比起真实世界中的虫子来说，还有一个致命的弱点：那就是如果你给它固定的输入信息，它都会给你固定的输出信息！因为我们知道程序是固死的，因此，每当黑色信息输入的时候，无论如何它都仅仅前移一个方格，而不会做出其他的反应。它似乎真的是机械的！

如果我们进一步修改小虫模型，那么它就会有所改进，至少在给定相同输入的情况下，小虫会有不同的输出情况。这就是加入小虫的内部状态！我们可以作这样的一个比喻：假设黑色方格是食物，虫子可以吃掉它。而当吃到一个食物后，小虫子就会感觉到饱了。当读入的信息是白色方格的时候，虽然没有食物但它仍然吃饱了。只有当再次读入黑色方格的时候它才会感觉到自己饥饿了。因而，我们说小虫具有两个内部状态，并把它的内部状态的集合记为：S＝{饥饿,吃饱}。这样小虫行动的时候就会不仅根据它的输入信息，而且也会根据它当前的内部状态来决定它的输出动作，并且还要更改它的内部状态。而它的这一行动仍然要用程序控制，只不过跟上面的程序比起来，现在的程序就更复杂一些了。比如：

程序-3

输入	当前内部状态	输出	下时刻的内部状态
黑	饥饿	涂白	吃饱
黑	吃饱	后移	饥饿
白	饥饿	涂黑	饥饿
白	吃饱	前移	吃饱

这个程序复杂多了,有4行。原因是你不仅需要指定每一种输入情况下小虫应该采取的动作,而且还要指定在每种输入和内部状态的组合情况下小虫应该怎样行动。看看我们的虫子在读入"黑白白黑白……"这样的纸带的时候会怎样。

假定它仍然从左端开始,而且开始的时候小虫处于饥饿状态。

第一步:开始读入黑色,当前是饥饿状态,根据程序第一行,把方格涂白,并变成吃饱(这相当于把那个食物吃了,注意吃完后,小虫并没动)。即:涂白方格,变成吃饱。

第二步:当前的方格变成了白色,因而读入白色,而当前的状态是吃饱状态,那么根据程序中的第四条前移,仍然是吃饱状态。

第三步:读入白色,当前状态是吃饱,因而会重复第二步的动作(前移,保持吃饱)。

第四步:读入白色,仍然重复上次的动作(前移,保持吃饱)。

第五步:读入黑色,当前状态是吃饱,这时候根据程序的第二行应该后移方格,并转入饥饿状态。

第六步:读入白色,当前是饥饿状态,根据程序第三行应该涂黑,并保持饥饿状态(各位注意,这位小虫似乎自己吐出了食物!)。

第七步:读入黑色,当前是饥饿状态,于是把方格涂白,并转入吃饱状态(呵呵,小虫把刚刚自己吐出来的东西又吃掉了!)。

第八步:读入白色,当前是吃饱状态,于是前移,保持吃饱保状态。

这时候跟第四步的情况完全一样了,因而小虫会完全重复五、六、七、八步的动作,并永远循环下去。似乎最后的黑色方格是一个门槛,小虫无论如何也跨越不过去了。

小虫的行为比以前的程序复杂了一些。尽管从长期来看,它最后仍然会落入机械的循环或者无休止的重复。然而这从本质上已经与前面的程序完全不同了,因为当你输入给小虫白色信息的时候,它的反应是你不能预测的。它有可能涂黑方格也有可能前移一个。当然前提是你不能打开小虫看到它的内部结构,也不能知道它的程序,那么你所看到的就是一个不能预测的满地乱爬的小虫。如果小虫的内部状态数再增多,那么它的行为会更加地不可预测。好了,如果你已经彻底搞懂了我们的小虫是怎么工作的,那么你已经明白了图灵机的工作原理了。因为从本质上讲,最后的小虫模型就是一个图灵机。

(2) 如何理解图灵机模型

上面我们用小虫说明了图灵机的工作原理,相信你的第一反映就是,这样的模型太简单了。它根本说明不了现实世界中的什么问题。但是下面我们要试图说明图灵机这个模型的作用。

首先,我们想说的是,其实我们每一个会决策、会思考的人就可以被抽象地看成一个图灵机。为什么可以作这种抽象呢?首先我们可以考虑扩展上面讲述的小虫模型。因为小虫模型是以一切都简化的前提开始的,所以它的确是太简单了。然而,我们可以把小虫的输入集合、输出行动集合、内部状态集合进行扩大,这个模型就一下子实用多了。首先,小虫完全可以处于一个三维空间中而不是简简单单的纸带。并且小虫的视力很好,它一下子能读到方圆 500 m 的信息。当然,小虫也可以拥有其他的感觉器官,比如嗅觉、听觉等。而这些改变都仅仅是扩大了输入集合的维数和范围,并没有其他更本质的改变。同样道理,小虫可能的输出集合也是异常的丰富,它不仅仅能移动自己,还可以尽情地改造它所在的自然界。进一步的,小虫的内部状态可能非常的多,而且控制它行为的程序可能异常复杂,那么小虫会有什么本事呢?这就很难说了,因为随着小虫内部的状态数的增加,随着它所处环境的复杂度的增加,我们正在逐渐失去对小虫行为的预测能力。但是所有这些改变仍然没有逃出图灵机的模型:输入集合、输出集合、内部状态、固定的程序。就是这 4 样东西抓住了小虫信息处理的根本。

我们人能不能也被这样抽象呢?显然,输入状态集合就是你所处的环境中能够看到、听到、闻到、感觉到的所有一切,可能的输出集合就是你的一言一行,以及你能够表达出来的所有表情动作。内部状态集合则要复杂得多。因为我们可以把任意一个神经细胞的状态组合看作是一个内部状态,那么所有可能的神经细胞的状态组合将是天文数字。

似乎你会说,这个模型根本不对,还有很多思维本质的东西没有概括进去。比如记忆问题,人有记忆,图灵机有么?其实,只要图灵机具有了内部状态,它就相应的具有了记忆。比如上面讲到的具有"饥饿"和"吃饱"两种状态的小虫就会记住它所经历过的世界:如果吃到食物就用吃饱状态来"记住"吃过的食物。什么是记忆呢?假如你经历了一件事情并记住了它,那么只要你下一次的行动在相同条件下和你记住这件事情之前的行动不一样了,就说明该事情对你造成了影响,也就说明你确实记住了它。

学习的问题反映在模型中了么?学习是怎么回事儿呢?似乎图灵机模型中不包括学习,因为学习就意味着对程序的改变,而图灵机是不能在运行过程中改变它的程序的。然而,我们不难假设,你实际上并不能打开一个人的脑袋来看,所以它的实际程序规则你是不知道的。很有可能一个图灵机的规则没有改变,只不过激活了它的某些内部状态,因而它的行为发生了本质上的变化。尽管给它相同的输入,它却给出了完全不同的输出。因而在我们看来,它似乎会学习了。而实际上,这个图灵机的程序一点都没变。

还有很多现象似乎都能被图灵机包括。什么是人类的情绪、情感?你完全可以把它看作是某种内部状态,因而处于心情好的情绪下,你的输入/输出是一套规则,而心情不好的时候则完全是另一套。这仍然没有逃出图灵机的模型范围。

接下来的问题就是我们人的思维究竟是不是和图灵机一样遵循固定的程序呢?这个问题初看起来似乎是不可能的,因为人的行为太不固定了,你不可预言它。然而我会争辩道,无论如何神经元传递信息、变化状态的规律都是固定的,可以被程序化的。那么作为神经元的整体——脑——的运作必然也要遵循固定的规则,也就是程序了。如果是这样,那么正如图灵相信的,人脑也不会超越图灵机这个模型。所以,人工智能也必然是可能的。然而,我认为针对这个问题的答案很有可能没有这么简单。

无论如何,我相信你已经能够体会到了,图灵机模型实际上是非常强有力的。

10.2 关于计算

1. 什么是计算

上面我们对图灵机模型及工作原理进行了论述。也许你已经了解到了图灵机的威力,也许还将信将疑。然而,接下来的问题是图灵机和计算有什么关系。而实际上,图灵机是一个理论计算机模型,它最主要的意义还是在于计算上!所以,下面我们就来看看什么是计算。

我们可以先给出一个对计算概念的理解:广义上讲,一个函数变化,如把 x 变成了 $f(x)$,就是一个计算。如果我们把一切都看作是信息,那么更精确地讲,计算就是对信息的变换。如果采用这种观点,你会发现,其实自然界充满了计算。如果我们把一个小球扔到地上,小球又弹起来了,那么大地就完成了一次对小球的计算。因为你完全可以把小球的运动都抽象成信息,它无非是一些比如位置、速度、形状等能用信息描述的东西。而大地把小球弹起来就无非是对小球的这些信息进行了某种变换,因而大地就完成了一次计算。你可以把整个大地看作是一个系统,而扔下去的小球是对这个系统的输入,那么弹回来的小球就是该系统的输出,因而也可以说,计算就是某个系统完成了一次从输入到输出的变换。

按照上面的思路和理解,现实世界到处都是计算了。因为我们完全可以把所有自然界存在的过程都抽象成这样的输入/输出系统,所有的大自然存在的变量都看作是信息,因而计算无处不在。也正是采取了这样的观点,才有可能发明 DNA 计算机、生物计算机、量子计算机这些新鲜玩艺。因为人家把 DNA 的化学反应、量子世界的波函数变换都看作是计算了,自然就会人为地把这些计算组合起来构成计算机了。然而,似乎我们的理论家们还在力图证明关于图灵机的某个定理呢,却完全没有意识到计算其实就是这样简单。

下面回到图灵机,为什么说图灵机是一个计算的装置呢?很简单,图灵机也是一个会对输入信息进行变换给出输出信息的系统。比如前面说的小虫,纸带上的一个方格一个方格的颜色信息就是对小虫的输入,而小虫所采取的行动就是它的输出。不过这么看,你会发现,似乎小虫的输出太简单了。因为它仅仅就有那么几种简单的输出动作。然而,不要忘了,复杂性来源于组合。虽然每一次小虫的输出动作很简单,然而当把所有这些输出动作组合在一起,就有可能非常复杂。比如我们可以把初始时刻的纸带看作是输入信息,那么经过任意长的时间比如说 100 年后,小虫通过不断地涂抹纸带最后留下的信息就是输出信息了。那么小虫完成的过程就是一次计算。事实上,在图灵机的正规定义中,存在一个所谓的停机状态。当图灵机一到停机状态,我们就认为它计算完毕了,因而不用费劲地等上 100 年。

2. 计算的组合

更有意思的是,我们可以把若干个计算系统进行合并构成更大的计算系统。比如还是那个小球,如果往地上放了一个跷跷板,这样小球掉到地上会弹起这个跷跷板的另一端,而跷跷板的另一边可能还是一个小球,于是这个弹起的小球又会砸向另一个跷跷板……

我们自然可以通过组合若干图灵机完成更大更多的计算。参照我们前面讲述的"可编程结构模型"的连接模式,如果把一个图灵机对纸带信息变换的结果又输入给另一个图灵机,然后再输入给别的图灵机,这就是把计算进行了组合!也许你还在为前面说的无限多的内部状态,无限复杂的程序而苦恼,那么到现在大家不难明白,实际上我们并不需要写出无限复杂的程序列表,而仅仅将这些图灵机组合到一起就可以产生复杂的行为了。

有了图灵机的组合,我们就能够从最简单的图灵机开始构造复杂的图灵机了。那么最简单的图灵机是什么呢?我们知道最简单的信息就是 0 和 1,而最简单的计算就是对 0 或 1 进行布尔运算。而布尔运算本质上其实只有 3 种:与、或、非。从最简单的逻辑运算操作,最简单的二进制信息出发,我们其实可以构造任意的图灵机!这点不难理解,任何图灵机都可以把输入、输出信息进行 0/1 的编码,而任何一个变换也可以最终分解为对 0/1 编码的变换,而对 0/1 编码的所有计算都可分解成前面说的 3 种运算。也许,现在你明白了为什么研究计算机的人都要去研究基本的布尔电路。奥秘就在于,用布尔电路可以组合出任意的图灵机。

3. 征服无限的方法

回忆你小时候是如何学会加法运算的。刚开始的时候,你仅仅会死记硬背。比如你记住了 1+1=2,记住了 2+4=6……然而无论你记住多少固定数字的运算,你都不能够称作为学会了加法。原因很简单,假如你记住了 n 对数的加法,那么我总会拿出第 $n+1$ 对数是你没有记住的,因此你还是不会计算。原则上,自然数的个数是无穷的,所以任何两个数的加法的可能结果也是无穷的。而如果采用死记硬背的方法,我们头脑怎么可能记住无穷数字的计算法则呢？但是随着年龄的增长，你毕竟还是最终学会了加法运算。说来奇怪，你肯定明白其实加法运算并不需要记住所有数字的运算结果，而仅仅需要记住 10 以内的任意两个数的和，并且懂得了进位法则就可以了。

你是怎么做到的呢？假设要计算 32＋69 的加法结果，你会把 32 写到一行，把 69 写到下一行，然后把它们对齐。于是你开始计算 2＋9＝11，进一位，然后计算 3＋6＝9，再计算 9＋1＝10 再进一位，最后，再把计算的这些每一位的结果都拼起来就是最终的答案 101。这个简单的例子给我们的启发就是：作加法的过程就是一个机械的计算过程。这里输入就是 32 和 69 这两个数字，输出就是 101。而你的程序规则就是具体地把任意两个 10 以内的数求和。这样，根据固定的加法运算程序你可以计算任意两个数的加法了。

其实这个计算加法的方法能够让你找到运用有限的规则应对无限可能情况的方法。实际上自然数是无限的，这样，所有可能的加法结果也是无限的。然而运用刚才所说的运算方法，无论输入的数字是多少，只要你把要计算的数字写下来了，就一定能够计算出最终的结果，而无需死记硬背所有的加法。

因而，可以说计算这个简单的概念，是一种用有限来应对无限的方法。我们再看一个例子。假如给你一组数对：⟨1,2⟩、⟨3,6⟩、⟨5,10⟩、⟨18,36⟩，就这 4 对。这时问你 102 对应的数是多少？很显然，如果仅仅根据你掌握的已知数对的知识，是不可能知道答案的，因为你的知识库里面没有存放着 102 对应数字的知识。然而，如果你掌握了产生这组数对的程序法则，也就是看到如果第一个数是 x，那么第二个数就是 $2x$ 的话，你肯定一下子就算出 102 对应的是 204 了。也就是说，你实际上运用 $2x$ 这两个字符就记住了无限的诸如 ⟨1,2⟩、⟨3,6⟩、⟨102,204⟩ 所有这样的数对了。

这看起来似乎很奇怪。怎么可能运用有限的字符来应对无限种可能呢？实际上，当没有人问你问题的时候，你存储的 $2x$ 什么用也没有，而当我问你 102 对应的是多少？我就相当于给你输入了信息——102，而你仅仅是根据这个输入信息 102 进行一系列的加工变换得到了输出信息 204。因而输入信息就好比是原材料，而你的程序规则就是加工的方法，只有在原材料上进行加工，你才能输出最终产品。

10.3 有限状态自动机基本概念和理论

1. 概念描述

有限状态自动机简称有限自动机，是一种具有离散输入/输出系统的计算数学模型。这一系统具有任意有限数量的内部"状态"。所谓"状态"，是指可以将事物区分开来的一种标识。例如数字电路中的"开"和"关"两种状态，十字路口交通红绿灯的"亮"和"灭"等。而连续的状态系统的状态数量是无限的，例如水库的水位、室内温度等。

存储程序的计算机本身也可以认为是一个有限状态系统。理论上,中央处理单元、主存储器和辅助存储器所处的状态在任何时刻都可以看作是有限的诸多状态中的一个。对于我们设计的程序来说,程序执行中的状态就是各种"变量"当时所存放的值,状态的描述一般采用谓词逻辑,谓词逻辑是用来描述事物性质和特征的,比如 $x=5$ and $y=6$;再比如我们设计的求 5! 的程序,初始进入循环前的状态是 $p=1$ and $i=2$,执行完循环后的状态是 $p=40$ and $i=6$。

有限自动机是由一个带有读头的有限控制器和一条写有字符的输入带组成的,如图 10.2 所示。其工作原理是读头在输入带上从左向右移动,每当读头从带上读到一个字符时,便引起控制器状态的改变,同时读头右移一个符号的位置。

控制器包括有限个状态,状态与状态之间存在着某种转换关系。每当在某一状态下读入一个字符时,便使状态发生改变,即从当前状态转换到后继状态,称为状态转换。

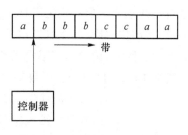

图 10.2 有限自动机示意图

状态转换包括以下几种情况:转换到其自身,即保持当前状态不变;转换的后继状态只有一个;转换的后继状态有若干个。如果一个有限自动机每次转换的后继状态都是唯一的,则称为确定的有限自动机(DFA);如果转换的后继状态不是唯一的,则称为不确定的有限自动机(NFA)。

通常把有限自动机开始工作的状态称为"初始状态",把结束工作的状态称为"终止状态"或"接受状态"。

为了描述一个有限自动机的工作状况,可采用状态转换图。状态转换图是一个有向图,图中的每个节点表示一种状态,一条边(或弧)表示一个转换关系。例如,有限自动机正处在状态 q,当读入一个字符 a 之后,有限自动机便从状态 q 转换到状态 p,这时在状态转换图中,从节点 q 到节点 p 之间就存在一条标 a 的有向边。

当有限自动机读入一个字符串时,它从初始状态 q_0 开始,经过一系列的状态转换,最后如果能到达终止状态,则称这一字符串可被有限自动机接受。

例如图 10.3 所示的有限自动机,标有箭头的状态 q_0 是初始状态,标有双圈的状态 q_3 是终止状态。当开始读入字符 a 时,有限自动机从初始状态 q_0 转换到状态 q_1,继而,读入字符 b 时,状态 q_1 保持不变,如

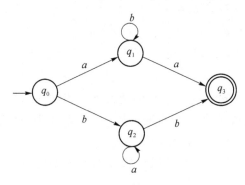

图 10.3 有限自动机的状态转换图

果在 q_1 状态再读入字符 a，则转换到终止状态 q_3。同样，当开始读入字符 b，有限自动机从初始状态 q_0 转换到 q_1，继而，读入字符 a 时，保持状态不变，如果再读入字符 b，则转换到终止状态 q_3。因此说明该有限自动机接受的字符串包括两类：一类是首尾为字符 a，中间有任意个（包括 0 个）b 的字符串；另一类是首尾是字符 b，中间有任意个（包括 0 个）a 的字符串。

2. 形式化的定义

接下来，进一步给出有限自动机的形式化定义。

一台有限自动机有几个部分。它有一个状态集和根据输入符号从一个状态到另一个状态的规则。它有一个输入字母表，指明所有允许的输入符号。它还有一个起始状态和一个终止状态集。形式化定义把一台有限自动机描述为包括以下 5 部分的表：状态集、输入字母表、动作规则、起始状态以及终止状态集。用数学语言表达，5 个元素的表经常称为五元组。因此，确定的有限自动机的形式定义如下：

定义 10.1 确定的有限自动机是一个五元组 $M=(Q,T,\delta,q_0,F)$，其中

Q：有限的状态集合；

T：有限的输入字母表；

δ：转换函数，是 $Q\times T$ 到 Q 的映射；

q_0：初始状态，$q_0\in Q$；

F：终止状态集，$F\subseteq Q$。

转换函数 δ 是用来表示状态的转换关系的。对状态 $q,p\in Q$，字符 $a\in T$，当在状态 q 读入（或输入）字符 a 后，状态转换为 p。以转换函数表示，则可写成 $\delta(q,a)=p$。另由转换函数 δ 的定义，它是 $Q\times T$ 到 Q 的映射，其第一个自变量是一个状态，第二个自变量是一个字符，其值为转换后的后继状态。

例 10.1 图 10.3 所描述的是一个确定的有限自动机，它的状态集为 $Q=\{q_0,q_1,q_2,q_3\}$，输入字母表为 $T=\{a,b\}$，初始状态为 q_0，终止状态集为 $F=\{q_3\}$，其转换函数如下：

$$\delta(q_0,a)=q_1 \qquad \delta(q_0,b)=q_2$$
$$\delta(q_1,a)=q_3 \qquad \delta(q_1,b)=q_1$$
$$\delta(q_2,a)=q_2 \qquad \delta(q_2,b)=q_3$$
$$\delta(q_3,a)=\varnothing \qquad \delta(q_3,b)=\varnothing$$

以上讨论的转换函数 δ，是在一个状态下仅输入一个字符的情况下。当输入一个字符串时，对有限自动机的转换函数 δ 而言，需将它的第二个自变量从一个字符改为一个字符串，此时的转换函数用 δ' 表示。显然，δ' 应是 $Q\times T^*$ 到 Q 的映射。

对任意字符串 $\omega\in T^*$，则 $\delta'(q,\omega)$ 表示确定的有限自动机在状态 q，输入字符串 ω 后的状态。

δ' 的定义如下：

(1) 对 $\varepsilon \in T^*$，有 $\delta'(q,\varepsilon)=q$；

(2) 对任意的 $a \in T$ 和 $\omega \in T^*$，有 $\delta'(q,\omega a)=\delta(\delta'(q,\omega),a)$。

其中，$\delta'(q,\varepsilon)=q$ 表示当没有读到字符时，有限自动机的状态不变；$\delta'(q,\omega a)=\delta(\delta'(q,\omega),a)$ 表示读入字符串 ωa 后，为找出后继状态，应该是在读入 ω 之后得到状态 $\delta'(q,\omega)=p$，然后再求 $\delta(p,a)$。

当 $\omega=\varepsilon$ 时，$\delta'(q,a)=\delta(\delta'(q,\varepsilon),a)=\delta(q,a)$。

所以，当 δ 和 δ' 都有定义时，两者的值没有差别，为便于书写，以后可用 δ 代替 δ'。

如果有 $\delta(q_0,\omega)=p, p \in F$，则称字符串 ω 被有限自动机 M 所接受。而 $L(M)$ 则表示 M 所接受的语言，表示为

$$L(M)=\{\omega \mid \delta(q_0,\omega) \in F\}$$

有限自动机的种类很多，除了确定的有限自动机和不确定的有限自动机外，还有双向有限自动机和有输出的有限自动机（又分为米兰机和摩尔机两种）等。

10.4 实例研究（一）

下面我们结合图灵机模型和可编程结构模型的思想针对问题求解的实例进行分析，以使大家掌握如何应用上述理论进行实际问题的分析、建立求解问题的模型，并最终求解问题的过程。我们的实例还是前面在程序设计中分析的交通信号观测统计问题，我们所设计的程序就是读入以'#'结束的由'0'或'1'组成的字符串。这个字符串可以映射为图灵机模型中的字符输入带。我们的任务就是设计控制器程序逐字符地读入输入带，进行处理并引起控制器状态的改变，最终产生输出的过程。因此这个问题的求解计算就抽象为一个图灵机。（注：我们在这里强调的是利用图灵机的思想进行问题的求解，但所建的模型并不是严格意义上的图灵机模型。我们增强了图灵机输出和操作的能力，即函数。如果参照可编程结构模型的思想，我们可以将函数理解为操作集 F，求解模型就是设计控制算法。）

应用图灵机模型求解问题的核心就是抽象出状态，描述出状态转移图和状态转移函数，如图 10.4 所示的就是该图灵机模型的状态转移图。

1. 模型描述和分析

该求解问题模型包含 4 个状态，即，$Q=\{q_0,q_1,q_2,q_3\}$，其中初始状态为 q_0，终止状态为 q_3；系统的输入字母表为 $T:\{'1','0','\#'\}$，分别是车辆信号 '#'、时钟信号 '0'、以及结束信号 '#'。如图 10.4 所示，系统在任意状态下，均可接收 3 个输入信号中的任意一个。

下面我们分别对 4 个状态进行描述，正如上文所述，我们以系统的变量做为状态。

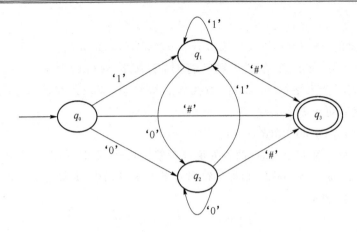

图 10.4 交通信号观测问题求解的有限自动机的状态转换图

q_0 状态：此时系统未收到任何信号，即 signal＝Φ(空)，车辆统计变量 vehicles＝0，时长统计变量 seconds＝0，间隔计数器 interval＝0；

q_1 状态：此时系统接收到车辆信号，所以 signal＝'1'，车辆统计变量 vehicles≠0，而间隔计数器 interval＝0，即(signal＝'1'，vehicles≠0，interval＝0)；

q_2 状态：此时系统接收到时钟信号，所以 signal＝'0'，由于开始了时间计数，所以系统变量 seconds≠0，interval≠0；即(signal＝'0'，seconds≠0，interval≠0)；注 q_2 状态下 interval 的值可能为 0，也可能不为 0。若 q_2 的前一个状态是 q_0，则 interval＝0，若前一状态是 q_1，则 interval≠0。此处为了描述简单起见，假设系统接收到的第一个信号是'1'，即 q_2 的前一个状态是 q_1。后面转换函数及最终代码也是基于此假设。

q_3 状态：为结束状态，有 4 种情况，用 vehicles，seconds 的值表示，即 (vehicles＝0，seconds＝0)OR(vehicles≠0，seconds＝0)OR(vehicles＝0，seconds≠0)OR(vehicles≠0，seconds≠0)。

我们可以看出 4 种情况是逻辑"或"的关系，也就是说统计的结果可能是 4 种之一。

请大家注意，上面的状态描述还不是完整的表达，但已经可以说明清楚了。

接下来我们讨论转换函数。

$\delta(q_0,$ '1'$)=q_1$："read(signal)；vehicles←vehicles＋1；"注意 read()是读入操作，通过该操作对 signal 进行赋值，使状态转移到 q_1，即(signal＝'1'，vehicles≠0，interval＝0)；同理是 $\delta(q_1,$ '1'$)=q_1$；转换函数相同，表示在此状态下接收车辆信号时状态不变。

$\delta(q_2,$ '1'$)=q_1$："read(signal)；if interval＞longest then longest←interval；interval←0"表示在 q_2 状态下，当读入车辆信号'1'时，要首先判断此时两车之间的间隔时长是否最大，如果是当前最大，要赋值 longest 变量；最后将 interval 置 0。这个转移函数也适用在 $q_2→q_3$ 的状态转移。

$\delta(q_0,$ '0'$)=q_2$："read(signal)；seconds←second＋1；interval←interval＋1"，表示当

接收(读入)的信号是时钟信号'0'时,分别对两个时间计数器进行加1操作。使状态转移到 q_2,即(signal='0',seconds≠0,interval≠0)。同理 $\delta(q_2,'0')=q_2$ 和 $\delta(q_1,'0')=q_2$ 的转换函数与 $\delta(q_0,'0')=q_2$ 的相同。

2. 基于模型的问题求解

我们建模的目的是为了最终能够求解问题。求解问题仍需要设计算法和程序,但此时的算法设计应该基于我们已经建立的模型。

根据该模型,我们设计的算法的框架如图10.5所示。

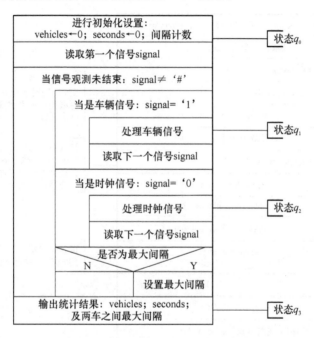

图 10.5　根据有限自动机的状态转换图设计的算法框架

在这个算法的设计中,我们没有显式地标识出状态,而是利用两层循环的嵌套结构及相应的操作隐含了状态和状态的转移,状态标注在备注中(如图10.5所示)具体说明如下:

(1) 当算法执行完初始化设置后,进入状态 q_0;

(2) 然后读取第一个信号,根据所读入的信号决定是转移到 q_1、q_2,甚至 q_3,如果是车辆信号'1'就转移到 q_1,则进入内层第一个循环,通过执行"处理车辆信号"的操作,完成转换函数 $\delta(q_0,'1')=q_1$,使状态转移到 q_1,此时 q_1 的状态是(signal='1',vehicles≠0,interval=0);当接收(输入)的信号是时钟信号'0'的时候,状态转移到 q_2,进入内层第二个循环,通过执行"处理时钟信号"的操作,完成转换函数 $\delta(q_0,'0')=q_2$,使状态转移到 q_2,此时 q_2 的状态是(signal='0',seconds≠0,interval≠0)。如果接收的是结束信号

'#',则不进入循环直接跳转到最后的输出结果操作。

(3) 当处于 q_2 状态下读入的下一个信号不是时钟信号'0'时,根据状态转移图可以知道或者转移到 q_1,或者转移到 q_3,并根据上面的模型分析知道,不管转移到哪个状态,转换函数基本一致,都是需要判断时间间隔是否最大,所以在内层第二个循环退出的时候,要执行分支结构完成转换函数的操作,然后状态转移。

我们根据上面的模型分析并基于"自顶向下、逐步求精"的方法,得到最终的算法如图10.6 所示,并将算法转换到 C 语言的程序。

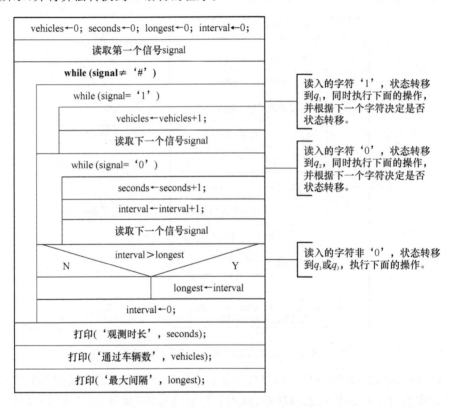

图 10.6 交通信号观测有限自动机的算法

```
/* Program traffic (input,output); */
#include<stdio.h>
main()
{
  int vehicles,seconds,longest,interval;
  char ch,signal;
  /* program BEGIN */
```

```
/* prepare to process signal */
vehicles = 0; seconds = 0;
longest = 0; interval = 0;
scanf("%c",&signal);

/* process the signal */
while (signal! = '#')
  {
    while (signal == '1')    /* process a vehicle signal */
    { vehicles = vehicles + 1;
      scanf("%c",&signal);
    }
    /* start timing an interval */
    while (signal == '0') /* process a timing signal */
    { seconds = seconds + 1;
      interval = interval + 1;
      scanf("%c",&signal);
    }
    /* 确定是否间隔最大 */
    if (interval>longest)
        longest = interval;
    interval = 0;
  }
/* output result */
printf("%d vehicles passed in %d seconds\n",vehicles,seconds);
printf("the longest gap was %d seconds\n",longest);
return 0;
}
```

思考：如果不进行文前的假设（即 q_2 的前一个状态是 q_1），而按实际情况（即 q_2 的前一个状态可能是 q_0 或 q_1），图 10.5 的算法设如何修改？

10.5 实例研究（二）

我们在本章开始的时候曾经提到，有限自动机模型一般是结合形式语言讨论的，而形式语言是编译程序的基础。我们再简要地回顾一下编译程序的概念。首先，从功能上讲编译程序是一个语言翻译系统，它是将源语言（如 C 语言）程序翻译成目标语言（如汇编语言或机器语言）程序。编译程序一般由两大部分构成：其一是分析部分，包括词法分析、语法分析及语义分析；其二是综合部分，完成目标代码生成及优化。编译程序的首要工作是词法分析（Lexical analysis）。词法分析又称扫描程序，其任务是：读源程序的字符流、识别单词（如标识符、整数、界限符等），并转换成内部形式。

以一个 C 源程序片段为例。

int seconds；

seconds = seconds + 1；

经过词法扫描和分析后得到图 10.7。

扫描或词法分析阶段可将源程序看作字符流并将其分为若干个记号（Token），即单词。典型的单词包括以下几种。

关键字：如 if 和 while，它们是字母的固定串；

标识符：通常由字母和数字组成并由一个字母开头；

特殊符号：如算术符号＋和＊、一些多字符符号，如＞＝和＜＞以及界符。

单词类型	单词值
保留字	int
标识符	seconds
界符	；
标识符	seconds
算符（赋值）	＝
标识符	seconds
算符（加）	＋
整数	1
界符	；

图 10.7　词法分析结果

高级语言中的单词都使用正则表达式定义，而识别正则表达式的模型是有限自动机。所以这一节主要讨论的问题是，根据正则文法规则扫描识别单词（字符串），并设计识别算法。即在扫描过程中，根据正则文法的格式说明，设计有限自动机对由正则表达式给出的串格式的识别算法。

1. 问题定义

已知一个"标识符"的文法定义，判定任意一个字符串是否符合该定义。

假设标识符的文法定义如下：

＜合法标识符＞::=＜标识符＞＜结束符＞

＜标识符＞::=＜字母＞|＜标识符＞＜字母＞| ＜标识符＞＜数字＞

＜字母＞::= A|B|C

＜数字＞::= 0|1|2

＜结束符＞::= ；|，|＝

2. 问题分析

根据上述标识符的文法定义，我们可以知道该定义规定了标识符必须是以字母开头的，以结束符为结束标志的一个字符串。开头或中间出现任何其他未定义的字符都不符合上述定义。比如"ABC12"、"A1"是合法的标识符，而"1A"、"A－1"、"A.1"等都是非法的标识符。对应地我们给出判定标识符的有限自动机模型，如图 10.8 所示。

3. 模型描述和分析

该求解问题模型包含 4 个状态,即 $Q=\{\text{start}, \text{in-id}, \text{error}, \text{accept}\}$,其中初始状态为 start,终止状态为 accept 和 error;accept 表示判定为合法标识符的状态,error 表示识别出非法标识符的状态。系统的输入字母表为 $T:\{$字母,数字,结束符$\}$。如文法定义所示。

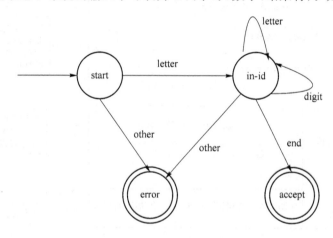

图 10.8 标识符判定的有限自动机

下面我们分别对 4 个状态进行描述。正如上面所述,我们以系统的变量作为状态,我们引入 1 个变量 char,表示读入的字符,我们采用 char 来描述状态。

start 状态:此时系统未读入任何字符,即 char$=\varnothing$(空)。

in-id 状态:到目前为止读入的字符仍是合法的,即目前的字符为字母或数字,char$\in$ $\{A,B,C,0,1,2\}$。

error 状态:非法标识符,即读入的字符不属于字母或数字,或者第一个字符为数字,char$\in\{A,B,C,0,1,2\}$ 或者 char$\in\{0,1,2\}$。

accept 状态:合法标识符,即读入的字符是结束符,char$\in\{$"=",",",";"$\}$。

4. 算法设计

我们根据所建立的标识符判断模型设计出判定算法,如图 10.9 所示。算法中设计了两个分支结构(选择),分别映射了在状态 start 下的转移和在状态 in-id 下的转移,算法中的循环结构,映射了在状态 in-id 下的自转移。

对上述算法的求精,主要是将条件表达式中的集合操作进行变换,因为有些程序设计语言(比如 C 语言)不支持集合操作。具体的变换方法可以考虑使用字符函数,请大家自己设计出该程序。

5. 参考实例(供大家参考,不作为教学内容)

在 C 语言中,所有的注释由字符/ ＊开始,以 ＊ /结束。下面的参考实例中,我们设计了一个接受 C 语言注释的有限自动机(DFA)模型(如图 10.10 所示),并用 C 语言进行编码实现。

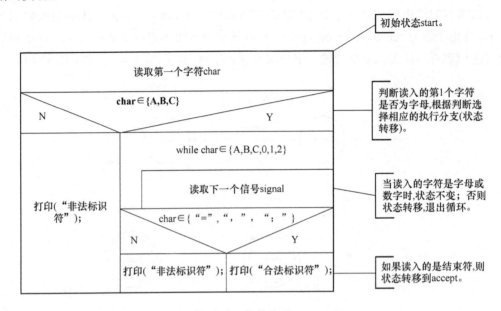

图 10.9 标识符判定的算法

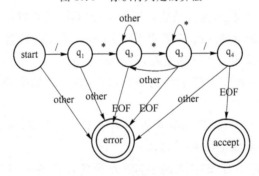

图 10.10 识别注释的有限自动机

该求解问题模型包含 7 个状态,即:$Q=\{start, q_1, q_2, q_3, q_4, error, accept\}$,其中初始状态为 start,终止状态为 accept 和 error;accept 表示判定为合法 C 语言注释的状态,error 表示识别出非法 C 语言注释的状态。EOF 表示字符串结束字符。

在下面的程序中,我们设计了一个变量 state 用来表示自动机当前所处的状态,用变量 ch 来存放读入的一个字符,算法设计思想就是根据自动机当前的状态和读取的字符决定自动机的下一状态。如果自动机最终能迁移到 accept 状态,说明输入的字符串是合法的 C 风格注释,否则就不是。

```
#include<stdio.h>
```

第 10 章 图灵机与计算模型

```c
#define START 1      /*为了提高程序易读性,定义表示状态的7个常量*/
#define Q1   2
#define Q2   3
#define Q3   4
#define Q4   5
#define ERROR  6
#define ACCEPT   7
#define EOF '#'      /*定义字符串结束字符*/
main()
{
    char ch; /*存放读入的一个字符*/
    int state;/* 表示自动机当前所处的状态*/

    state = START;/* 设置初始状态*/
    ch = getchar();/*读取第一个字符*/

    while(state! = ERROR && state! = ACCEPT) /*若自动机未到达终止状态*/
    {
        switch(state) /*根据当前所处的状态以及读入的字符决定状态的迁移*/
        {
            case START:
                if(ch = = '/')
                    state = Q1;/*迁移到状态Q1*/
                else
                    state = ERROR; /*迁移到状态 ERROR */
                break;
            case Q1:
                if(ch = = '*')
                    state = Q2;
                else
                    state = ERROR;
                break;
            case Q2:
```

```c
            switch(ch)
            {
                case ´*´:
                    state = Q3; break;
                case EOF:
                    state = ERROR; break;
                default:
                    break; /* 仍然保持在 Q2 状态 */
            }
            break;
        case Q3:
            switch(ch)
            {
                case ´/´:
                    state = Q4; break;
                case ´*´:
                    break; /* 仍然保持在 Q3 状态 */
                case EOF:
                    state = ERROR; break;
                default:
                    state = Q2; break;
            }
            break;
        case Q4:
            if (ch = = EOF)
                state = ACCEPT;
            else
                state = ERROR; /* 有可能在一个完整的 C 注释后面还有字符 */
                break;
        } /* switch */

        ch = getchar(); /* 读取下一个字符 */
    }
```

```
/* 输出结果 */
if(state = = ACCEPT)
    printf("这是合法的 C 风格注释\n");
else
    printf("这不是合法的 C 风格注释\n");

return 0;
}
```

10.6 有限状态自动机的应用

理论是现实世界的抽象。在现实世界中有许多这样的系统,这类系统都具有有限数量的内部状态和若干个不同的输入。在输入序列的作用下,系统的内部状态不断地互相转换,并且可能由此产生某种形式的输出序列。这样的系统被抽象为有限自动机。

在现实世界中,从生物工程到电子计算机,乃至社会管理,很多系统都具有上述特征。因此,利用自动机模型的实际系统极为广泛。有限自动机在 20 世纪 50 年代首先被应用于开关电路的设计,接着被用于数字逻辑的设计和测试。60 年代初被用于软件设计,70 年代后期被用于软件工程方法论,现在也被用在统一建模语言 UML 中。

现实生活中的许多问题都具有有限自动机的特性,打电话就是其中一例。

在一次打电话的过程中,用户摘机之前,电话机处于静止状态。发生了摘机这一外部事件后,电话机执行一些内部动作,之后进入拨号状态。从呼叫建立连接到通话完毕,一般需要经过摘机、拨号、应答、进行通话及挂机等外部事件。而每一个电话事件,如拨一位号码,一个应答信号或挂机都将引起一个状态转移。一个电话事件对话机而言就是一个输入。在拨号状态下,话机可能接受的输入为"主叫拨号"、"主叫挂机"、"号码间隔时间过长"等。可以用 4 个状态来表示电话呼叫的状态转换过程,如图 10.11 所示。

另外一个典型的例子是交通灯控制系统。交通控制可由 5 个状态完成,即关(没有灯亮)、红灯(红灯亮)、黄灯(黄灯亮)、绿灯(绿灯亮)、闪烁的红灯(在固定的时间段红灯闪烁)。其输入事件是由监测交通流量的探测器以及控制系统内的定时器发出的。可能的事件包括:打开红灯、打开黄灯、打开绿灯、打开闪烁的红灯,不同的事件使系统分别到达相应的状态。这一模型也说明了所允许的颜色序列红、黄、绿等。图 10.12 给出了交通灯的状态转换图。

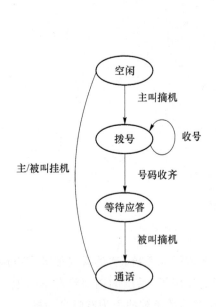

图 10.11 打电话的状态转换图　　图 10.12 交通灯的状态转换图

上述两个例子都可以抽象为有限自动机。由此,可以归纳和总结出这类系统的特点,即:

(1) 处于某一相对稳定的状态下;

(2) 某个事件(输入)发生;

(3) 这一事件引起一串处理发生,包括执行特定的功能、产生相应的输出等;

(4) 处理结束,迁移到一个新的相对稳定状态。

以上例子采用的都是最基本的应用模型。自动机又被称为顺序系统。因为机器在一个时刻只能处于一个状态,转换也只能一次触发一个,自动机表现出一种顺序的行为。

尽管基本模型易学易用,但是它也具有一定的局限性。基本有限自动机的伸缩性不是很好,即使利用很好的帮助工具,画一个或读一个状态多于 20 个的图也十分困难。对于较大的状态机而言,人工难以操作。现实世界中,人们往往采用各种各样基于自动机理论的扩展模型来描述系统。下面以通信领域为例进行介绍。

在通信领域,应用系统大多比较复杂。通信领域的应用模型通常具有以下一些特点:

(1) 多个自动机相互配合工作;

(2) 自动机的状态可以进一步拆分,自动机可以按层次分解描述;

(3) 事件分为外部事件和内部事件两种形式。外部事件是来自自动机外部的事件,而内部事件则与自动机内部的特定操作相关联。例如交通灯的例子中,"开电源"是一个外部事件;而红、黄灯之间的状态转换可通过设置定时器来触发,"定时器超时"就是自动机内部事件。

为了描述上述特点,需要对自动机模型进行一些扩展。通信领域中的应用模型通常采用消息顺序图(Message Sequence Chart,MSC)和规范描述语言(Specification and Description Language,SDL)。MSC 的应用很广泛,它侧重于描述系统中多个自动机之间的协同工作,可用于所有具有信息交互的应用领域。而 SDL 是一种常用的扩展有限自动机描述语言。SDL 强调的是自动机自身的特性描述,而不是自动机之间的交互。下面简单介绍一下 MSC 和 SDL 的核心内容。

MSC 和 SDL 经常结合使用,共同描述通信软件系统。

MSC 是由国际电联(ITU-T)给出的一种图形化语言,它可以用于描述多个实体之间的通信以及消息交互的顺序。MSC 支持结构化程序设计,可以表示对数值传递和事件定时的限定。MSC 的基本形式如图 10.13 所示。

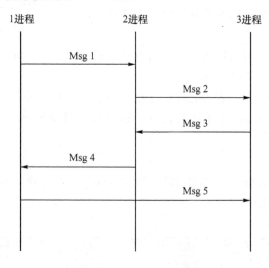

图 10.13　MSC 的基本形式

SDL 也是由 ITU-T 提出的一种形式化的描述语言。由于前面提到的有限自动机的局限性,SDL 所基于的数学模型是扩展的有限自动机。类似于下推自动机通过引入一个下推栈增加存储来扩展有限自动机的能力,SDL 的扩展是通过引入事件变量和状态量的概念,从而扩大了自动机的表现能力。

SDL 主要用于电信领域,也适用于描述活性离散系统。所谓"活性",是指系统对外来的信号(输入)是有反映(输出)的。所谓"离散",是指系统与外部环境的信息交互是不连续的。SDL 有两种表示方式,图形形式和文本形式。两者的表现能力实际上是等价的,只是形式不同而已。图形形式类似于流程图,定义了一组图形符号,以描述实体(进程)对消息的处理(接收、处理及消息发送)以及实体内状态的迁移等。SDL 可用来描述系统需求说明、系统设计说明及系统测试说明等。系统的行为主要由进程来描述。进程的状态迁移图如图 10.14 所示,其中包括了状态(椭圆框)、输入消息(由进程 P_1 发来的信号 sig1)、变量、状态迁移(方框)及输出消息(发往进程 P_2 的信号 sig2)等。

下面以电话交换为例对 MSC 和 SDL 进行进一步说明。主叫用户与被叫用户之间的通话是通过电话网进行的,如图 10.15 所示。

电话交换机软件系统的工作原理如下。

交换机提供基本的呼叫处理功能,通过一次完整的呼叫过程来描述其工作原理。呼叫过程分成 3 个阶段:连接建立阶段、通话阶段和连接释放阶段。

(1) 连接建立阶段

① 用户 A 摘机,交换机检测到用户 A 摘机后向用户 A 送拨号音;

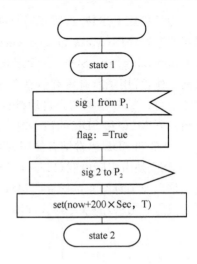

图 10.14 SDL 图的基本形式

② 用户 A 听到拨号音后输入用户 B 的电话号码,交换机收到第一位号码后停拨号音;

③ 交换机收齐号码后进行号码分析,向用户 B 的话机振铃,同时向用户 A 送回铃音;

④ 用户 B 摘机应答后,停止振铃,停送回铃音,通过交换网络把两个用户的话路接通。

(2) 通话阶段

交换机检测用户状态,一旦检测到用户挂机,就进入连接释放阶段。

(3) 连接释放阶段

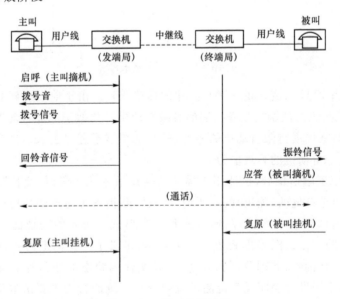

图 10.15 呼叫控制过程

① 用户 A（或 B）先挂机，交换机检测到后，断开通话话路，向用户 B（或 A）送忙音；用户 B（或 A）挂机后，交换机停送忙音，本次呼叫过程结束；

② 用户 A、B 同时挂机，断开通话话路。

上述过程可用 MSC 图进行形式化描述。首先，将电话网视为一个单一的应用系统，图 10.16 所示的 MSC 图显示了应用系统在呼叫控制过程中成功建立连接的过程。

在 MSC 图中，在两个实体（如电话机、交换机）之间交互一条消息被定义为两个事件，即发送消息事件（对发送该消息的实体而言）和消耗事件（对接收并处理该消息的实体而言）。消息用消息名来标识，可以带参数。一般情况下，事件发生的顺序是自顶而下的。

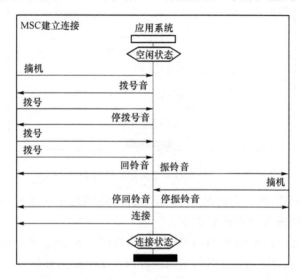

图 10.16　成功建立连接过程的 MSC 图

MSC 语言规定了消息、分支条件、定时器、通道、动作、进程的创建和终止、并发、MSC 引用等语言成分。定时器可以用来监视某一事件（一般为等待接收消息）的到达。并发用于描述在实体上发生的时间无序的事件。某些通信实体在某状态下需要接收到两条或多条消息后才能继续往下进行，而这些消息到达的时间顺序是任意的，即实体消耗这些消息的顺序是任意的，这时就要用到 MSC 的并发结构。并发只与单个实体有关。MSC 引用是指在一个 MSC 图中引用别的 MSC 图，通过使用引用符号，可以实现系统的分层建模，把一张复杂的 MSC 图分成一组 MSC 图。同样，MSC 也提供了把一组 MSC 图合成更复杂的 MSC 图的手段。使用 MSC 语言的各种成分，可以用若干张 MSC 图把一个系统的所有实体以及它们之间的交互关系描述出来，形成系统的 MSC 文档。

图 10.17 所示的 MSC 图显示了应用系统对呼叫过程中主叫久不拨号的处理。其中"久不拨号"是由定时器 T 判别的。

实际上，电话网中的应用系统包括了多台交换机。每台交换机都需要使用多个进程（自动机）配合工作来协同完成一次呼叫控制过程。对应用系统和交换机的分层次描述反映了设计的不同层次。本例中交换机包括3个进程:管理进程、主叫进程和被叫进程。其中,管理进程主要完成以下功能。

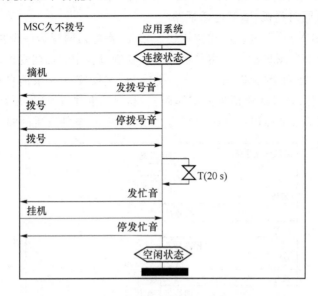

图 10.17 主叫久不拨号处理的 MSC 图

(1) 收到摘机消息,判断用户是否空闲。若是,则创建主叫进程,向主叫进程转发摘机消息;否则,向被叫进程转发摘机消息。

(2) 收到主叫进程发出的占用消息,判断被叫用户是否空闲。若是,则创建被叫进程,向被叫进程转发占用消息;否则向主叫进程回占用拒绝消息。

(3) 收到拨号和挂机消息,向主叫/被叫进程转发。

(4) 提供号码进行分析。

主叫进程主要完成以下功能:

(1) 接收用户号码,调用管理进程提供的号码分析功能对号码进行分析,与被叫建立连接;

(2) 向用户发送各种信号音;

(3) 用户挂机后释放连接;

(4) 在主叫进程中,需要定义变量来记录一些内容,如已收号码位数、主叫用户线号、被叫用户线号、被叫用户进程号及号码分析结果等。

被叫进程主要完成以下功能:

(1) 向用户振铃;

(2) 检测用户应答(摘机);

(3) 监视用户挂机;

(4) 收到主叫消息后,向用户送忙音,等待用户挂机;

(5) 被叫进程中需要记录的数据项有被叫用户设备号、主叫进程实例号等。

3 个进程之间的交互关系如图 10.18 所示。

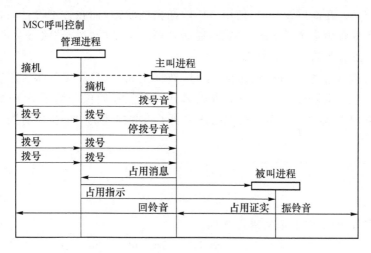

图 10.18　进程间部分消息交互的 MSC 图

由图 10.18 可知,进程在 MSC 图中的表现形式是一条竖线,竖线上出现的消息是该进程应当接收、发送和处理的各种消息。每条竖线实际上代表了该进程的自动机的一种可能的状态迁移过程。为明确地描述进程内的操作及状态迁移过程,需要再采用 SDL 图对每个进程进行进一步说明。如图 10.19 所示的 SDL 图定义了主叫进程在空闲状态下接收到一条摘机消息之后的处理过程。其中 T 是一个定时器。与前面的 MSC 主叫拨号超时图相一致,T 可能引发一个超时事件(内部事件)。

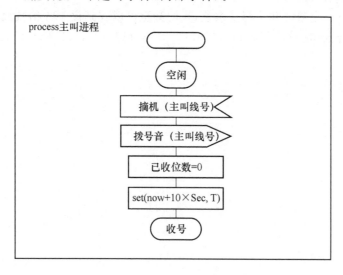

图 10.19　主叫进程的部分 SDL 图

需要说明的是，类似于 MSC 图中通过引用别的 MSC 图来实现系统的分层、分块建模，也可以对复杂的 SDL 图进行分解。分解可以是把一张图分解为一组图，也可以对状态进行分层定义。在高层设计时，使用一些较抽象的状态，而在详细设计时，再将一个高层状态进一步分解为多个子状态。例如，通话处理过程中的"拨号"状态又可针对每一位号码的接收再细分为若干个子状态。

SDL 中还规定了系统、模块、通信、信号、数据定义、消息保留等多种语言成分，可以完整地描述一个真实软件系统的各个组成部分。在此我们仅介绍了 SDL 的基本原理。总之，MSC 和 SDL 都是基于自动机理论并扩展了一些描述能力的扩展有限自动机。

习　　题

10.1　字母表 $\{a,b\}$ 上定义语言 S 如下
$$S ::= aa \mid bb \mid aSa$$
请用 N-S 图设计算法，判断从键盘上输入的一串字符是否是该语言的句子（假设：当输入字符为'＄'时，表示输入结束）。

10.2　输入 m 和 n ($1 \leqslant m < n \leqslant 1\,000$)，要求输出 m 和 n 之间最长的连续合数段的长度、所有合数段的个数以及全部素数的个数。要求运用自顶向下、逐步求精的方法进行算法设计。

提示：大家知道只有两个连续的素数 2 和 3，但是有无穷多个连续的合数段，它们的两头的下一个数都是素数。例如 4、5、6 就是一个合数段，它们的两头的下一个数 3 和 7 都是素数，我们甚至可以找到比 100 稍微大一点的连续 13 个合数，它们是 114,115,116,117,118,119,120,121,122,123,124,125,126。

第11章 形式语言

本章序言

1. 语言的抽象——字符串、词、句子

到目前为止,我们已经学习了 C 程序设计语言。其实计算机语言有很多,我们不可能都要学会和掌握。但是如果我们能够从众多的计算机语言中抽象出某些共同的概念、性质和要素,对计算机语言的本质有所了解,这样我们可以在需要某种语言的时候,很快地学习并掌握该语言。一般说来,在你基本掌握计算机语言本质的基础上,学习并基本入门一种新的计算机语言,也就需要 3 周左右的时间。

因此,我们这一章的目的就是告诉大家如何抽象各种计算机语言,同时基于抽象的计算机语言又如何演绎为具体的计算机语言,这个演绎的过程实际就是定义一门新的语言的过程。基于这个演绎的过程和结果,我们就可以了解和掌握如何学习计算机语言的方法。

接下来首先要说清楚的是如何抽象语言的问题。我们不妨从自然语言的角度出发,以自然语言为例阐述学习和认识语言的一般方法。**语言是由词和句子组成的字符串**。比如我们大家都要学习英语,那么学好英语的前提是必须要记住大量的词汇和短语,同时还要学习和牢记语法。语法是组成句子的条件,只有运用正确的语法和词汇,才能够正确地表达出句子。

将自然语言映射到程序设计语言,我们也会发现这样的事实,即,我们所设计和编写的程序(源程序)其实就是一个很长的字符串。但是这个字符串并不是随意编写的,而是要遵循某些语言的编写规则,比如:if-else 语句、表达式等。

所以,将语言的共同要素抽象出来,进行统一和规范地描述,并在此基础上研究语言的不同的性质和特征,比如语言的翻译问题,语言与自动机的关系等。这就是形式语言。这部分的理论和应用,我们将在后续的课程"形式语言与自动机"、"编译原理"中详细讲述。如何定义语言——形式化。

2. 程序设计语言的描述

再回到我们所要讨论的主题上来,我们的目的还是需要定位在如何学习一门新的计算机语言,所以我们要了解计算机语言在形式语言的基础上是如何描述的,也就是如何定义词汇、如何定义句子的语法等等。这就是业界比较公认和统一的描述方式:BNF 范式和语法图描述。这些规则和范式能够保证我们正确地编写程序代码的行为。当然,能够正确地理解、特别是读懂这些语言的描述方法是非常重要的。这也是我们本章的重点。只有掌握了这些语言的描述方法后,我们就可以尝试自己去学习一些新的语言,比如 Java、ADA 语言等。

3. 语言的处理

当然,我们在本章中还要简单讨论一些语言处理的问题,讨论这些问题的目的是利用我们程序设计中的技术去解决语言处理中的实际问题。这样可以给大家提示出理论联系实际的思路。比如我们在程序设计的实例讲解中经常会涉及到字符串的处理问题,可能大家当时会产生疑问,讨论这些字符串的处理有什么意义呢?在学习完本章之后,大家就会体会到其实这些字符串的处理就是语言的翻译和处理中经常使用的一些方法,也就是如何将**语言**和**计算**联系在一起的方法。比如计算算数表达式的值、词法的分析等。

总之,计算的本质就是信息的变换,而语言与计算的联系就是语言的翻译,即如何将字符串表示的语言变换到内部的机器指令。当然我们在这一章更加关心的是程序设计语言的语法的正确和词法(标识符)的正确,这是本章的基本要求。

11.1 形式语言的定义

迄今为止,程序设计语言可能达上千种。尽管它们千差万别,几乎每一种语言都有其特定的语法规则,但是它们却具有一个共同点,即均是由一个有限字母表上的字母集合组成的。这意味着,可以采用统一的抽象方法来研究和探讨程序设计语言。

形式语言是对程序设计语言的形式化描述。通常,对它的讨论可以从两个方面展开:一方面是产生程序设计语言的形式化规则——文法;另一方面是识别程序设计语言的装置——"识别器"。

若想了解形式化语言的定义,必须首先明确以下几个基本定义。

定义 11.1 字符的有限集合称为**字母表**,记为 T。

字母表作为一个集合,在理论上它可以是一个无限集,但在实际应用中,字母表中的字符个数总是有限的,例如 26 个英文字母、10 个阿拉伯数字都可以分别构成一个字母表。

例 11.1 一种高级程序设计语言所采用的全部字符的集合,就是一个字母表 T,记为:
$$T=\{a,b,c,\cdots,z,A,B,C,\cdots,Z,0,1,2,\cdots,9,+,-,*,/,<,;,\cdots\}$$

定义 11.2 由字母表 T 中的字符构成的有限序列称为字母表 T 上的**字符串**(或**句子**)。

例 11.2 设字母表 $T=\{a,b,c,\cdots,0,1,2,\cdots,9\}$,则 caba01,while,then,1011101 均为字母表 T 上的字符串。

字符串中所包含字符的个数,称为**字符串的长度**。例 11.2 中所列举的字符串的长度分别表示为:
$$|\text{caba01}|=6, |\text{while}|=5, |\text{then}|=4, |1011101|=7。$$

长度为零的字符串,称为**空串**,记为 ε。空串既是没有任何字符的字符串,也是一个有用的特殊字符串。

一般情况下约定用小写字母 a,b,c 表示单个字符;t,u,v,w,x,y,z 表示字符串;a^n 表示 n 个 a 的字符串。

定义 11.3 T^* 是字母表 T 上的所有字符串和空串构成的集合,T^+ 是字母表 T 上的所有字符串构成的集合,且有 $T^+=T^*-\{ε\}$。

例 11.3 设字母表 $T=\{0,1\}$,则
$$T^*=\{ε,0,1,00,01,10,11,000,\cdots\}$$
$$T^+=\{0,1,00,01,10,11,000,\cdots\}$$

定义 11.4 字母表 T 上的语言 L 是 T^* 的子集。

例 11.4 设字母表 $T=\{a,b\}$,T^* 的下列子集均为字母表 T 上的语言。

(1) $L_1=\{a,ab,aab,bbba,abab\}$;

(2) $L_2=\{a^n b^n | n \geqslant 1\}$;

(3) $L_3=\{b^k | k \text{ 是质数}\}$;

(4) $L_4=\{\}=\varnothing$;

(5) $L_5=\{ε\}$;

(6) $L_6=T^*=\{ε,a,b,aa,ab,ba,bb,\cdots\}$。

注意:$\varnothing$ 和 $\{ε\}$ 表示两种不同的语言。其中,$\varnothing$ 表示任何句子都不存在的语言,而 $\{ε\}$ 表示只有包含一个空句子的语言。

以 C 语言为例,设字母表 T 是 C 语言全部可用符号的集合,则语法正确的 C 程序是字母表上的语言。

下面进一步讨论关于语言的一些基本运算。

由定义可知,语言是集合,因此对集合的运算,例如并、交、补和差等运算均可应用于语言的运算中。

定义 11.5 两个语言 L_1 和 L_2 的积为 $L_1 \cdot L_2$，简记为 $L_1 L_2$，是由 L_1 和 L_2 中字符串的连接所构成的字符串的集合。

例 11.5 设字母表 $T=\{a,b\}$，L_1 和 L_2 是 T 上的语言，且 $L_1=\{a,b,ab\}$，$L_2=\{bb,aab\}$，则

$$L_1 L_2 = \{abb, aaab, bbb, baab, abbb, abaab\}$$

$$L_2 L_1 = \{bba, bbb, bbab, aaba, aabb, aabab\}$$

结果表明：$L_1 L_2 \neq L_2 L_1$，即语言的积运算不具有交换性。

定义 11.6 语言 L 的幂运算可归纳定义如下

$$L^0 = \{\varepsilon\}$$

$$L^n = L \cdot L^{n-1}, \quad n \geq 1$$

例 11.6 对于例 11.5 中的 L_1 和 L_2，有

$$L_1^2 = \{aa, ab, aab, ba, bb, bab, aba, abb, abab\}$$

$$L_2^2 = \{bbbb, bbaab, aabbb, aabaab\}$$

定义 11.7 语言 L 的闭包 L^* 定义为

$$L^* = \bigcup_{n \geq 0} L^n$$

语言 L 的正闭包 L^+ 定义为

$$L^+ = \bigcup_{n \geq 1} L^n$$

显然，$L^+ = LL^* = L^* L$，$L^* = L^+ \bigcup \{\varepsilon\}$。

例 11.7 设 $L=\{ba,bb\}$，则

$$L^* = \{ba, bb\}^*$$
$$= \{\varepsilon, ba, bb, baba, babb, bbba, bbbb, \cdots\}$$
$$L^+ = \{ba, bb\}^+$$
$$= \{ba, bb, baba, babb, bbba, bbbb, \cdots\}$$

11.2 文法

语言是字母表 T 上有限长度的字符串集合。若语言 L 是有限集合，则最简单的表示方法是枚举法，即列举出 L 中的全部字符串。若语言 L 是无限集合，则不能采用枚举法表示，必须探讨其他的方法。

一种方法是采用所谓的"文法"产生系统，即能够由定义的文法规则产生出语言的每个句子。另一种方法是采用一个语言的识别系统。当一个字符串能够被一个语言的识别系统所接受，则表明此字符串属于该语言，否则不属于该语言。

所谓"文法"，简单地说就是用来定义语言的一个数学模型。以下重点涉及 Chomsky

文法体系,其中的任何一种文法必须包括:两个不同的有限符号集,即终结符号集合 T 和非终结符号集合 N;一个形式化规则的有限集合 P,又称为生成式集合;一个起始符 S。其中,集合 P 中的生成式是用来产生语言句子的规则,而句子则是仅由终结符组成的字符串。同时,这些字符串的产生又必须是从一个起始符 S 开始,不断地使用 P 中的生成式推导出来的。因此,文法的核心是生成式集合,它决定了语言中句子的产生。

文法的形式定义如下。

定义 11.8 文法 $G=(N,T,P,S)$ 是一个四元组,其中

N:非终结符集合;

T:终结符集合;

P:形式为 $\alpha \rightarrow \beta$ 的生成式有限集合,且 $\alpha \in (N \cup T)^+ \beta \in (N \cup T)^*$,且 α 至少含一个非终结符号;

S:起始符,且 $S \in N$。

生成式 $\alpha \rightarrow \beta$ 中,符号"$\rightarrow$"的含义是"可被替代为"。

例 11.8 设文法 $G=(N,T,P,S)$,其中 $N=\{A,S\}$,$T=\{a\}$,生成式 P 如下:

$$S \rightarrow a \quad S \rightarrow aA \quad A \rightarrow aS$$

例 11.9 设文法 $G=(\{A,B,C\},\{a,b,c\},P,A)$,生成式 P 如下:

$A \rightarrow abc \quad\quad A \rightarrow aBbc$

$Bb \rightarrow bB \quad\quad Bc \rightarrow Cbcc$

$bC \rightarrow Cb \quad\quad aC \rightarrow aaB$

$aC \rightarrow aa$

根据生成式的不同,Chomsky 文法体系共分 4 类,即 0 型、1 型、2 型和 3 型文法。与 4 种文法相对应的 4 种语言分别是:由上下文有关文法产生的上下文有关语言、由上下文无关文法产生的上下文无关语言、由正则文法产生的正则语言、由 0 型文法产生的无限制性语言。

1 型或称上下文有关文法

生成式形式为 $\alpha \rightarrow \beta$,其中 $|\alpha| \leqslant |\beta|$,且 $\alpha,\beta \in (N \cup T)^+$。

例 11.10 设文法 $G=(N,T,P,S)$,其中

$N=\{S,A,B\}$,$T=\{a,b,c\}$

生成式 P 如下:

$S \rightarrow aSAB \quad S \rightarrow aAB \quad BA \rightarrow AB$

$aA \rightarrow ab \quad\quad bA \rightarrow bb \quad\quad bB \rightarrow bc$

$cB \rightarrow cc$

由 1 型文法定义可知 G 是 1 型文法,因为每个生成式左部字符串长度小于或等于右部字符串长度。

2 型或称上下文无关文法

生成式形式为 $A \to \alpha, A \in N$ 且 $\alpha \in (N \cup T)^*$。

例 11.11 设文法 $G = (N, T, P, S)$,其中
$N = \{S, B, C\}, T = \{0, 1\}$
生成式 P 如下:
$S \to 0C \quad S \to 1B \quad B \to 0$
$B \to 0S \quad B \to 1BB \quad C \to 1$
$C \to 1S \quad C \to 0CC$

在此例中,每个生成式的左部都是单个非终结符,所以 G 是 2 型文法。

3 型或称正则文法

生成式形式为 $A \to \omega B$ 或 $A \to \omega, A, B \in N, \omega \in T^*$ 称为右线性文法;如果生成式的形式为 $A \to B\omega$ 或 $A \to \omega$,则称为左线性文法。

例 11.12 设文法 $G = (N, T, P, S)$,其中
$N = \{S, A, B\}, T = \{a, b\}$
生成式 P 如下:
$S \to aA \quad S \to bB \quad S \to a$
$A \to aA \quad A \to aS \quad A \to bB$
$B \to bB \quad B \to b \quad B \to a$

如果对生成式的形式不加任何限制,则定义 11.8 所定义的文法为 **0 型文法**。

以上定义的 1、2 和 3 型文法都是在 0 型文法的前提下加以某些限制,所以必然属于 0 型文法。同理,3 型文法也属 2 型文法,2 型文法又属 1 型文法。但是需要指出,在 1 型文法中不允许形式为 $A \to \varepsilon$ 的生成式存在,所以具有 $A \to \varepsilon$ 生成式的 2 型或 3 型文法不能属 1 型文法。

例 11.13 上下文无关文法 $G = (\{S\}, \{a, b\}, P, S)$。
生成式 P 如下:
$S \to aa \quad S \to bb$
$S \to aSa \quad S \to bSb$

生成的上下文无关语言为 $L(G) = \{\omega \tilde{\omega} | \omega \in \{a, b\}^+\}$。其中 $\tilde{\omega}$ 表示字符串 ω 的逆,即表示字符串 ω 的倒置。例如 $\omega = b_1 b_2 b_3 \cdots b_k$,则 $\tilde{\omega} = b_k \cdots b_3 b_2 b_1$;空串 ε 的逆仍为 ε。

例 11.14 正则文法 $G = (\{A, S\}, \{a\}, P, S)$。
生成式 P 如下:
$S \to a \quad S \to aA \quad A \to aS$

生成的正则语言为 $L(G) = \{a^{2n+1} | n \geqslant 0\}$。

当人们解释或讨论程序设计语言本身时,经常又需要一种语言,被讨论的语言称为对象语言,即某种程序设计语言;讨论对象语言的语言称为元语言,即描述语言的语言。BNF 范

式通常被作为讨论某种程序设计语言语法的元语言,而语法图则是与 BNF 范式的描述能力等价的一种文法表示形式,因其直观性而经常采用。下面分别介绍这两种方法。

(1) BNF 范式(Backus Normal Form,BNF)

由于 2 型文法生成式的左端只有一个非终结符,所以可以把左端相同的生成式合并在一起,并把这些生成式的右端用"│"符号隔开,用"∷="符号代替生成式中的→,所有的非终结符号都用尖括号"〈〉"括起来。2 型文法生成式的这种特殊表示法,被称为巴科斯范式表示法,简记为 BNF 表示法。它是由 Backus 为了描述 Algol 语言首先提出并使用的。

例 11.15 用 BNF 表示法描述十进制数的文法生成式。

〈十进数〉∷=〈无符号整数〉│〈十进小数〉│〈无符号整数〉〈十进小数〉

〈十进小数〉∷=〈无符号整数〉

〈无符号整数〉∷=〈数字〉│〈数字〉〈无符号整数〉

〈数字〉∷=0│1│2│3│4│5│6│7│8│9

(2) 语法图

2 型文法的生成式可以用语法图来表示。大多数程序设计语言是由 2 型文法产生的,所以用语法图表示文法生成式在程序设计语言中有着广泛的应用。下面是语法图的基本构造方法。

① 若生成式为 $A \to A_1 A_2 A_3$,则语法图如图 11.1 所示。

图 11.1 生成式 $A \to A_1 A_2 A_3$ 的语法图

② 若生成式为 $A \to A_1 A_2 | A_3 a | bcA_4$,则语法图如图 11.2 所示。

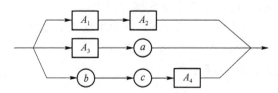

图 11.2 生成式 $A \to A_1 A_2 | A_3 a | bcA_4$ 的语法图

③ 若生成式为 $A \to abA$,则语法图如图 11.3 所示。

④ 若生成式为 $A \to ab | abA$,则语法图如图 11.4 所示。

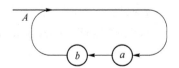 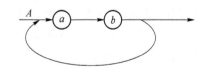

图 11.3 生成式 $A \to abA$ 的语法图　　图 11.4 生成式 $A \to ab | abA$ 的语法图

上述各语法图中的方框与圆框中的字符分别为生成式右端的非终结符号与终结符号。

以上是语法图的 4 种基本形式,较复杂的生成式语法图一般都可以通过上述 4 种基本语法图组合获得。

11.3 推导与句型、句子

设 $G=(N,T,P,S)$ 是文法,如果 $A \to \beta$ 是 P 中的生成式,α 和 γ 是 $(N \cup T)^*$ 中的字符串,则有 $\alpha A \gamma \underset{G}{\Rightarrow} \alpha \beta \gamma$,称 $\alpha A \gamma$ 直接推导出 $\alpha \beta \gamma$,或者说 $\alpha \beta \gamma$ 是 $\alpha A \gamma$ 的直接推导。

设 $G=(N,T,P,S)$ 是文法,$a, a_0, a_1, \cdots, a_n, a'$ 是 $(N \cup T)^*$ 中的字符串,且 $a \Rightarrow a_0, \cdots a_n \Rightarrow a'$。其中,$a_i$ 直接推导出 $a_{i+1} (0 \leqslant i)$,则称序列 $a_0 \Rightarrow a_1 \Rightarrow a_2 \Rightarrow \cdots \Rightarrow a_n$ 是长度为 n 的推导序列。对 a 推导出 a' 记为 $a \underset{G}{\overset{*}{\Rightarrow}} a'$,如果 a 推导出 a' 是用了长度大于 0 的推导序列,则记为 $a \underset{G}{\overset{+}{\Rightarrow}} a'$。

在推导序列的每一步,都产生了一个字符串,这些字符串一般称为句型。下面给出句型和句子的定义。

定义 11.9 字符串 a 是文法 G 的**句型**,当且仅当 $S \underset{G}{\overset{*}{\Rightarrow}} a$,且 $a \in (N \cup T)^*$;ω 是**句子**,当且仅当 $S \underset{G}{\overset{*}{\Rightarrow}} \omega$,且 $\omega \in T^*$。

由文法 G 产生的语言,记为 $\boldsymbol{L(G)}$,是 $\{\omega | \omega \in T^* \text{且 } S \underset{G}{\overset{*}{\Rightarrow}} \omega\}$;或者说 $L(G)$ 中的一个字符串必是由终结符组成,并且是从起始符 S 推导出来的。

例 11.15 文法 $G=(\{A,S\},\{a\},P,S)$,其中生成式 P 如下:

$S \to a \qquad S \to aA \qquad A \to aS$

由文法 G 产生的语言 $L(G)$ 有:

$S \Rightarrow a \qquad a \in L(G)$

$S \Rightarrow aA \Rightarrow aaS \Rightarrow aaa \qquad aaa \in L(G)$

$S \Rightarrow aA \Rightarrow aaS \Rightarrow aaaA \Rightarrow aaaaS \Rightarrow aaaaa \qquad aaaaa \in L(G)$

$\vdots$

将推导出的语言写成一般形式,则有 $L(G) = \{a^{2n+1} | n \geqslant 0\}$。

在推导序列 $S \Rightarrow aA \Rightarrow aaS \Rightarrow aaaA \Rightarrow aaaaS \Rightarrow aaaaa$ 中,$S, aA, aaS, aaaA$ 和 $aaaaS$ 都是句型,而 $aaaaa$ 是句子。

11.4 实例

例 11.16 使用 BNF,为四则运算表达式定义文法 $G=(N,T,P,S)$。

解

产生式 P 包括:

⟨表达式⟩::=⟨项⟩+⟨表达式⟩|⟨项⟩−⟨表达式⟩|⟨项⟩

⟨项⟩::=⟨因子⟩*⟨项⟩|⟨因子⟩/⟨项⟩|⟨因子⟩

⟨因子⟩::=⟨数⟩

⟨数⟩::=⟨数字⟩⟨数⟩|⟨数字⟩

⟨数字⟩::=0|1|2|3|4|5|6|7|8|9

非终结符集合 $N=\{⟨表达式⟩,⟨项⟩,⟨因子⟩,⟨数⟩,⟨数字⟩\}$

终结符集合 $T=\{+,-,*,/,0,1,2,3,4,5,6,7,8,9\}$

起始符集合 $S=\{⟨表达式⟩\}$

例 11.17 使用上题的解答,推导 $9*8+78/3$。

解

⟨表达式⟩⇒⟨项⟩+⟨表达式⟩

　　⇒⟨项⟩+⟨项⟩

　　⇒⟨因子⟩*⟨项⟩+⟨因子⟩/⟨项⟩

　　⇒⟨因子⟩*⟨因子⟩+⟨因子⟩/⟨项⟩

　　⇒⟨因子⟩*⟨因子⟩+⟨因子⟩/⟨因子⟩

　　⇒⟨数⟩*⟨数⟩+⟨数⟩/⟨数⟩

　　⇒⟨数字⟩*⟨数字⟩+⟨数字⟩⟨数⟩/⟨数字⟩

　　⇒⟨数字⟩*⟨数字⟩+⟨数字⟩⟨数字⟩/⟨数字⟩

　　⇒$9*8+78/3$

结论 判断一个句子是否属于一个语言比较困难。但我们却可以比较容易地判断一个句子是否可以由文法产生式推导出来。无法推导出的句子,一定不属于这个语言。

例 11.18 将例 11.16 中的⟨因子⟩产生式改为:⟨因子⟩::=⟨数⟩|(⟨表达式⟩)。文法将如何变化?

解

改动后表达式扩展为可嵌套的,嵌套层次由括号分隔。

产生式 P 包括:

　　⟨表达式⟩::=⟨项⟩+⟨表达式⟩|⟨项⟩−⟨表达式⟩|⟨项⟩

　　⟨项⟩::=⟨因子⟩*⟨项⟩|⟨因子⟩/⟨项⟩|⟨因子⟩

⟨因子⟩∷=⟨数⟩|(⟨表达式⟩)

⟨数⟩∷=⟨数字⟩⟨数⟩|⟨数字⟩

⟨数字⟩∷=0|1|2|3|4|5|6|7|8|9

非终结符集合 N = {⟨表达式⟩,⟨项⟩,⟨因子⟩,⟨数⟩,⟨数字⟩}

终结符集合 T = {+,−,∗,/,0,1,2,3,4,5,6,7,8,9,( )}

起始符集合 S = {⟨表达式⟩}

例 11.19 使用例 11.18 的文法，推导 (3+2)∗8/5。

解

⟨表达式⟩⇒⟨项⟩

⇒⟨因子⟩∗⟨项⟩

⇒(⟨表达式⟩)∗⟨项⟩

⇒(⟨表达式⟩)∗⟨因子⟩/⟨项⟩

⇒(⟨项⟩+⟨表达式⟩)∗⟨因子⟩/⟨因子⟩

⇒(⟨因子⟩+⟨项⟩)∗⟨因子⟩/⟨因子⟩

⇒(⟨因子⟩+⟨因子⟩)∗⟨因子⟩/⟨因子⟩

⇒(⟨数⟩+⟨数⟩)∗⟨数⟩/⟨数⟩

⇒(⟨数字⟩+⟨数字⟩)∗⟨数字⟩/⟨数字⟩

⇒(3+2)∗8/5

习　　题

11.1 下列语法规则定义了四则运算表达式的另一种书写方式，称为逆波兰表示法。

⟨表达式⟩∷= ⟨表达式⟩⟨表达式⟩⟨运算符⟩|⟨数⟩

⟨运算符⟩∷= + | − | ∗ | /

⟨数⟩∷= ⟨数字⟩⟨数⟩|⟨数字⟩

⟨数字⟩∷= 0|1|2|3|4|5|6|7|8|9

请判断下列表达式是否正确，要求写出推导过程。另外，如果正确，给出表达式的值；如果不正确，写出正确的表达式。

(1) 1+2 3 −

(2) 1 23+3 ∗ 4 5+/

(3) 7 3 5+ ∗

（注意：不要把分隔连续两个数的空格看成语法错误，1 23 表示 1 和 23 两个数。）

第 3 篇

算法＋数据结构＝程序

引　言

　　到目前为止，我们可以粗略地回顾一下我们所讲授的内容。首先是程序设计语言的基本要素，并结合 C 程序设计语言的学习让大家深入领会程序设计语言的一些基本概念，比如变量、数据类型、输入/输出、表达式、赋值等。通过上述学习和实践使大家对计算机和计算机程序建立一个比较感性的认识。然后我们给大家讲授了算法设计的基本方法，通过一些实例研究，初步给大家介绍了如何利用计算机来解决实际问题的方法。概括来说，就是如何将实际问题抽象到计算机模型，然后设计算法和程序加以求解。

　　通过观察和思考，不难发现我们目前所设计的程序的一些共同特征，就是逐个数据（数、字符）的处理特征。或者说是将待读入的数据源抽象成一个很长的字符串（以某个字符结束），计算机读入某个字符，根据读入的数据进行处理（运算和加工），产生结果并输出。比如我们介绍的交通车辆观测问题的算法。通过将车辆信号和时钟信号抽象成'1'/'2'字符，就可以将实际的信号输入变换为字符串的输入。我们所设计的程序就可以依次读入这个字符串，并进行相应的统计操作，最后产生统计结果。这类算法和程序同时也都存在一个同样的问题，就是不能够保存所有输入的数据。如果某些问题需要先将客观世界抽象出来的数据和信息保存下来，然后再对这些数据进行处理（比如求最短路径问题，是需要先将路线图保存到计算机中，然后再根据需求计算最短路径），则我们现有的知识是无法解决这类问题的。

　　我们在第 2 篇与大家讨论了抽象和模型的概念。人们要处理客观世界的事物，首要的问题是将客观存在的事物进行抽象，通过"符号化"的建模过程，将客观事物转化成计算机所能够处理的信息。但遗憾的是我们目前只能够将客观事物抽象到整数、实数（小数）、字符等类型。换个角度说，就是我们现在所掌握的计算机能力只能够处理上面几种简单数据类型。但现实的情况是客观世界的事物都是很复杂的，比如地图（图）、家族的族谱（树）、班级的学生信息（表）等等，这些信息都是很难用简单的数据类型表示的。这就使我们应用计算机解决客观世界的复杂问题遇到了障碍，同时也给我们提出了问题。这个问题就是数据抽象的问题,即如何将客观世界的信息进行抽象表示?同时能够被计算机所存储和处理?这就是我们这一篇所要解决的问题和论述的内容。

本篇主要向大家讲授信息抽象的基础——数据类型和数据结构,掌握了信息抽象的基本方法,就相当于我们所掌握的计算机具备了信息表示和处理的能力,在此基础上我们就能够处理一些客观世界的实际问题了。这就是我们这一篇的题目:算法＋数据结构＝程序。希望大家能够在学习的过程中充分地理解上述要点。

第 12 章 数据结构的理论基础

本章所介绍的是数据抽象和表示所用到的数学基础,特别是"关系"那部分内容,它是我们后面要讲述的数据结构的基础。关系也是关系数据库的核心——关系模型的基础,基于关系数据库的计算机应用已经相当普及,诸如电信网络管理系统、电信计费和营帐系统、火车订票系统、银行储蓄系统、图书管理系统等。作为计算机科学与技术专业的学生,掌握扎实的理论基础是非常重要的。

12.1 集合

12.1.1 集合的定义

具有共同性质的一些东西,汇成一个整体,就形成一个集合。例如全体同学、所有自然数、所有英文字母等都是集合。

组成集合的客体,称为该集合的成员或元素。成员与集合之间具有从属关系,成员 a 属于集合 A,记作 $a \in A$。若成员 a 不属于集合 A,记作 $a \notin A$。一般地,我们用小写英文字母表示成员或元素,用大写英文字母表示集合。

集合本身的性质描述可以帮助我们识别某个成员是否属于这个集合。下面我们来看看集合的表示形式。

(1) 列举法。列举法是将集合中的元素一一罗列出来。它是一种最直观的集合表示,缺点是集合元素的共同性质不够清楚,元素的个数也不宜过多,否则无法一一列举。如例 12.1。

例 12.1 $\{1,3,5,7\}$,$\{1,3,5,7,\cdots\}$。

(2) 描述法。用谓词 $P(x)$ 描述,集合中的元素 x 都必定使得 $P(x)$ 为真。表示形式:

$\{x \mid P(x)\}$,$P(x)$的描述方式可以是自然语言的陈述句,也可以是逻辑表达式,x称为代表元素,如例12.2。描述法突出了集合的数学性质,便于在集合上进行数学运算和理论研究。在集合论中主要使用描述法表示集合。

例12.2 $\{x \mid x$ 是自然数$\}$,$\{x \mid (x > 0) \wedge (x < 5) \wedge (x$ 是整数$)\}$。

有时集合的共同性质是很难描述的。例如$\{$风,马,牛$\}$、$\{1,3,8\}$、$\{$牛,1,狗$\}$,它们都是集合,但其共同性质不好描述,像这种情况就只能用列举法表示集合了。

集合A中元素的个数,称为集合A的基数。记作$|A|$。例如:$A = \{1,3,5,7\}$,则$|A| = 4$。如果集合A的基数是一个自然数,那么集合A被称为有限集合,否则称为无限集合。

在集合中,不必考虑成员之间的顺序。如:$\{1,3,5,7\} = \{7,5,3,1\}$。

12.1.2 集合之间的关系

1. 集合相等关系

判断两个集合相等的外延性原理:两个集合相等,当且仅当A和B具有相同的成员,即$\forall x(x \in A \leftrightarrow x \in B)$,记作$A = B$。

例12.3 集合$A = \{1,2,3,4\}$,集合$B = \{x \mid (x > 0) \wedge (x < 5) \wedge (x$ 是整数$)\}$。

根据外延性原理,$A = B$。

2. 集合包含关系

子集定义:集合A的每个元素都是集合B的元素,即$\forall x(x \in A \rightarrow x \in B)$,则集合$A$是集合$B$的子集,记作$A \subseteq B$ 或者 $B \supseteq A$,读做A包含于B,或者B包含A。

例12.4 集合$A = \{1,2,3,4\}$,集合$B = \{4,3\}$。

集合B中有两个元素,$4 \in A, 3 \in A$。集合B的所有元素都是集合A的元素。

根据子集定义,集合B是集合A的子集,即$B \subseteq A$。

集合相等的充要条件:如果$A \subseteq B$同时$B \subseteq A$,则$A = B$。

例12.5 集合$A = \{1,2,3,4\}$,集合$B = \{4,3,2,1\}$。

集合A的所有元素都是集合B的元素,所以$A \subseteq B$。

集合B的所有元素都是集合A的元素,所以$B \subseteq A$。

根据集合相等的充要条件,$A = B$。

3. 集合真包含关系

真子集定义:A的每个元素都是B的元素,且B中至少有一个元素不属于A,即$A \subseteq B$且$A \neq B$,则A是B的真子集,记作$A \subset B$或者$B \supset A$。读做A真包含于B,或者B真包含A。

例12.6 集合$A = \{1,2,3,4\}$,集合$B = \{4,3\}$。

集合B中有两个元素,$4 \in A, 3 \in A$,所以集合B的所有元素都是集合A的元素。

集合A中的元素$1 \notin B$,即集合A中至少有一个元素不属于集合B。

根据真子集定义，$B \subset A$。

两个集合真包含关系不对等原理：不可能既有 $A \subset B$，而且又有 $B \subset A$。

证明：

假设集合 $A \subset B$，所以集合 A 中的每个元素都属于集合 B，而且集合 B 中至少有一个元素 $b \notin$ 集合 A。

如果同时 $B \subset A$，则集合 B 的所有元素都应属于集合 A。但从上已知集合 B 中至少有一元素 $b \notin$ 集合 A。所以当集合 $A \subset B$ 时，不可能有 $B \supset A$。

4. 空集的定义以及与其他集合的关系

空集定义：不包含任何元素的集合称为空集。记作 $\varnothing$。

例 12.7 集合 $A = \{x \mid x$ 是实数并且 $x^2 = -1\}$。则 A 为空集。

空集与其他集合的关系：

(1) 空集是任何集合的子集，$\forall A\ (\varnothing \subseteq A) = T$；

(2) 空集是任何非空集合的真子集，$\forall A\ (\varnothing \subset A) = T(A$ 是非空集合$)$或者写成
$$\forall A\ (A \neq \varnothing \Rightarrow \varnothing \subset A);$$

(3) 任何元素都不可能属于空集，$\forall x\ (x \in \varnothing) = F$。

5. 子集与全集

在一定范围内包含全体元素的集合，也就是说，在一定范围内，所有集合都是它的子集，则称该集合为全集，记作 U。

所谓全集，都是相对于子集的一定范围。没有超范围的全集。

例 12.8 已知集合 $A = \{a\}$，集合 $B = \{a,b\}$，集合 $C = \{c\}$。
构造基于集合 A、B、C 的全集 $U = \{a,b,c\}$。

6. 子集与幂集

集合 A 的所有子集构成的集合，称作 A 的幂集。记作 2^A 或者 $P(A)$。在 A 的幂集中，A 的所有子集都是幂集的元素，即 $\forall S\ (S \subseteq A \leftrightarrow S \in P(A))$。

例 12.9 已知集合 $A = \{a,b,c\}$。
$P(A) = \{\varnothing, \{a\}, \{b\}, \{c\}, \{a,b\}, \{b,c\}, \{c,a\}, \{a,b,c\}\}$。

空集的幂集 $P(\varnothing) = \{\varnothing\}$。

12.1.3 集合的运算

两个集合之间可以进行哪些运算？集合运算产生新的集合，新的集合与老集合有何关系？我们将通过集合运算符定义和集合关系图一一解答。

1. 集合的并集运算

$A \cup B = \{x \mid x \in A \lor x \in B\}$，如图 12.1 所示。

2. 集合的交集运算

$A \cap B = \{x \mid x \in A \land x \in B\}$，如图 12.2 所示。

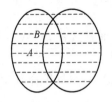

图 12.1　集合 A、B 的并集　　　　　图 12.2　集合 A、B 的交集

如果集合 A 与 B 的交集为空集,我们称集合 A 和集合 B 不相交。

3. 集合的直和运算

并集的特例,集合 A 和集合 B 不相交的条件下,集合 A 与 B 的并集叫作直和。$A+B=A\bigcap B$ 且 $A\bigcap B=\Phi$,如图 12.3 所示。

4. 集合的差集运算

$A-B=\{x\in A \wedge x\notin B\}$,如图 12.4 所示。

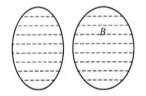 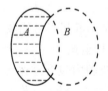

图 12.3　集合 A、B 的直和　　　　　图 12.4　集合 A、B 的差集

5. 集合的补集运算

差集的特例,如果 A 是全集,B 是 A 的子集,那么差集 $A-B$ 又叫作 B 的补集,记作:$\overline{B}$ 或者 $\sim B$。如图 12.5 所示。

6. 集合的对称差运算

$A\oplus B=(A\bigcup B)-(A\bigcap B)=(A-B)\bigcup(B-A)$,如图 12.6 所示。

 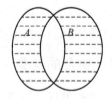

图 12.5　集合 B 在集合 A 中的补集　　　图 12.6　集合 A、B 的对称差集

例 12.10

全集 $U=\{0,1,2,3,4,5,6,7,8,9,10\}$

子集 $A=\{1,2,3,4,5\}$,子集 $B=\{4,5,6,7,8\}$

$A \cup B = \{1,2,3,4,5,6,7,8\}$

$A \cap B = \{4,5\}$

$\sim A = \{0,6,7,8,9,10\}$

$\sim B = \{0,1,2,3,9,10\}$

$A - B = \{1,2,3\}$

$B - A = \{6,7,8\}$

$A \oplus B = \{1,2,3,6,7,8\}$

7. 集合运算的几条定律

(1) 交换律

$A \cap B = B \cap A$

$A \cup B = B \cup A$

(2) 结合律

$A \cup (B \cup C) = (A \cup B) \cup C$

$A \cap (B \cap C) = (A \cap B) \cap C$

(3) 分配律

$A \cup (B \cap C) = (A \cup B) \cap (A \cup C)$

$A \cap (B \cup C) = (A \cap B) \cup (A \cap C)$

(4) 等幂律

$A \cup A = A$

$A \cap A = A$

(5) 其他定律

$\overline{\overline{A}} = A$

$A \cup \overline{A} = U$ $\quad A \cup U = U$ $\quad A \cup \varnothing = A$

$A \cap \overline{A} = \varnothing$ $\quad A \cap U = A$ $\quad A \cap \varnothing = \varnothing$

$\overline{\varnothing} = U$

$\overline{U} = \varnothing$

$\overline{A \cup B} = \overline{A} \cap \overline{B}$

$\overline{A \cap B} = \overline{A} \cup \overline{B}$

(6) 集合基数的加法原理：$|A \cup B| = |A| + |B| - |A \cap B|$

例 12.11 集合 $A = \{a,b,c,d,e\}$，集合 $B = \{c,e,f,h,k,m\}$，验证加法原理。

$A \cup B = \{a,b,c,d,e,f,h,k,m\}, A \cap B = \{c,e\}$

$|A| = 5, |B| = 6, |A \cup B| = 9, |A \cap B| = 2$

$|A| + |B| - |A \cap B| = 5 + 6 - 2 = 9 = |A \cup B|$

例 12.12 加法原理的应用题。

一家软件公司，需要雇用 25 名程序员开发系统软件，需要雇用 40 名程序员开发应用程序。在这两组人员之中,挑选 10 名程序员同时担任两项工作。问:公司应该雇用多少程序员?

解
集合 $A = \{a \mid a$ 是公司雇用的系统软件程序员$\}$
集合 $B = \{b \mid b$ 是公司雇用的应用软件程序员$\}$
$|A|=25, |B|=40, |A \cap B|=10$。
公司雇佣程序员的人数 $= |A \cup B|$。
$|A \cup B| = |A| + |B| - |A \cap B| = 25 + 40 - 10 = 55$。
因此,公司应该雇用 55 名程序员。

12.2 关系

12.2.1 序偶

一组具有共同性质的东西,至少两个,按顺序组成一个整体,称为有序组,记作 $\langle a_1, a_2, \cdots, a_n \rangle$。有序组中的客体,称为元素。有 N 个元素的有序组,叫做 N 元有序组,$(N \geqslant 2)$。二元有序组,又叫作序偶。

可以看出,有序组的定义与集合的定义相似,但集合元素没有顺序,而有序组强调顺序。有序组中的第一个元素,称为第一元素;第二个元素称为第二元素;依此类推,第 N 个元素称为第 N 元素。

序偶 $\langle a, b \rangle$ 和序偶 $\langle b, a \rangle$ 不相等,除非 $a = b$。

12.2.2 笛卡儿积

笛卡尔积(又称直积)是基于 $A_1、A_2、\cdots、A_n$ 共 N 个集合($N \geqslant 2$)构造出的 N 元有序组的全集,每个 N 元有序组的第一元素来自集合 A_1,第二元素来自集合 A_2,…第 N 元素来自集合 A_n。笛卡尔积包含基于 $A_1、A_2、\cdots、A_n$ 这 N 个集合的所有 N 元有序组,类似数学乘积的概念。定义式如下:

$$\underset{i=1}{\overset{n}{\times}} A_i = \{\langle a_1, a_2, \cdots, a_n \rangle \mid a_i \in A_i\}$$

基于集合 A 和 B 的笛卡尔积,记作 $A \times B$。如果 $A = B$,记作 $A \times A$,或者 A^2。
$A \times B = \{\langle a, b \rangle \mid a \in A \text{ 且 } b \in B\}$
任意集合 A 与空集 $\varnothing$ 一起做笛卡尔积,那么 $A \times \varnothing = \varnothing$。
如果 $|A| = m, |B| = n$,那么 $|A \times B| = m \times n$。

例 12.13 某公司的市场调查表,从两方面对客户分类,一方面是性别,包括 male(m)、

female(f);另一方面是教育程度,包括 elementary school (e)、high school (h)、college (c)、graduate school (g)。问市场调查表中应该有哪些种类的客户?

解
构造集合 $S = \{m, f\}$,集合 $L = \{e, h, c, g\}$。
集合 A 和 B 的笛卡尔积 $S \times L$,包含所有市场调查表中的客户种类。例如:序偶 $\langle f, g \rangle$ 表示一类女性且大学毕业的客户。
$S \times L = \{\langle m, e \rangle, \langle m, h \rangle, \langle m, c \rangle, \langle m, g \rangle, \langle f, e \rangle, \langle f, h \rangle, \langle f, c \rangle, \langle f, g \rangle\}$
$|S| = 2, |L| = 4, |S \times L| = 8$。

12.2.3 二元关系

任意两个集合 A 和 B,笛卡尔积 $A \times B$ 的任何一个子集 R,称做 A 到 B 的一个二元关系。如果 $A = B$,则称 R 为 A 上的二元关系。

如果 $R \subseteq A \times B$ 并且 $\langle a, b \rangle \in R$,我们称 a 通过 R 关联 b,记作 $a R b$。如果 a 与 b 在 R 中无关联,记作 $a \bar{R} b$。

例 12.14
集合 $A = \{1, 2, 3\}, B = \{r, s\}$。
集合 A 到 B 的二元关系 $R = \{\langle 1, r \rangle, \langle 2, s \rangle, \langle 3, r \rangle\}$。

例 12.15
集合 A 是实数集合。
集合 A 上的相等关系 $R = \{\langle a, a \rangle | a \in A\}$。

例 12.16
集合 $A = \{1, 2, 3, 4, 5\}$。
集合 A 上的小于关系 $R = \{\langle a, b \rangle | a \in A 且 b \in A 且 a < b\}$。
$R = \{\langle 1, 2 \rangle, \langle 1, 3 \rangle, \langle 1, 4 \rangle, \langle 1, 5 \rangle, \langle 2, 3 \rangle, \langle 2, 4 \rangle, \langle 2, 5 \rangle, \langle 3, 4 \rangle, \langle 3, 5 \rangle, \langle 4, 5 \rangle\}$

(1) 二元关系 R 的定义域:设 R 是集合 A 到 B 的一个二元关系,R 的定义域是 R 中所有序偶的第一个元素构成的集合。记作 dom R。
dom $R = \{x | x \in A, \exists y \in B, \langle x, y \rangle \in R\}$
dom R 一定是集合 A 的子集。如果 $R = A \times B$,则 dom $R = A$。

(2) 二元关系 R 的值域:设 R 是集合 A 到 B 的一个二元关系,R 的值域是 R 中所有序偶的第二个元素构成的集合。记作 ran R。
ran $R = \{y | y \in B 且 \exists x \in A, \langle x, y \rangle \in R\}$
ran R 一定是集合 B 的子集。如果 $R = A \times B$,则 ran $R = B$。

(3) 二元关系 R 的域:设 R 是集合 A 到 B 的一个二元关系,R 的定义域与值域的并集称为 R 的域。记作 FLD R。
FLD $R = $ dom $R \cup$ ran R

12.2.4 二元关系 R 上的关系集

设 R 是集合 A 到 B 的一个二元关系，x 是集合 A 的元素，即 $x \in A$。R 中所有和 x 关联的元素 y 构成的集合，称为 x 在 R 上的关系集，记作 $R(x)$，$R(x) = \{y |\ y \in B\ \text{and}\ x R y\}$。

设 R 是集合 A 到 B 的一个二元关系，$A1$ 是集合 A 的子集，即 $A1 \subseteq A$。R 中所有和 $A1$ 的元素 x 关联的元素 y 构成的集合，称为 $A1$ 在 R 上的关系集，记作 $R(A1)$，$R(A1) = \{y |\ y \in B\ 且\ x \in A1\ 且\ x R y\}$。

例 12.17

集合 $A = \{1,2,3,4,5\}$。

集合 A 上的小于关系 $R = \{\langle a, b\rangle |\ a \in A\ 且\ b \in A\ 且\ a < b\}$。

$R = \{\langle 1,2\rangle, \langle 1,3\rangle, \langle 1,4\rangle, \langle 1,5\rangle, \langle 2,3\rangle, \langle 2,4\rangle, \langle 2,5\rangle, \langle 3,4\rangle, \langle 3,5\rangle, \langle 4,5\rangle\}$

$x = 1, R(x) = \{2,3,4,5\}$

$A1 = \{2,3\}, R(A1) = \{3,4,5\}$

12.2.5 二元关系的性质

1. 自反关系、反自反关系

设 R 是定义在 A 上的二元关系。若 R 满足条件 $\forall x (x \in A \rightarrow \langle x,x\rangle \in R)$，则 R 为自反关系。

设 R 是定义在 A 上的二元关系。若 R 满足条件 $\forall x (x \in A \rightarrow \langle x,x\rangle \notin R)$，则 R 为反自反关系。

例 12.18

集合 $A = \{1, 2, 3\}$。

集合 A 上的二元关系 $R1 = \{\langle 1,1\rangle, \langle 3,3\rangle, \langle 1,2\rangle, \langle 2,2\rangle\}$ 是自反关系。

集合 A 上的二元关系 $R2 = \{\langle 1,2\rangle, \langle 2,3\rangle, \langle 1,3\rangle\}$ 是反自反关系。

集合 A 上的二元关系 $R3 = \{\langle 1,1\rangle, \langle 1,3\rangle, \langle 1,2\rangle, \langle 2,3\rangle\}$ 不是自反关系，也不是反自反关系。

2. 对称关系、非对称关系、反对称关系

设 R 是定义在 A 上的二元关系。若 R 满足条件 $\forall x \forall y (\langle x,y\rangle \in R \rightarrow \langle y,x\rangle \in R)$，则 R 为对称关系。

设 R 是定义在 A 上的二元关系。若 R 满足条件 $\forall x \forall y (\langle x,y\rangle \in R \rightarrow \langle y,x\rangle \notin R)$，则 R 为非对称关系。

设 R 是定义在 A 上的二元关系。若 R 满足条件 $\forall x \forall y (\langle x,y\rangle \in R\ 且 \langle y,x\rangle \in R \rightarrow x = y)$，则 R 为反对称关系。

例 12.19

设集合 $A=\{1,2,3\}$。

集合 A 上的二元关系 $R1=\{\langle 1,1\rangle,\langle 1,2\rangle,\langle 2,1\rangle\}$ 是对称关系。

集合 A 上的二元关系 $R2=\{\langle 1,2\rangle,\langle 2,3\rangle,\langle 1,3\rangle\}$ 是非对称关系。

集合 A 上的二元关系 $R3=\{\langle 1,1\rangle,\langle 1,3\rangle,\langle 1,2\rangle,\langle 2,3\rangle\}$ 是反对称关系。

3. 传递关系

设 R 是定义在 A 上的二元关系。若 R 满足条件 $\forall x \forall y \forall z (\langle x,y\rangle\in R$ 且 $\langle y,z\rangle\in R \rightarrow \langle x,z\rangle\in R)$,则 R 为传递关系。

例 12.20

设集合 $A=\{1,2,3\}$。

集合 A 上的二元关系 $R=\{\langle 1,2\rangle,\langle 2,3\rangle,\langle 1,3\rangle\}$ 是传递关系。

4. 等价关系、等价类

设 R 是定义在 A 上的二元关系。若 R 满足自反、对称、传递 3 个性质,则称 R 为等价关系。

设 R 是集合 A 上的等价关系,对于每个元素 $a\in A$,元素 a 在 R 上的关系集 $R(a)$ 称为元素 a 在 R 上的等价类。

例 12.21

设集合 $A=\{1,2,3,4\}$。

集合 A 上的二元关系 $R=\{\langle 1,1\rangle,\langle 1,2\rangle,\langle 1,3\rangle,\langle 2,1\rangle,\langle 2,2\rangle,\langle 2,3\rangle,\langle 3,1\rangle,\langle 3,2\rangle,\langle 3,3\rangle,\langle 4,4\rangle\}$ 是等价关系。

$a=1$,等价类 $R(a)=\{1,2,3\}$。

定理 设 R 是集合 A 上的等价关系,元素 $a\in A$、$b\in A$。当且仅当 $R(a)=R(b)$ 时,aRb。

证明:

首先,假设 $R(a)=R(b)$,证明 aRb。

因为,R 是自反关系,$b\in R(b)=R(a)$,所以 aRb。

反过来,假设 aRb,证明 $R(a)=R(b)$

设 $x\in R(b)$,则 xRb

因为 aRb 且 R 是对称关系,所以 bRa

R 是传递关系,xRb 且 $bRa \rightarrow xRa$

因此 $x\in R(a)$

x 可以是 $R(b)$ 的任一元素,故 $R(b)\subseteq R(a)$

相似的方法可以证明 $R(a)\subseteq R(b)$

所以 $R(a)=R(b)$

5. 偏序关系

设 R 是定义在 A 上的二元关系。若 R 满足自反、反对称、传递 3 个性质，则称 R 为偏序关系。记做 $\leqslant$ 。

例 12.22

集合上的包含（子集）关系是一个偏序关系。

设集合 $A = \{a,b\}$，子集有 $\varnothing$、$A1=\{a\}$、$A2=\{b\}$、A。

集合 $S = \{\varnothing, A1, A2, A\}$，定义在 S 上的偏序关序：

$\leqslant = \{\langle x,y\rangle \mid x \in S\ 且\ y \in S\ 且\ x \subseteq y\}$

$= \{\langle\varnothing,A1\rangle, \langle\varnothing,A2\rangle, \langle\varnothing,\varnothing\rangle, \langle A1,A1\rangle, \langle A2,A2\rangle, \langle A1,A\rangle, \langle A2,A\rangle, \langle\varnothing,A\rangle, \langle A,A\rangle\}$

偏序关系定义了具有方向性的关系，也称有序关系。

设 R 是定义在 A 上的偏序关系。若对集合 A 上的任意两个元素 $a \in A, b \in A$，都有 aRb 或者 bRa，则称 R 为全序关系。

6. 逆关系

设 R 是定义在 A、B 上的二元关系。若将 R 中序偶的顺序关系调转过来，可以形成 R 的逆关系，记作 R^C 或者 R^{-1}，$R^{-1} = \{\langle y,x\rangle \mid \langle x,y\rangle \in R\}$。$R$ 的逆关系是集合 B 到 A 的二元关系。

例 12.23

$A = \{1,2,3,4\}$

$B = \{a,b,c\}$

$R = \{\langle 1,a\rangle, \langle 1,b\rangle, \langle 2,b\rangle, \langle 2,c\rangle, \langle 3,b\rangle, \langle 4,a\rangle\}$

$R^{-1} = \{\langle a,1\rangle, \langle b,1\rangle, \langle b,2\rangle, \langle c,2\rangle, \langle b,3\rangle, \langle a,4\rangle\}$

12.3 函数

12.3.1 函数的定义

设 A、B 是两个非空集合，f 是 A 到 B 的一个二元关系。若 f 满足下列两个条件，则称 f 是 A 到 B 的一个函数（映射），记作 $f:A \rightarrow B$。

(1) $\text{dom}\ f = A$ （A 的每个元素都有映像）

(2) 对任意 $x \in A$，若 $\langle x,y\rangle \in f$ 且 $\langle x,z\rangle \in f$，则 $y=z$。 （A 的每个元素只有一个映像）

若 $\langle x,y\rangle \in f$，则 x 是 y 的原象；y 是 x 的映像，又叫值，记作 $y=f(x)$。

A 称为 f 的定义域，$f(A)$ 称为 f 的值域。$f(A) = \text{ran}\ f$。

任意 $x \in A, f(x) = \{y \mid y \in B\ 且\ \langle x,y\rangle \in f\}, |f(x)| = 1$。

例 12.24

设集合 $A = \{x | x \text{ 是整数}\}$

A 上的二元关系 $f = \{\langle x,y\rangle | x\in A \text{ 且 } y\in A \text{ 且 } y=x\times x\}$

dom $f = A, \forall x (x\in A \text{ 且 } \langle x,y\rangle \in R \text{ 且 } \langle x,z\rangle \in R \rightarrow y=z=x^2)$

$f: A\rightarrow A$ 简写为 $f = x^2$。

$x=2, f(x)=\{4\}$ 简写为 $f(x)=4$。

12.3.2 函数的性质

1. 满射

设有 $f: A\rightarrow B$,当且仅当 ran $f = B$,则 f 是满射函数。即 $\forall b\in B, \exists a\in A \rightarrow f(a)=b$。

f 是满射函数 $\Leftrightarrow B$ 中的每个元素在 A 中至少有一个原像。

例 12.25

设集合 $A = \{x | x \text{ 是整数}\}$

$f: A\rightarrow A = \{\langle x,y\rangle | x\in A \text{ 且 } y\in A \text{ 且 } y=x+1\}$

$\forall y (y\in A \rightarrow x=y-1\in A \text{ 且 } \langle x,y\rangle \in f)$

f 是满射函数。

2. 内射

设有 $f: A\rightarrow B$,当且仅当 $\forall a \forall b (a\in A \text{ 且 } b\in B \text{ 且 } a\neq b \rightarrow f(a)\neq f(b))$,则称 f 是内射函数。

内射函数,每一个 a 对应一个 b,所以是一一对应的函数关系。

例 12.25 中的 f 就是内射函数,证明略。

3. 双射

若 $f: A\rightarrow B$ 既是满射,又是内射,则称 f 是双射函数。

例 12.26

集合 $R = \{x | x \text{ 是实数}\}$

$g: R\rightarrow R = \{\langle x,y\rangle | x\in R \text{ 且 } y\in R \text{ 且 } y=x^3\}$

$\forall y (y\in R \rightarrow x=y^{1/3}\in R \text{ 且 } \langle x,y\rangle \in g)$

故 g 是满射函数。

$\forall a \forall ab (a\in R \text{ 且 } b\in R \text{ 且 } a\neq b \rightarrow f(a)=a^3 \text{ 且 } f(b)=b^3 \text{ 且 } f(a)\neq f(b))$

故 g 是内射函数。

故 $g = x^3$ 是双射函数。

12.3.3 逆函数和复合函数

1. 逆函数

设 $f: A\rightarrow B$ 是双射函数,则 $f^c: B\rightarrow A$ 为 f 的逆函数,记为 f^{-1}

定理：$f:A \to B$ 是双射函数，则 $f^c:B \to A$ 也是双射函数。

2. 复合函数

设 $f:X \to Y, g:Y \to Z$，则 f 与 g 的复合函数记作 $g \circ f:X \to Z$，定义为：
$$g \circ f:X = \{\langle x,z \rangle | x \in X \text{ 且 } z \in Z \text{ 且 } (\exists y)(y \in Y \text{ 且 } y = f(x) \text{ 且 } z = g(y))\}$$

例 12.27

对 $\forall x \in R$，有 $f(x) = x+2, g(x) = x-2, h(x) = 3x$。

$g \circ f = \{\langle x,x \rangle | x \in R\}$，即 $g \circ f(x) = x$。

$h \circ (g \circ f) = \{\langle x, 3x \rangle | x \in R\}$，即 $h \circ (g \circ f)(x) = 3x$。

注意：若 f 的值域不包含于 g 的定义域，则 $g \circ f = \varnothing$。

定理：若 $f:X \to Y, g:Y \to Z, f$ 和 g 都是双射函数，则 $(g \circ f)^{-1} = f^{-1} \circ g^{-1}$。

例 12.28

$f(x) = x+2, g(x) = x^3$

$g \circ f(x) = (x+2)^3$

$f^{-1}(x) = x-2, \; g^{-1}(x) = \sqrt[3]{x}$

$(g \circ f)^{-1}(x) = \sqrt[3]{x} - 2$

习 题

12.1 用描述法表示下列集合：

(1) 1～100 之间 7 的倍数集合。

(2) 直角坐标系单位圆内部的点集。

12.2 写出 $\{a,b,c,d,e\}$ 的全部子集。

12.3 给出下列集合之间的关系：

(1) $\{1,3,7\}$，$\{1,3\}$

(2) $\{x,y\}$，$\{x,10,b\}$

(3) $\{5,7\}$，$\{7,5\}$

(4) $\{1,3\}$，$\{\{1,3\},\varnothing,1,3\}$

12.4 某次聚会，证明聚会成员中与奇数个人握过手的人数是一个偶数。

12.5 设集合 $A = \{1,2,3,4\}, B = \{a,b,c\}$。写出下列各式定义的二元关系：

(1) $R = \{\langle a,b \rangle | a,b \in A \text{ 且 } a \neq b\}$；

(2) $R = \{\langle a,b \rangle | a,b \in A \text{ 且 } a \text{ 除以 } b \text{ 余数为 } 1\}$；

(3) R 是 B 上的自反关系；

(4) R 是 A 上的等价关系，并写出等价类 $R(2)$；

(5) $R = \{\langle a,b \rangle | a \in A, b \in B, a < 3\}$，并写出 R 的逆关系。

第 13 章 简单数据类型*

高级程序设计语言中都包含有整数、字符和实数类型这类无法再分为更简单的部分的数据类型，我们称其为简单数据类型，在本章中我们将对其进行讨论，其目的是使大家清楚数据类型的基本概念。

所谓数据类型，就是定义了一系列值以及能够应用在这些值上的一系列操作。每种数据类型都有它的取值范围。这个定义强调了数据的表示和数据的操作，这是数据类型和数据结构的两个最基本的要素。同时，根据我们在实际程序设计过程中的经验，知道要使用某个数据类型，必须先要进行相应的变量定义，该变量实质上是存储该数据的存储单元。但具体定义多大的存储空间是由数据类型决定的，比如 C 语言中的 int 类型一般需要分配 2 个字节(16 位)的存储空间。所以数据的存储是数据类型的另一个要素。

下面我们将对几种简单的数据类型按照上面所提到的数据抽象的 3 个要素进行分析，使大家对数据类型的概念加深理解。

13.1 整型

1. 整数的表示

高级程序语言中整数类型的表示均采用初等算术的表示方法，整数是由符号和一个或多个十进制的数字组成的正数或负数，又称为带符号的自然数。例如，以下是称为整型常量的一些整数值

$$+35 \quad -278 \quad 19(符号为+) \quad -28\,976\,510$$

2. 整数类型的操作

用初等算术中定义的运算符可产生新的整数值，运算符带上一个操作数(单目操作符)或两个操作数(二目操作符)构成了整数表达式：

(单目＋)	＋35＝35	(减法－)	73－50＝23
(加法＋)	4＋6＝10	(乘法＊)	－3＊7＝－21

整数表达式和关系算符可产生 True 或 False 的结果：

(关系：小于)	5＜7	True
(关系：大于等于)	10＞＝18	False

理论上，整数没有大小限制。

下面我们通过定义数据(Data)与操作(Operations)来给出整型的定义：

Data

 有符号的自然数 N

Operations

 假设 U 和 V 为整型表达式，N 为整型变量

 赋值

＝	$N = U$	将表达式 U 的值赋给变量 N

 二目算术运算

＋	$U + V$	两个整数值相加
－	$U - V$	两个整数值相减
＊	$U * V$	两个整数值相乘
/	U/V	用整数除求商
%	$U \% V$	用整数除求余数

 单目算术运算

－	$-U$	改变符号(单目负号)
＋	$+U$	＋U 与 U 相同(单目加号)

 关系运算符

(在给定条件下，关系表达式值为 True)

＝＝	$U == V$	若 U 等于 V 则为 True
！＝	$U != V$	若 U 不等于 V 则为 True
＜	$U < V$	若 U 小于 V 则为 True
＜＝	$U <= V$	若 U 小于或等于 V 则为 True
＞	$U > V$	若 U 大于 V 则为 True
＞＝	$U >= V$	若 U 大于或等于 V 则为 True

例 13.1

3＋5	(表达式值为 8)
val＝25/20	(val＝1)
rem＝25％20	(rem＝5)

3. 整数的机内存储

程序设计语言的类型说明和计算机硬件一起提供整数的实现。计算机系统用固定大小的内存块来存放整数,导致了整数值域为一个有限区间,其值域与存储块大小相关。为满足某些标准,程序设计语言提供了两种原始的固有整数类型,短整数和长整数。当需要很大的整型值时,必须由应用程序本身提供子程序来实现其运算,这些运算可将整数扩充到任意大小,但此时应用程序的运行效率可能会因为这些例程而严重降低。

在计算机内,整数以由 0 和 1 组成的二进制数存放。但在日常生活中,我们用 0,1,2,…,9 这 10 个数字组成的十进制系统来表示整数。十进制数转换为等值的二进制数则可通过我们在前面讲述的转换方法来实现。例如,求十进制数 35 的二进制数值。

$(35)_{10} = 1(32)+0(16)+0(8)+0(4)+1(2)+1(1) = (100011)_2$

4. 整数的存储定义

整数在内存中以固定长度的二进制序列形式存放,常见的长度有 8,16,32 位。这些序列的长度以 8 位为单位,称为一个字节。35 用字节表示如图 13.1 所示。

| 0 | 0 | 1 | 0 | 0 | 0 | 1 | 1 |

图 13.1　以字节表示的 35

表 13.1 给出了常见位数表示的有符号和无符号数的范围。

表 13.1　数值范围和大小

大小	无符号数范围	有符号数范围
8(1 字节)	$0 \sim 255 = 2^8 - 1$	$-2^7 = -128 \sim 127 = 2^7 - 1$
16(2 字节)	$0 \sim 65535 = 2^{16} - 1$	$-2^{15} = -32768 \sim 32767 = 2^{15} - 1$
32(4 字节)	$0 \sim 4294967295 = 2^{32} - 1$	$-2^{31} \sim 2^{31} - 1$

计算机内存是一个通过地址 0,1,2,3 等来寻址的字节序列。在内存中,整数的地址是存放该整数的第一个字节的位置。图 13.2 给出了数 $(87)_{10} = (1010111)_2$ 存放于地址为 3 的一个字节中,数 $(500)_{10} = (0000000111110100)_2$ 存放于地址为 4 的两个字节中的内存视图。

图 13.2　内存视图

13.2　字符类型

1. 字符的表示

字符数据包括大小写字母、数字、标点符号及特殊字符。计算机行业中不同的应用使用不同的字符表示。在字处理、文本输入和输出及数据通信上应用最广泛的是包括128个元素的ASCII字符集。

2. 字符类型的操作和运算

与整数类型相似,ASCII字符定义了一系列关系运算符来进行排序,字母字符的顺序为字典顺序,且所有大写字母小于所有小写字母。

T < W , b < d , T < b

下面给出字符类型的操作定义:

Data
  ASCII 字符集

Operations
  赋值
    将字符值赋给字符变量
  关系运算
    用 ASCII 字典顺序定义的 6 个标准关系运算

3. 字符的存储

多数计算机系统采用 ASCII 标准编码模式来表示字符。ASCII 字符以 7 位整型码形式存放于 8 位数中。$2^7=128$ 个不同代码可分为 95 个可见字符和 33 个控制字符。控制字符用于数据通信以及让设备完成某些控制功能,如将光标下移一行等。

表 13.2 给出了可见的 ASCII 字符集,空格用◆表示。每个字符的十进制编码的十位数由表左边的列给出,个位数由表上的行给出。例如,字符"T"的 ASCII 码值为 $(84)_{10}$,用二进制表示为 01010100_2。

表 13.2 可见 ASCII 码字符集

高位	低位									
	0	1	2	3	4	5	6	7	8	9
3			◆	!	"	#	$	%	&	'
4	(	)	*	+	,	−	.	/	0	1
5	2	3	4	5	6	7	8	9	:	;
6	<	=	>	?	@	A	B	C	D	E
7	F	G	H	I	J	K	L	M	N	O
8	P	Q	R	S	T	U	V	W	X	Y
9	Z	[	\	]	^	_	`	a	b	c
10	d	e	f	g	h	i	j	k	l	m
11	n	o	p	q	r	s	t	y	u	v	w
12	x	y	z	{	|	}	~			

在 ASCII 码字符集中,十进制数字和字母字符所处的位置被精心安排,如表 13.3 所示。这极大地方便了大小写字母之间及 ASCII 数字代码('0'…'9')与其对应数字

(0…9)之间的转换。

表 13.3 ASCII 字符范围

ASCII 字符	十进制码	二进制码
空格	32	00100000
十进制数码	48～57	00110000～00111001
大写字母	65～90	01000001～01011010
小写字母	97～122	01100001～01111010

例 13.2

1. 数码'0'的 ASCII 码值为 48,数码'0'～'9'对应的 ASCII 码值为 48～57。
数码'3'的 ASCII 码值为 51(48+3),其对应的数字可由代码值减去'0'(ASCII 码值为 48)得到:数字 3='3'-'0'=51-48。
2. 将一个字符从大写转换到小写,只需将该字符的 ASCII 码值加 32;ASCII('A')=65,ASCII('a')=65+32=97。

13.3 枚举类型

1. 枚举数据的表示

所谓"枚举",顾名思义就是穷举,就是定义集合。类似于用整数表示字符数据,我们也可以用"标识符"来表示(描述)某些特定含义的数据及数据集合。例如,用 April、June、September、November 这些标识符表示 4、6、9、11 这些天数为 30 天的月份,这些月份的集合形成了枚举数据类型。再比如,我们用 Black、Blond、Brunette、Red 标识符表示头发的颜色,这些颜色的集合就表示为头发颜色的枚举数据类型。

特别强调:枚举数据类型就是定义了"标识符"的集合。标识符是集合的元素。

2. 枚举数据的操作

类似于整数类型和字符类型,枚举类型也是"有序"的数据类型。这种类型中元素的顺序由列出它们的次序给定。例如:

头发颜色

black	//第 1 个值
blond	//第 2 个值
brunette	//第 3 个值
red	//第 4 个值

| black | blond | brunette | red |

这种类型支持赋值操作及标准的关系函数。例如:

```
black < red          //black 在 red 之前列出
brunette >= blond    //brunette 在 blond 之后列出
```

枚举类型也包含数据和操作：

Data
  用户定义的具有 N 个不同元素的表
Operations
  赋值
    枚举类型变量可被赋值为表中的任一元素
  关系运算
    6 个标准的关系运算，元素之间大小由在表中的位置决定

13.4 实数类型

1. 实数的表示

采用初等算术中的小数点表示方法，实数可以用由小数点分开的整数和小数两部分的定点格式来表示。如 9.6789，－6.345，＋18.23。也可用科学记数法和浮点格式来表示，它包括尾数和指数两部分，指数部分表示 10 的多少次方。例如，6.02e23 表示尾数为 6.02，指数为 23 的实数。

2. 实数的操作

整型的标准算术运算和关系运算都可用于实数类型。

Data
  用定点或浮点格式描述的数
Operations
  赋值
    将一个实数表达式的值赋给实数变量
  算术运算符
    标准的二目和单目算术运算符，除法用实数除法
    没有其他的算术运算符
  关系运算符
    6 个标准的关系运算均可用于实数

3. 实数的存储

和整数一样，实数的值域也是无限的，实数值在正负两个方向上都是无限的，其小数部分也可将实数映射到坐标轴的连续点上。但在计算机内，由于在有限的内存块上存放实数，故使得实数在范围上有限并在坐标轴上是离散的点。

多年来,计算机研究者使用了多种格式来存放浮点数,其中,IEEE 格式是一个广泛使用的标准。以读者熟悉的定点格式为例,它被分开为整数部分和小数部分两部分。小数部分是其数字乘以 $1/10,1/100,1/1\,000$ 等等。一个十进制小数点将数分为两部分

$$25.638=2(10^1)+5(10^0)+6(10^{-1})+3(10^{-2})+8(10^{-3})$$

与整数一样,定点实数也有相应的二进制表示,包括二进制整数部分、二进制小数部分和二进制小数点。二进制小数点后的小数部分值为对应数字乘以 $1/2,1/4,1/8$ 等。这种表示的通常形式为

$$N=b_n \cdots b_0 . b_{-1} b_{-2} \cdots = b_n(2^n)+\cdots b_0(2^0)+b_{-1}(2^{-1})+b_{-2}(2^{-2})\cdots$$

例如

$$(1011.1101)_2 = 1(2^3)+1(2^1)+1(2^0)+1(2^{-1})+1(2^{-2})+1(2^{-4})$$
$$=8+2+1+0.5+0.25+0.0625$$
$$=(11.8125)_{10}$$

十进制和二进制浮点数之间的转换使用的算法与整数转换算法相似。二进制转换成十进制可通过将整数部分和小数部分分别转换成十进制之后得到。十进制转换成二进制要复杂一些,因为可能要用无限的二进制数来表示等值的十进制浮点数。但在计算机上,只用定长的浮点数,所以其表示也可截为有限长度了。

例 13.3 将二进制数转换为十进制数。

(1) $(0.01101)_2 = 1/4+1/8+1/32 = 0.25+0.125+0.03125 = (0.406\,25)_{10}$。

将十进制数转换为二进制浮点数。

(2) $(4.3125)_{10} = 4+0.25+0.0625 = (100.0101)_2$。

(3) 十进制数 0.15 并没有一个等值的二进制小数部分,将其转换成二进制数需要无穷多位。由于计算机存储将其限制在固定长度,无限长度的尾数被截断,剩余部分的和近似等于十进制值。

$$(0.15)_{10} = 1/8+1/64+1/128+1/1024+\cdots = (0.0010011001\cdots)_2$$

多数计算机用科学记数法存放二进制实数,包括符号、尾数和指数。

$$N = \pm D_n D_{n-1} \cdots D_1 D_0 . d_1 d_2 \cdots d_n \times 2^e$$

第 14 章 构造型数据类型

目前的程序设计语言中都提供了构造新的数据类型的机制,也能够理解用户按照自己的需求定义的新的数据类型。这种构造方式是基于已有的基本数据类型,通过某种结构组合成新的类型。那么构造出的新数据类型就像已有的基本数据类型一样,可以通过定义变量的方式使用。本章主要讨论这类构造型的数据类型,包括数组、记录(结构)、指针和文件等数据类型。请大家在学习的时候仍然遵循数据表示、存储方式和操作这 3 个要素。我们会在学习完每一种构造类型之后,列举实例进行分析,以加深理解。

14.1 数组类型

数组类型的引入是为了解决存放多个同类型数据的问题。我们在以前的程序设计中为了存放数据,主要是通过定义变量的方式解决这样的问题,但这种定义变量的方法并不是解决问题的根本方法。比如,我们要处理 50 个学生的成绩,就需要定义 50 个变量,那么如果是 100 个学生或者更多呢?显然,这就需要我们寻求一种更加有效的方法来表达和处理这样的数据抽象问题。这就是数组类型。

1. 数组的表达对象

数组是用来表达数据集合的数据类型。一维数组是表达具有有限个相同数据类型元素的顺序表(同构数组)结构的类型。所谓顺序表就是元素是有序排列的。比如某班的学生成绩表,候选人的计票统计表。

2. 数组的存储方式

(1) 数组定义了一个连续的存储单元,用于存放顺序表;

(2) 由于数组元素的类型相同,所以每个元素所占用的存储单元是确定的(假设为 M),而数组定义的存储单元是 $n \times M$,n 为数组的元素个数;

（3）数组元素的访问是通过元素所处的位置（顺序号），即第 1，第 2，…第 n 个元素。我们称这个表示位置的顺序号为下标（Index）；用"数组名[下标]"作为对该元素访问的标识。

下面我们以 C++ 为例，来讨论一维数组的内部存储结构。

一维数组 A 在内存中连续存放，其每个元素的类型相同。

数组名为常量，且作为数组中第一个元素的地址。因此，在数组声明

Type A[ArraySize];

中，数组名 A 是一个常量，它存放第一个数组元素 $A[0]$ 的内存地址。元素 $A[1]$，$A[2]$ 等顺序存放在其之后。假设 sizeof[Type]＝M，则整个数组 A 占据 $M \times$ ArraySize 个字节。

| $A[0]$ | $A[1]$ | $A[2]$ | $A[3]$ | |

编译器建立一张内部向量表来维持数组属性记录。表中

起始地址： A
数组元素个数：   ArraySize
元素类型的大小： M＝sizeof(Type)

该表也被编译器用来实现标识元素在内存中的地址的存取函数。函数 ArrayAccess 用数组的起始地址及其数据类型的大小来将下标 i 映射到 $A[i]$ 的地址。

Address $A[i]$ ＝ ArrayAccess(A,i,M)

ArrayAccess 通过下面的算法实现。

ArrayAccess(A,i,M) ＝ $A+i*M$;

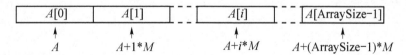

3. 数组的操作

如果对应我们已知的变量的概念，可以认为"数组名[下标]"就相当于变量名，通过这种下标方式实现对数组元素的访问。所以数组的操作实际上是通过下标对数组元素的操作。与每个元素相关联的是标识每个元素在表中的位置的下标（Index）。数组就是下标运算符，它允许在存储和检索数据项时对表中元素直接访问。

| A_0 | A_1 | A_2 | A_3 | |

Data

  N 个类型相同的元素的集合,下标为 0 到 $N-1$,它标识了元素在表中的位置,并可通过它直接存取元素,下标 0 标识表中的第 1 个元素,1 标识第 2 个元素,等等。

Operations

 下标运算[ ]

  Input   下标

  Preconditions 下标在 0 到 $N-1$ 之间

  Process   在赋值语句右边时,该操作从元素中检索数据;在左边时,返回存放着右边表达式所指值的数组元素的地址

  Output   若该操作在赋值语句右边,则该操作从数组中取得数据并将其返回给调用者

  Postconditions 若该操作在左边,则改变相应的数组元素

我们可以通过范围为 0~ArraySize-1 的数组下标来存取单个数组元素。$A[i]$ 表示下标为 i 的元素。

数组的索引运算由下标运算符[ ]完成。它是二目运算符,其左边是数组名称,右边为元素在数组中的位置。赋值符号的两边均可以通过该操作来存取数组元素。

$A[i] = x;$ //将 x 存放到数组中

$t = A[i];$ //从数组中检索数据 $A[i]$ 并赋给变量 t

$A[i] = A[i+1] = x;$//将 x 赋给 $A[i+1]$,第二个赋值语句将 $A[i+1]$ 赋给 $A[i]$

4. 数组操作示例

下面的程序演示了数组的操作,请大家注意数组元素的下标访问以及数组的逐元素处理。

例 14.1 数组的建立 /*利用循环控制结构输入并建立数组*/

```
#include<stdio.h>
#define SIZE 50
main()
{
    int count;
    int score[SIZE] = {0};          /*初始化数组*/
    for (count = 0; count< = SIZE-1; count++) /*循环控制逐元素处理*/
        scanf("%d",&score[count]);
    for (count = 0; count< = SIZE-1; count++) /*循环控制逐元素处理*/
        printf("%d",score[count]);
    return 0;
}
```

例 14.2 这个程序用于测试数组的各项功能,设计了比较通用的数组结构上的操作函数,并利用这些函数构建数组。

```c
#include <stdio.h>
#include <stdlib.h>
#define SIZE 5

void outputarray(int data[],int);
void insertelement(int data[],int,int,int,int);
int findelement(int data[],int,int);      /* 函数原型 */

main()
{
    int score[SIZE];            /* 定义数组 */
    int i,grade,elementsum;     /* elementsum 记录数组当前的元素个数 */

    /* 构建数组 */
    printf("请输入不超过%d个学生的成绩,结束为-1\n",SIZE);
    i=0; elementsum=0;
    scanf("%d",&grade);
    while (i<SIZE && grade!=-1)
      {
          insertelement(score,SIZE,elementsum,i,grade);   /* 调用插入数组
                                                             元素的函数,
                                                             并返回插入位
                                                             置 */

          i++; elementsum++;
          scanf("%d",&grade);
      }
    /* 构建数组结束 */

    outputarray(score,elementsum);        /* 输出数组元素的函数调用 */

    while (elementsum<SIZE)               /* 在已建立的数组中插入一个数组元
                                             素的操作 */
    {
```

```c
        printf("请输入任一个成绩:");
        scanf("%d",&grade);
        i=findelement(score,SIZE,grade);
        printf("%d\n",i);
        if (i==-1)
           {insertelement(score,SIZE,elementsum,0,grade);   /*如果不存在,则
                                                              将该元素插入
                                                              为第一个 */
            elementsum++;
            outputarray(score,elementsum);
           }
    }

    return 0;
}


/*函数功能:在数组中查找某个元素,如果找到则返回该元素的下标,否则返回-1 */
int findelement(int data[],int arraysize,int element)
{
    int i=0;
    while ((i<arraysize) && (data[i]!=element))
         i++;
    if (data[i]==element)
        return i;
    else return -1;
}

/*函数功能:在数组中的position位置上插入元素element
  参数说明:数组定义的大小,数组中已存放元素的个数 */
void insertelement(int data[],int arraysize,int elementsize,int position,
int element)
{
    int i,temp;
    if (position<=(arraysize-1))          /*参数正确性检查*/
```

```
    if (position<elementsize)              /* 判断是否移动数组元素 */
      {
        i = elementsize;
        while (i> = position)
        { data[i + 1] = data[i]; i - - ;}
      }
    data[position] = element;              /* 插入数组元素 */
    /* return position; */
}

void outputarray(int data[ ],int elementsize)
{
    int i = 0;
    printf("\n");
    for (i = 0; i<elementsize; i ++ )
    printf(" % 3d",data[i]);
}
```

5. 数组的应用实例研究

正如我们在本篇开始时所强调的,我们引入新的数据类型的目的是为了求解问题。程序设计语言通过提供构造数据类型的机制,增强了计算机的处理能力集,也增强了对客观世界的抽象和表达能力。下面我们以程序设计中的经典问题——背包问题为例进行分析和说明。在此案例中我们采用了算法设计技术中的穷举搜索方法。所谓穷举搜索法就是对可能是解的众多候选解按某种顺序进行逐一枚举和检验,并从中找出那些符合要求的候选解作为问题的解。

【问题描述和分析】 背包问题

问题描述:有不同价值、不同重量的物品 n 件,求从这 n 件物品中选取一部分物品的选择方案,使选中物品的总重量不超过指定的限制重量,但选中物品的价值之和最大。

设 n 个物品的重量和价值分别存储于数组 weight[ ]和 value[ ]中,限制重量为 totalweight。考虑一个 n 元组$(x_0,x_1,\cdots,x_{n-1})$,其中 $x_i=0$ 表示第 i 个物品没有选取,而 $x_i=1$ 则表示第 i 个物品被选取。显然这个 n 元组等价于一个选择方案。用枚举法解决背包问题,需要枚举所有的选取方案。而根据上述方法,我们只要枚举所有的 n 元组,就可以得到问题的解。

显然,每个分量取值为 0 或 1 的 n 元组的个数共为 2^n 个。而每个 n 元组其实对应于一个长度为 n 的二进制数,且这些二进制数的取值范围为 $0\sim 2^n-1$。因此,如果把 $0\sim 2^n-1$

分别转化为相应的二进制数,则可以得到我们所需要的 2^n 个 n 元组。

【算法设计和描述】 我们仍然采用前面讲述的"自顶向下、逐步求精"的算法设计方法

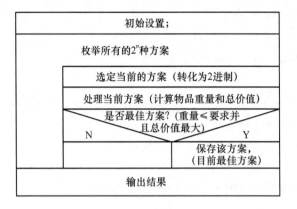

图 14.1 背包问题算法描述(Level-0 层)

我们首先根据问题分析的思路设计出了顶层的算法,如图 14.1 所示。该算法描述了我们利用枚举方法求解问题的思路。我们在此基础上就可以逐步地求精和细化,如图 14.2 所示。

[求精设计描述——数据类型的设计]
1) 考虑方案是一个 n 元组,所以设置一个数组 temp_plan[n].用于保存当前的方案;数组元素的取值是 0/1. 分别代表对应的 i 物品是否选择。
2) 物品的重量和价值分别用两个数组存放,weight[n],value[n],需要在初始设置时,构建并输入两个数组。
3) 由于方案要保存,所以需要设置一个保存结果的数组 result[n],该数组与 temp_plan[n]同构。

[求精设计描述——处理当前方案]
根据 temp_plan[n]数组逐一处理该方案中的物品,并根据 weight[n]和 value[n]计算该方案的物品总重量及总价值,采用循环结构和迭代方式计算。

图 14.2 Level-0 层求精设计

根据上面的求精设计,我们得到了下一层的算法设计,如图 14.3 所示。当然这还不是最终的算法方案,我们还需要在此基础上进一步地细化,如图 14.4 和图 14.5 所示。

第 14 章 构造型数据类型

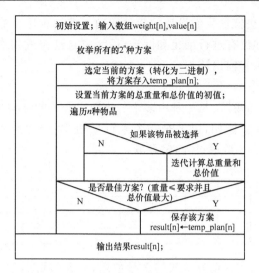

图 14.3　背包问题算法描述（Level-1 层）

[求精设计描述]

1) 枚举和遍历都可以采用 for 循环实现,分别用 plan_count,element_count 作为计算器控制循环。
2) 限制的重量可设计常量 limit_weight,最大价值设计变量 max_value。
3) 迭代计算重量和价值设计变量 temp_weight,temp_value。
4) 设计一个函数,将整数转换为二进制数并存入数组。

图 14.4　Level-1 层求精设计

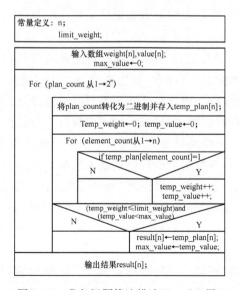

图 14.5　背包问题算法描述（Level-2 层）

图 14.5 所示的算法就是我们设计的背包问题的求解算法。需要说明的是转换二进制的函数我们在这里并没有进行细化和设计,请大家自己完成程序的编码。另外需要说明的一点是数组的输入和输出请参考例 14.2。

二维数组

二维数组,通常称为矩阵,是一种由多个一维数组合成的结构化数据类型。其元素通过行下标和列下标存取。例如,以下是一个 4 行 8 列 32 个元素的矩阵 T,值 10 可通过(行,列)对(1,2)存取,-3 可通过(2,6)存取。

	0	1	2	3	4	5	6	7
0								
1			10					
2							-3	
3								

二维数组的概念可以扩充为一般的多维数组,其元素可通过 3 个或更多下标存取。二维数组在数据处理、多项式方程求解等多个领域有着广泛的应用。

14.2 记录类型

现实世界的事物和对象都具有很多属性。比如我们上面的背包问题,一个物品具有重量和价值两个属性;在学校的学籍管理中,一个学生的信息也包括了诸如姓名、年龄、性别、学习成绩等属性。那么如何表达和处理现实世界中这些事物或对象的多属性问题,这就是引入记录的根本原因,所以我们可以说记录是对现实世界中对象的数据抽象。

1. 记录的数据表达

记录(Record 或 Struct)是表达客观世界的对象及其属性的数据类型。程序设计语言中通过定义对象和属性的名字(命名)的方式来表达。这就形成了"对象(属性 1,属性 2,属性 3,…,属性 n)"的结构。而这些属性是不同的类型,所以这也是记录类型与数组类型最根本的不同(注:有些教材称记录的属性为"成员")。所以我们可以说,记录是由多个不同类型的属性组合成一个单独对象的结构。记录中的属性称为域(或字段)。每个域都需要定义该域的数据类型,该数据类型可以是基本数据类型,也可以是构造数据类型。对属性(域)进行访问是通过"记录名和属性名"来实现的。这种组合方式应根据具体的语言规定,比如 C 语言中称记录为"结构",将对属性(域)的访问标记为"结构名·域名"和"结构名—>域名"。

2. 记录的存储方式

通常采用连续存储块,把属性(域)排列在其中。一些语言(如 C)规定按定义顺序排列,由于所有属性的数据类型都为已知,所以整个记录所需的存储空间也是可以确定的。

记录属性(域)的大小与整个记录的存储布局都在编译时静态确定,所有属性(Attributes)在记录中的相对位置(偏移量,Offset)都是静态确定的。

3. 记录的操作

和数组一样,记录的操作也主要是对记录所包含的域的访问操作。记录可通过存取操作符直接存取各个域。例如 Student 是描述在校学生信息的记录结构,这些信息包括姓名(Name),住址(Address),年龄(Age),专业(Major)和等级平均分(GPA)。

Name	Address	Age	Major	GPA
字符串	字符串	整型	枚举型	实型

姓名和住址域中存放着字符串型(可以理解为字符数组)数据,年龄和 GPA 是实数字型,专业是枚举类型。假定 Tom 是一个学生,我们可以通过用存取符"."连接起来的记录名和域名来存取各个域。

Tom.Name   Tom.Age   Tom.GPA   Tom.Major

记录结构内各域类型可以不同。和数组不一样,记录描述单个值而不是一组值。

Data
　　包含类型不同的各个域的元素,每个域都有名字,通过域名可直接存取域中的数据

Operations
　　存取操作符"."(域运算符)
　　　　Preconditions　　　　　　无
　　　　Input　　　　　　　　　　记录名(Record)和域
　　　　Process　　　　　　　　　存取域中的数据
　　　　Output　　　　　　　　　若检索数据,将域值返回给用户
　　　　Postconditions　　　　　若存储数据,则改变记录

4. 记录操作示例(C 语言)

例 14.3　学生基本信息的记录操作。

以下为记录的定义

```
struct date       /* 日期结构类型:由年、月、日 3 项组成 */
       {int year;
        int month;
        int day;
       };
struct  std_info/* 学生信息结构类型:由学号、姓名、性别和生日共 4 项组成 */
       {char no[7];
        char name[9];
        char sex[3];
        struct date birthday;/* 结构的嵌套定义 */
```

    };

下面是操作示例。输入学生的基本信息,然后再输出。

```c
#include<stdio.h>
#include"struct.h"   /*定义并初始化一个外部结构变量 student */
struct std_info student;
struct std_info *p_std;              /* 定义了两个记录(结构)变量 */
main()
{
    /*示例输入一个结构的数据,以及"."运算符的用法 */
    printf("请输入6位学号 No:\n");
    scanf("%s",student.no);          /* 字符数组可作为整体输入 */
    printf("请输入学生姓名 Name:\n");
    scanf("%s",student.name);
    printf("请输入性别 Sex:\n");
    scanf("%s",student.sex);
    printf("输入出生日期 Birthday:\n");
    scanf("%d%d%d",&student.birthday.year,&student.birthday.month,&student.birthday.day);

    /*示例"->"运算符 */
    p_std = &student;                /* C语言允许记录的整体赋值 */
    printf("No:%s\n",(*p_std).no);
    printf("Name:%s\n",(*p_std).name);
    printf("Sex:%s\n",p_std->sex);
    printf("Birthday:%d-%d-%d\n",p_std->birthday.year,
        p_std->birthday.month, p_std->birthday.day);

    retwrn 0;
}
```

14.3 指针

1. 指针的概念及抽象

在我们的日常生活中,大家都见过指路牌。比如在酒店的大堂,经常放置一些会议指示牌告诉大家某个会议是在什么会议室（几层几号、会议室的名称等）举行；写字楼的大堂设置一个包括所有公司地址（楼层，门牌号）的指示牌。有了这些指示牌，我们就会很快很方便地访问到我们所要到达的地方。

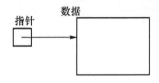

图 14.6　指针的概念

计算机中也引入了这种机制，用来标识存储块。我们称这种标识为指针，存储块为实际存放数据的存储空间，指针指向存放数据的存储块。我们将这种机制抽象表示为如图 14.6 所示的形式。这个抽象模型中非常重要的概念就是图中的"指向箭头"，它表达了一种间接访问的机制。对比我们以前所学过的通过名字（如变量名）直接访问数据的机制，通过指针访问数据则是"间接"的数据访问。一般的程序设计语言中都定义了这种间接访问的表达机制，大家在学习语言中要注意这点。比如，PASCAL 语言中就通过"p^"表达了间接访问数据的概念，其中 p 表示指针变量，^ 表示指向箭头，p^ 则表示指向的数据。而同样的"变量＋箭头"的概念在 C 语言中就表示为"＊p"。

指针概念和间接访问机制的引入使计算机的能力集进一步地增强。我们在此之前讨论的都是连续的存储方式（比如数组），这种方式是在程序运行前由编译程序进行存储分配（静态的）。而实际的情况是内存中并不都是有连续的存储块供使用，计算机中有各种程序和数据在执行，导致了大量的存储空间不连续；同时有些程序需要在执行过程中临时分配一些存储单元，用毕再归还给系统。还有一些数据抽象是不能够在程序运行前确定的，比如我们以后要学到的树、图这类数据抽象。构造一棵树或一个图，可能需要在程序运行过程中动态地生成。那么如何充分利用这些存储块？如何动态分配存储块？这就是我们下面所要讨论的指针数据类型的操作。

2. 指针类型的存储方式

在任何程序设计语言中指针都是基本的构造类型。指针类型的存储方式，就是存放地址的存储单元。该存储单元存放的是地址，形式上如同一个"指向箭头"如图 14.7 所示，指向了实际存放数据的存储块。该存储块由首地址标识，比如地址 2000 的存储块存放的是短整型数 10（占 2 个字节），首地址 2005 的存储块存放的是字符'A'。该地址实际上是一个代表某一内容地址的无符号数，它也可以用来得到存放于该地址的数据。指针所指向的地址内存放的数据的类型称为基类型，它在定义指针时使用。例如，我们可以定义指向字符的指针、指向整数的指针等。在图 14.8 中，两种情况下的

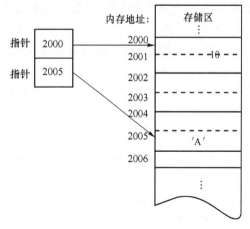

图 14.7　指针存放的内容

指针 p 值(地址)都为 5000,然而,(A)中 p 所指数据为一个字符,(B)中 p 所指数据为一个短整数(占两个字节)。

图 14.8 指向不同类型数据的指针

指针可有效地用来存取表中的元素,同时,它也是开发动态数据结构如链表、树及图的基础。

3. 指针的操作

作为整数,指针可用来进行某些算术和关系运算。值得注意的是算术运算。指针可通过增加或减少一个整数值来指向内存中的新数据。加 1 操作将指针指向内存中的下一个元素。例如,如果 p 指向一个字符对象,则 p+1 指向内存中的下一字节。指针加 $k(k>0)$ 即将指针右移 k 个数据位置。例如,若 p 指向 double 型数据,则 p+k 指向 p 右边 $N=sizeof(double)*k$ 字节的 double 数据。

数据类型	当前地址	新地址
char	p=5000	p+1=5001
int(2 byte)	p=5000	p+3=5000+3*2=5006
double(4 byte)	p=5000	p-6=5000-6*4=4976

指针用地址操作返回内存中数据项的地址。相反,操作"*"返回指针所指数据的值。指针大小可通过比较其无符号整数值决定。

动态存储区是在程序执行时新申请的内存区,它用来区别静态存储区,即在程序开始执行之前(编译时)就已存在的存储区。以类型 T 为参数的操作符 new 可动态地为一个类型为 T 的数据申请内存;以指针为参数的 delete 操作可释放该指针申请的内存。

Data
　　表示内存地址的无符号整数集,地址中存放基类型 T 的数据元素

Operations
　　假设 u 和 v 为指针表达式,i 为整数表达式,ptr 为指针变量,var 是一个类型为 T 的变量

地址操作
　& 　　　　　ptr = &var 　　　　　将 var 的地址赋给 ptr

赋值操作
　= 　　　　　ptr = u 　　　　　将指针 u 赋给 ptr

求值操作
　* 　　　　　var = *ptr 　　　　　将指针 ptr 所指的类型为 T 的数据项的值赋给 var

动态内存的申请与释放

 new   ptr = new T   为类型为 T 的元素申请动态内存区,并将申请到的地址赋给 ptr

 delete   delete ptr   释放在地址 ptr 处申请的动态内存

算术操作

 +   u + i   指针从 u 右移 i 个数据元素的位置

 -    u - i   指针从 u 左移 i 个数据元素的位置

 -    u - v   返回两个指针之间的基类型的元素的个数

关系操作

 通过比较指针的无符号整数值实现 6 个标准关系操作

指针值:根据机器体系结构的不同,指针值是使用 16,32 或更多位的内存地址。

4. 指针操作示例

例 14.4   利用指针运算符进行操作的演示(C 语言)。

```
#include<stdio.h>
main()
{
    int a, * aPtr; /* aPtr 是一个指向整数的指针 */
    a = 7; aPtr = &a;
    printf("The address of a is %p\n,The value of aPtr is %p\n\n", &a,aPtr);
    printf("The value of a is %d\n,The value of * aPtr is %d\n\n", a, * aPtr);
    printf("Providing that * and & are complements of each other\n"
        "& * aPtr = %p\n * aPtr = %p\n\n", & * aPtr, * &aPtr);
    printf("Providing that * & a is the same as a\n"
        " * & a = %d\n a = %d\n\n", * &a,a);
}
```

运行结果如下:

The address of a is 0022FF7C

The value of aPtr is 0022FF7C

The value of a is 7

The value of * aPtr is 7

Providing that * and & are complements of each other

 & * aPtr=0022FF7C

 * & aPtr = 0022FF7C

Providing that ＊ & a is the same as a

＊& a=7

a = 7

例 14.5 指针操作(指针的间接访问与变量的直接访问的区别)。

```
main()
{
    int i,j;
    int * iPtr, * jPtr;
    i = 2;
    j = 4;
    iPtr = &i;
    jPtr = &j;
    printf("%d,%d\n", * iPtr, * jPtr);
    printf("%p,%p\n",iPtr,jPtr);

    i = * jptr + 1;      /* 间接访问——读取 */
    * jPtr = * jPtr + 2;  /* 间接访问——写入 */
    printf("%d,%d\n",i,j);
    printf("%d,%d\n", * iPtr, * jPtr);
}
```

运行结果：

2,4

0022FF7C,0022FF78

5,6

5,6

5. 指针的应用举例(链表)

引入了指针类型,我们可以实现动态的数据结构生成,比如数组中讨论的顺序表结构,我们也可以利用指针生成和存储上述的顺序表,这种结构我们称为链表(此概念在后面一章论述)。所谓链表就是表中的每个元素(结点)都存放一个指向下一个元素的指针,这样就好像用一个"链"将所有的元素串起来,我们可以通过链访问到表中的所有元素。链表首先要定义头指针,通过头指针进行链表元素的访问操作;同时还要定义链表的结束标志,我们一般用空指针值"NULL"表示。下面的例子就是生成一个链表用来存储学生的成绩,这里也利用了记录类型定义表元素(学生的学号、成绩和指针)的类型,链表的生成是不断地增加新的结点的过程,每增加一个新结点就需在表尾(由 tail 指针指向)结点的后面插入该结点,指针操作如图 14.9 所示。

第 14 章 构造型数据类型

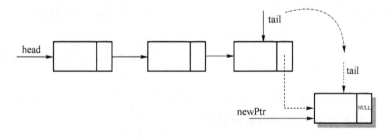

图 14.9 在链表尾增加结点

例 14.6 利用链表实现的学生成绩表（C 语言）。
```
#include <stdio.h>
#include <stdlib.h>
#define   LEN    sizeof(struct grade)   /*定义结点长度*/
/*定义结点结构*/
struct grade
{
    char no[7];                /* 学号 */
    int score;                 /* 成绩 */
    struct grade * next;       /* 指针域,指向下一个结点 */
};
struct grade * create();       /* 生成链表的函数说明 */
void printlist (struct grade * );
main()
{
    struct grade * head = NULL; /* 定义链表的头指针 */
    head = create();            /* 调用函数生成链表 */
    printlist(head);            /* 输出该链表 */
    retwtn 0;
}


/* create()函数：创建一个具有头结点的单链表 */
/* 形参:无                                   */
/* 返回值:返回单链表的头指针                 */
struct grade * create( void )
{
struct grade * head = NULL, * newptr, * tail;/* 定义头指针、尾指针、及当前指针 */
```

```c
        int count = 0;                          /*链表中的结点个数(初值为0)*/

        for( ; ; )                              /*缺省3个表达式的for语句*/
        {
            newptr = (struct grade * )malloc(LEN);   /*申请一个新结点的空间*/
            /*1、输入结点数据域的各数据项*/
            printf("Input the number of student No. %d(6 bytes):",count+1);
            scanf("%6s",newptr->no);
            if(strcmp(newptr->no,"000000")==0)/* 如果学号为6个0,则退出*/
            {
                free(newptr);                   /*释放最后申请的结点空间*/
                break;                          /*结束for语句*/
            }
            printf("Input the score of the student No. %d:",count+1);
            scanf("%d",&newptr->score);
            count++;                            /*结点个数加1*/

            /*2、置新结点的指针域为空*/
            newptr->next = NULL;
            /*3、将新结点插入到链表尾,并设置新的尾指针*/
            if(count == 1) head = newptr;       /*是第一个结点,置头指针*/
            else    tail->next = newptr;        /*非首结点,将新结点插入到链表尾*/
            tail = newptr;                      /*设置新的尾结点*/
        }
        return(head);
    }

    void printlist (struct grade * currentPtr)
    {
        while (currentPtr != NULL)
        {
            printf("%-9s%d\n",(* currentPtr).no,currentPtr->score);
            currentPtr = currentPtr->next;
        }
        printf("NULL \n\n");
```

}

例 14.7 链表的逆置。

链表的逆置是理解指针操作的经典程序,所谓逆置就是头尾倒置,原来的表头结点变为表尾结点,而原表尾结点则变为表头结点,题目的要求是不能够利用复制的方法,而只能够通过指针的操作实现链表逆置。

链表逆置的基本思路是:从表头结点开始,逐个结点处理,使该结点的指针指向前一个结点(前后是相对于表头来说,靠近表头的是前,离开表头的是后),这样我们可以设计 3 个指针:currPtr——指向当前处理结点;prePtr——指向前驱结点;succPtr——指向后续结点。链表逆置的关键问题是:不能够因为指针的操作使原链表"断链"。操作思路如图 14.10 所示。

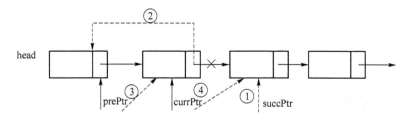

图 14.10 链表逆置思路

指针操作分为 4 步:
(1) 首先将 succPtr 指向后续结点;
(2) 将当前结点(由 currPtr 指向)的指针指向前驱结点;
(3) 将前驱结点指针 prePtr 指向当前结点;
(4) 修改当前指针,使其指向后续结点作为下一次处理的当前结点。

通过上述 4 步操作之后,链表的状态变为图 14.11 所示的情况。

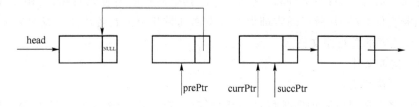

图 14.11 逆置一个结点后链表的状态

该描述是针对一般情况,没有包括表头的处理,下面的程序片段是完整的链表逆置算法。

void reverselist(LINKNODEPTR * sPtr) / * 此算法要求链表中至少有一个元素,参数传递的是表头指针 * /

{

```
    LINKNODEPTR prePtr,currPtr,succPtr;      /* 假设已定义了一个指针类型 */

    currPtr =* sPtr;                          /* currPtr 指向链表头结点 */
    prePtr = NULL;                            /* 该操作很重要,置表尾的结束符 */
    while (currPtr!= NULL)                    /* 链表逆置 */
      {
      succPtr = currPtr->nextPtr;
      currPtr->nextPtr = prePtr;
      prePtr = currPtr;
      currPtr = succPtr;
      }
    * sPtr = prePtr;
}
```

14.4 文件

1. 文件的概念

之前讨论的大部分内容集中在内部数据结构上,访问的是驻留在内存中的信息。但是,如果数据的"规模"很大(包含的数据元素很多)、或者需要长期保存,则必须存放在外部存储设备上。通常将存放在外部存储设备上的数据称为文件。

(1) 文件命名

为标识一个文件,每个文件都必须有一个文件名,文件命名规则需遵循操作系统的约定。文件名一般结构为:主文件名[.扩展名]。其中的扩展名可以省略,但由于通过扩展名可以判断文件的类型,所以通常都保留。下面列举几个扩展名及其代表的文件类型。

.c   C语言的源程序文件

.txt   文本文件

.exe   可执行文件

在文件名上还可以附加磁盘目录的路径信息,如:F:\programing\HelloWorld.exe 表示存放在磁盘 F 上 programing 文件夹下的可执行文件 HelloWorld.exe。

(2) 文件的分类

文件是程序设计中的一个重要概念,可以从不同的角度对文件进行分类。

① 根据文件的内容,可分为程序文件和数据文件,其中程序文件又可分为源文件、目标文件和可执行文件。

② 根据文件的组织形式,可分为顺序存取文件和随机存取文件。

顺序存取文件(Sequential Access File)简称"顺序文件",这种文件中的数据由文本字符组成。这些字符既可以是 ASCII 码字符集中的可显示字符,也可以是汉字字符。顺序文件按行组织,每一行的结尾由"回车"和"换行"字符指示。数据写入文件的方式是后输入的数据放在以前输入数据的后面,按照数据的先后次序一个接一个地放。当要查找某项数据时,只能从第一项数据开始一项一项地顺序查找,直到找到所需数据项为止,所以越在后的数据项找寻时间就越久。不过这种数据文件中的每一个数据项的长度都可以不一样,所以比较节约磁盘空间。

在文件中以顺序文件方式进行数据存取很方便也很常用,但是当需要大量查找或修改文件中的数据时会很困难,而这时采用随机文件方式存取数据就比较方便。

随机文件的每一个数据项都有相同的长度,这些数据项通常称做记录。对随机文件的存取是以记录为单位进行的,每个记录包括一个或多个字段。数据存入磁盘的方式没有先后次序的限制。由于每个记录占用的长度固定,查询时只要告知第几个记录便可利用公式算出该记录的位置,快速地存取那个记录。所以不管记录在前还是在后,找寻的时间都大约相同。至于每个记录所占磁盘空间长度应设置多长,必须以一条长度最长的记录为基准,当每个记录实际长度差异很大时,使用随机文件会比较浪费磁盘空间。

③ 根据文件的编码方式,可分为 ASCII 码文件和二进制文件。

ASCII 文件也称为文本文件、TEXT 文件。这种文件用一个字节来存储一个字符,存放的是对应字符的 ASCII 码。例如,字符 2、3、4 的 ASCII 分别为 50、51、52(十六进制的 32、33、34),字符串"234"若存放在 ASCII 码文件中,则其存储形式为

$$\underbrace{00110010}_{2}\underbrace{00110011}_{3}\underbrace{00110100}_{4}$$

共占用 3 个字节。ASCII 码文件可以在屏幕上按字符显示,例如源程序文件就是 ASCII 文件,用 DOS 命令 TYPE 就可以显示文件的内容。由于是按字符逐个显示,因此能读懂文件内容。

二进制文件把数据按照二进制的编码方式存放到文件中。例如,数 234 的存储形式是:11101010。只占用一个字节。二进制文件虽然也可在屏幕上显示,但其内容无法读懂。

2. 文件的存储方式

文件的存储设备通常划分成若干个大小相等的物理块,每块长为 512 或 1 024 字节。与此相对应,为了有效地利用存储设备和便于系统管理,一般把文件信息也划分成与物理存储设备的物理块大小相等的逻辑块,从而以块作为分配和传送信息的基本单位。

文件在存储设备上的存储方式常用的有以下几种。

(1) 连续文件

把逻辑上连续的文件信息依次存放到存储介质上依次相连的块中,如图 14.12 所示。这种文件的优点是一旦知道了文件在存储设备上的起始地址和文件长度,就能很快地进

行存取。缺点是在建立文件时必须在文件说明信息中确定文件信息长度,且以后不能动态增长,且在文件某些部分被删除之后,又会留下无法使用的零头空间。

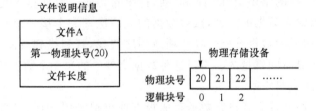

图 14.12　连续文件结构

(2) 串联文件

克服连续文件的缺点的办法之一是采用串联文件结构。串联文件结构用非连续的物理块来存放文件信息。这些非连续的物理块之间没有顺序关系,其中每个物理块设有一个指针,指向其后续连接的另一个物理块,从而使得存放同一个文件的物理块链接成一个串联队列。如图 14.13 所示。

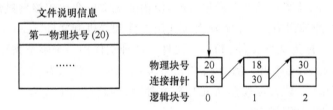

图 14.13　串联文件结构

使用串联文件结构时,不必在文件说明信息中指明文件的长度,只需指明文件的第一个块号就行了。而且文件长度可以动态增长,只需调整连接指针就可以在一个信息块之间插入或删除一个信息块。

(3) 索引文件

索引文件要求系统为每个文件建立一张索引表,表中每一栏目指出文件信息所在的逻辑块号和与之对应的物理块号。索引表的物理地址则由文件说明信息项给出。如图 14.14 所示。

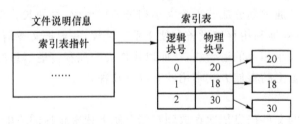

图 14.14　索引文件示意图

索引文件既可以满足文件的动态增长的需求,又可以较为方便和迅速地实现随机存取。因为有关逻辑块号和物理块号地信息全部放在一个集中的索引文件中,而不像串联文件那样分散在各个物理块中。

3. 文件的操作

文件是程序设计中的一个重要概念。程序设计语言提供高级文件处理操作,将程序员从使用低级文件系统调用中解放出来。文件操作使用逻辑上和文件相连的数据流,这个数据流与文件连接起来,是程序和文件通信的渠道。对输入来说,有一个输入数据流,负责将数据从外部设备读取到内存;同样地,程序使用输出数据流将信息从内存输出到文件中。

文件的操作由原始的 I/O 操作派生而来。其输入操作 Read 从字符流中得到字符序列,相关的输出操作 Write 插入一个字符序列到流中,另有操作 Get 和 Put 处理单个字符的 I/O。

流维护一个表明在流中当前位置的文件指针。Input 将文件指针前移到流中下一个未读的数据项,Output 将文件指针指向下一个输出位置。查找操作(Seek)可移动文件指针的位置,该操作假定我们已经访问文件中所有字符且可移动至文件头、文件尾或文件中某一位置。一般来说,查找操作作用在磁盘文件上。

文件通常和数据流以下述 3 种模式之一连接:只读、只写或可读写。只读和只写模式分别指定文件用作输入和输出,可读写模式允许数据流双向流动。

```
Data
  外部文件标识及其数据流的方向,从文件中读出或写入文件的字符序列
Operations
 Open
   Input              文件名及数据流方向
   Precondition       对于输入来说,外部文件必须存在
   Process            建立流与文件的连接
   Output             指示操作是否成功的标志
   Postconditions     数据可通过流在外部文件和内存中流动
 Close
   Input              无
   Preconditions      无
   Process            取消流和文件的连接
   Output             无
   Postconditions     数据无法通过流在外部文件和内部文件中流动
 Read
   Input              存放数据块的数据;计数器 N
```

Preconditions	必须用"只读"或"读写"方式打开流
Process	从流中输入 N 个字符到数组中,遇文件结束符停止
Output	返回读入字符的个数
Postconditions	文件指针前移 N 个字符

Write

Input	数组及计数器 N
Preconditions	必须用"只读"或"读写"方式打开流
Process	从数组中输出 N 个字符到流
Output	返回被写字符的个数
Postconditions	流中存放有输出的数据,文件指针前移 N 个字符

4. 文件操作示例(C 语言)

例 14.8 将键盘上输入的一个字符串(以"@"作为结束字符)以 ASCII 码形式存储到一个磁盘文件中。

```c
#include<stdio.h>
main()
{    FILE *fPtr; /*定义文件指针,用该指针来标识具体文件*/
     char ch;
     if ((fPtr = fopen("client.dat","w")) == NULL)/*以可写方式打开文件失败*/
         printf("can not open this file\n");
     else /*若文件打开成功*/
     {
         printf("input chars,@ to end\n");
         ch = fgetc(stdin); /*从标准输入设备---键盘读取一个字符*/
         while(ch != '@') /*将输入字符写入到指定文件中*/
         {
             fputc(ch,stdout); /*将输入字符输出到标准输出设备---显示器上*/
             fputc(ch,fPtr); /*将输入字符写入到指定文件中*/
             ch = fgetc(stdin);
         }
     }
     fclose(fPtr); /*关闭文件*/
}
```

5. 文件应用示例(C 语言)

例 14.9 统计 C 源文件字符数。要求编写一程序,从键盘读取若干个学生基本信息,包括学号、姓名、C 源文件名(一个文件名,包括路径),要求统计各学生的源文件字符数,并按照字符数降序顺序输出学生信息。

```c
#include<stdio.h>
#define SIZE 5

struct student{
    char no[10];        /*学号*/
    char name[20];      /*姓名*/
    char fileName[30];  /*文件名(可包含路径)*/
    int count;          /*文件中字符数*/
};

typedef struct student STUDENT;

void readStuInfo(STUDENT a[],int size);
int calculateFileChars(char * fileNamePtr);
void sort(STUDENT a[],int size);
void printfArray(STUDENT a[],int size);

main()
{
    STUDENT stu[SIZE];
    int i;

    readStuInfo(stu,SIZE);/*读取学生记录信息*/

    for(i=0;i<=4;i++)
      stu[i].count=calculateFileChars(stu[i].fileName);/*统计文件的字符数*/

    sort(stu,SIZE); /*按照字符个数降序排序*/
    printfArray(stu,SIZE);/*输出排序后的结构数组信息*/
}

/*函数功能:从键盘读入学生记录到记录数组中
   形参:记录数组名,记录数组长度
   返回值:无*/
```

```c
void readStuInfo(STUDENT a[],int size)
{
    int i;

    for(i = 0;i<= size - 1;i++)/*读取size个学生记录到数组a中*/
    {
      printf("input %d student's data:\n",i + 1);
      printf("no?");
      gets(a[i].no); /*读取学生学号*/
      printf("name?");
      gets(a[i].name); /*读取学生姓名*/
      printf("fileName?");
      gets(a[i].fileName); /*读取该学生对应的文件名(可包含路径)如:C:\\
                           files\\file2.c*/
    }
}

/*函数功能:统计ASCII文件中的字符个数。不包括:空格、回车
    形参:要统计的文件名(可包括文件路径)
    返回值:统计得到的字符个数*/
int calculateFileChars(char * fileNamePtr)
{
    FILE * cfPtr;
    char ch;
    int count = 0;

    if( (cfPtr = fopen(fileNamePtr,"r")) == NULL )
    {
      printf("can't open file\n");
      return 0;
    }
    else
    {
        ch = fgetc(cfPtr);
        while(!feof(cfPtr)) /*或者while(ch! = EOF)*/
```

```c
        {
            if(ch! = ´ ´ && ch!  = ´\n´)
                count ++ ;
            ch = fgetc(cfPtr);
        }
        fclose(cfPtr);

        return count;
    }
}


/* 函数功能:按照记录中字符数大小对数组进行降序排序。使用选择排序
   形参:记录数组名,记录数组长度
   返回值:无 */
void sort(STUDENT a[],int size)
{
    int i,j,max;
    STUDENT temp;

    for(i = 0;i< = size - 2;i ++)/* 确定 a[i]:从下标为 i~size - 1 的数组元素
                                    中找到字符数最大的那个元素下标 max,交换
                                    a[max]和 a[i] */
    {
        /* 从下标为 i~size - 1 的元素中找到字符数最大元素,将其下标赋值给 max */
        max = i;
        for(j = i + 1;j< = size - 1;j ++)
            if(a[j].count>a[max].count)
                max = j;

        /* 进行必要交换 */
        if(max! = i)
        {
            temp = a[i];
            a[i] = a[max];
            a[max] = temp;
```

```
        }

    }
}

/*函数功能:输出记录数组中各元素
  形参:记录数组名,记录数组长度
  返回值:无 */
void printfArray(STUDENT a[],int size)
{
    int i;
    printf("%10s%20s%25s%20s\n\n","no","Name","FileName","NoOfChars");
    for(i=0;i<=size-1;i++)
        printf("%10s%20s%25s%15d\n",a[i].no,a[i].name,a[i].fileName,a[i].count);
}
```

习　　题

14.1　编写一个函数,把给定的一个一维数组的诸元素循环右移 j 位。

14.2　编写一个函数,把给定的一个一维数组的诸元素右移 j 位,左边出现的空位以 0 补足。

14.3　编写函数 strReverse,把给定的字符串反序。

14.4　编写函数 strCar,把给定的两个字符串连接起来。

14.5　声明描述日期(年、月、日)的结构体类型。编写函数,以参数方式传入某日期,计算相应日期在相应年是第几天,并以函数值形式返回。

14.6　设计描述学生成绩单(包括学号、班级、姓名和 3 门课程成绩)的数据类型,编写如下函数:

(1) 输入一个学生的信息;

(2) 输出一个学生的信息;

(3) 统计每个人各门功课的成绩和总成绩;

(4) 统计全班每门课程的平均分、最高分和最低分。

14.7 什么是指针？说明指针变量和指针所指变量的区别。

14.8 给出所有可施加于指针上的运算，并说明它们的意义。

14.9 编写程序，把给定字符串的从 m 开始以后的字符复制到另一个指定的字符串中。

14.10 改写 14.6，假设学生的信息（包括学号、班级、姓名和 3 门课程成绩）已经预先写入文件中。要求从该文件中读取信息，统计每个人各门功课的成绩和总成绩，并写入另一文件中。

第 15 章 线性数据结构

正如本书第一篇所述,计算机原是作为能够方便和快速地进行复杂、耗时计算的工具而发明的,但随着计算机应用的普及和发展,计算机存取和处理大量信息的能力和作用却愈加重要。对于计算机所要处理的信息而言,这些信息在某种意义上表示了对现实世界的抽象,是由从现实世界抽象出的数据集合组成的,该数据集合与所需求解的问题有关,并可由此求解出所需的结果。

需要强调的是,数据是对现实的抽象,即抽取出与特定问题相关的对象的特征和性质,而忽略现实对象中与特定问题不相干的某些性质和特征。

下面的问题就是如何选择信息表示的方法。这一选择实际上受计算机的信息表示能力的制约,基于我们前面所述的可编程结构模型,我们可以将程序设计语言理解为一个抽象的计算机,这样该程序设计语言所提供的数据表示方法(基本数据类型、构造的数据类型)和能力就为我们将由现实世界抽象而来的信息再转换为计算机世界的表示提供了平台支撑的作用。而这些数、数组、集合等数据类型的表示和操作如何转换成二进位、"字节"、移位等表示和操作就不需要我们程序员关心了,这些琐碎和繁杂的工作都由编译程序来完成。

基于上述思路我们可以得出这样的概念,如果信息的表示越接近对现实世界的抽象,那么对于程序设计人员来说就越容易做出对信息表示方法的选择,越容易处理现实世界的问题。数据结构的概念就是在这个背景下提出来的。

数据结构是一种更高层的信息表示方法,是一种更抽象的数据类型,它建立在基本数据类型和构造数据类型的基础上,定义了新的数据之间的逻辑关系和数据的存储方式,并封装了在此结构上的数据操作。比如我们前面提到的线性表、树、图等都是对现实世界事物的信息抽象。正像我们讨论数据类型时所强调的,数据结构(或抽象数据类型)除了利用集合、关系等数学方法定义新的数据之间的关系来增加信息的表示方法和能力(如树、图)之外,还需要利用某种程序设计语言来定义和说明它的存储方式和结构,以及设计它的数据操作算法。所以说数据的逻辑结构、数据的存储结构以及定义在数据上的操作构成了数据结构的三要素。本章我们将以线性表(线性结构)为例,来对3个要素分别进行讲述。

15.1　线性表的逻辑结构

数据的逻辑结构从逻辑关系上描述数据,与数据的存储无关,是独立于计算机的,一般我们是用集合、关系来定义数据的逻辑结构。数据的逻辑结构可以看作是从具体问题抽象出来的数学模型。

线性表的逻辑结构定义

首先明确,线性表是一个数据元素的集合,但不是一个无序的集合,它是表示数据元素之间某种关系(线性关系)的集合。

线性表又称线性结构。线性结构的特点是数据元素之间是一种线性关系,所谓线性关系就是数据元素是"一个接一个地排列"。在一个线性表中数据元素的类型是相同的,或者说线性表是由同一类型的数据元素构成的线性结构。在实际问题中线性表的例子是很多的,如学生情况信息表是一个线性表,表中数据元素的类型为学生类型;一个字符串也是一个线性表,表中数据元素的类型为字符型,等等。

综上所述,我们基于第 12 章所述的集合和关系给出线性表的定义如下:

线性表是具有相同数据类型的 $n(n \geqslant 0)$ 个数据元素的有限序列,通常记为

$$(a_1, a_2, \cdots a_{i-1}, a_i, a_{i+1}, \cdots, a_n)$$

其中 n 为表长,$n=0$ 时称为空表。

由此,我们抽象出线性表的逻辑结构定义:

数据对象　$D = \{a_i \mid a_i \in \text{ElemSet}, i=1,2,\cdots,n, n \geqslant 0\}$

线性关系　$L = \{\langle a_{i-1}, a_i \rangle \mid a_{i-1}, a_i \in D, i=2,\cdots,n\}$

可以看出,线性关系是数据对象集合 D 的 $D \times D$ 笛卡儿积的一个子集。对于非空的线性表,其逻辑结构具备以下特征:

(1) 有且仅有一个开始结点 a_1,它没有直接前趋,有且仅有一个直接后继 a_2;

(2) 有且仅有一个终结结点 a_n,它没有直接后继,有且仅有一个直接前趋 a_{n-1};

(3) 其余的内部结点 $a_i (2 \leqslant i \leqslant n-1)$ 都有且仅有一个直接前趋 a_{i-1} 和一个后继 a_{i+1}。

15.2　线性表的存储结构

数据的存储结构是逻辑结构用计算机语言的实现(亦称为映像),它依赖于计算机语言。对机器语言而言,存储结构是具体的,它定义了数据元素及其关系在计算机存储器内的表示。一般,只在高级语言的层次上讨论存储结构。

基于我们上一章讨论的构造数据类型,一般的数据存储方式分为两种,即连续的存储分配方式(如数组类型)和不连续的存储分配方式(如指针)。对应数据的逻辑结构在计算

机语言的映像,我们也可以采用上面的两种存储分配方式。线性表的两种存储方法为:顺序存储和链式存储。若采用顺序存储,则称为**顺序表**;而若采用链式存储,则称为**链表**。

1. 顺序表(数组存储方式)

(1) 顺序表的定义

① 顺序存储方法

即把线性表的结点按逻辑次序依次存放在一组地址连续的存储单元里的方法。

② 顺序表(Sequential List)

用顺序存储方法存储的线性表简称为顺序表(Sequential List)。

(2) 结点 a_i 的存储地址

不失一般性,设线性表中所有结点的类型相同,则每个结点所占用存储空间大小亦相同。假设表中每个结点占用 c 个存储单元,其中第一个单元的存储地址则是该结点的存储地址,并设表中开始结点 a_1 的存储地址(简称为基地址)是 $LOC(a_1)$,那么结点 a_i 的存储地址 $LOC(a_i)$ 可通过下式计算:

$$LOC(a_i) = LOC(a_1) + (i-1) \times c \qquad 1 \leqslant i \leqslant n$$

在顺序表中,每个结点 a_i 的存储地址是该结点在表中的位置 i 的线性函数。只要知道基地址和每个结点的大小,就可在相同时间内求出任一结点的存储地址,是一种随机存取结构。

(3) 顺序表类型定义(实际是数组的类型定义)

```
#define ListSize 100        //表空间的大小可根据实际需要而定,这里假设为 100
typedef int DataType        //DataType 的类型可根据实际情况而定,这里假设为 int
typedef struct {
    DataType data[ListSize];    //向量 data 用于存放表结点
    int length;                 //当前的表长度
}SeqList;
```

(4) 顺序表的特点

顺序表是用向量实现的线性表,向量的下标可以看作结点的相对地址。因此顺序表的特点是逻辑上相邻的结点其物理位置亦相邻。

2. 链表(利用指针链接)

(1) 链接存储方法

链接方式存储的线性表简称为链表(Linked List)。

链表的具体存储表示为:

① 用一组任意的存储单元来存放线性表的结点(这组存储单元既可以是连续的,也可以是不连续的);

② 链表中结点的逻辑次序和物理次序不一定相同,为了能正确表示结点间的逻辑关系,在存储每个结点值的同时,还必须存储指示其后继结点的地址(或位置)信息(称为指针(pointer)或链(link))。

链式存储是最常用的存储方式之一,它不仅可用来表示线性表,而且可用来表示各种非线性的数据结构。

(2) 链表的节点结构

data	next

data 域:存放节点值的数据域。

next 域:存放结点的直接后继的地址(位置)的指针域(链域)。

链表(bat,cat,eat,fat,hat,jat,lat,mat)的结构如图 15.1 所示。

存储地址	数据域	指针域
⋮	⋮	⋮
110	hat	200
⋮	⋮	⋮
130	cat	135
135	eat	170
⋮	⋮	⋮
160	mat	NULL
165	bat	130
170	fat	110
⋮	⋮	⋮
200	jat	205
205	lat	160
⋮	⋮	⋮

头指针 head : 165

图 15.1 单链表示意图-1

(3) 头指针 head 和终端结点指针域的表示

单链表中每个结点的存储地址是存放在其前趋结点 next 域中,而开始结点无前趋,故应设头指针 head 指向开始结点。

链表由头指针唯一确定,单链表可以用头指针的名字来命名。因此头指针名是 head 的链表可称为表 head。

终端结点无后继,故终端结点的指针域为空,即 NULL。

(4) 链表的一般图示法

由于我们常常只注重结点间的逻辑顺序,不关心每个结点的实际位置,可以用箭头来表示链域中的指针,线性表(bat,cat,eat,fat,hat,jat,lat,mat)的链表就可以表示为如图 15.2 所示的形式。

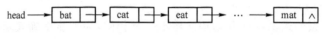

图 15.2　单链表示意图-2

(5) 单链表类型描述

```
typedef char DataType;          //假设结点的数据域类型为字符
typedef struct node{            //结点类型定义
    DataType data;              //结点的数据域
    struct node * next;         //结点的指针域
}ListNode;
typedef ListNode * LinkList;
ListNode * p;
LinkList head;
```

注意:

① LinkList 和 ListNode * 是不同名字的同一个指针类型(命名的不同是为了概念上更明确);

② LinkList 类型的指针变量 head 表示它是单链表的头指针;

③ ListNode * 类型的指针变量 p 表示它是指向某一结点的指针。

15.3　线性表的操作

数据的运算定义在数据的逻辑结构上,每种逻辑结构都有一个运算的集合。最常用的检索、插入、删除、更新、排序等运算实际上只是在抽象的数据上所施加的一系列抽象的操作。所谓抽象的操作,是指我们只知道这些操作是"做什么",而无需考虑"如何做"。只有确定了存储结构之后,才考虑如何具体实现这些运算。

线性表上的基本操作

(1) 线性表初始化:Init_List(L)。

初始条件:表 L 不存在。

操作结果:构造一个空的线性表。

(2) 求线性表的长度:Length_List(L)。

初始条件:表 L 存在。

操作结果:返回线性表中的所含元素的个数。

(3) 取表元:Get_List(L,i)。

初始条件:表 L 存在且 $1 \leqslant i \leqslant$ Length_List(L)。

操作结果:返回线性表 L 中的第 i 个元素的值或地址。

(4) 按值查找:Locate_List(L,x),x 是给定的一个数据元素。

初始条件:线性表 L 存在。

操作结果:在表 L 中查找值为 x 的数据元素,其结果返回在 L 中首次出现的值为 x 的那个元素的序号或地址,称为查找成功;否则,在 L 中未找到值为 x 的数据元素,返回一特殊值表示查找失败。

(5) 插入操作:Insert_List(L,i,x)

初始条件:线性表 L 存在,插入位置正确($1 \leqslant i \leqslant n+1$,$n$ 为插入前的表长)。

操作结果:在线性表 L 的第 i 个位置上插入一个值为 x 的新元素,这样使原序号为 i,$i+1$,…,n 的数据元素的序号变为 $i+1$,$i+2$,…,$n+1$,插入后表长=原表长+1。

(6) 删除操作:Delete_List(L,i)

初始条件:线性表 L 存在,$1 \leqslant i \leqslant n$。

操作结果:在线性表 L 中删除序号为 i 的数据元素,删除后使序号为 $i+1$,$i+2$,…,n 的元素变为序号为 i,$i+1$,…,$n-1$,新表长=原表长-1。

说明:

① 某数据结构上的基本运算,不是它的全部运算,而是一些常用的基本的运算,而每一个基本运算在实现时也可能根据不同的存储结构派生出一系列相关的运算来。比如线性表的查找在链式存储结构中还会有按序号查找;再如插入运算,也可能是将新元素 x 插入到适当位置上等等,不可能也没有必要全部定义出它的运算集,读者掌握了某一数据结构上的基本运算后,其他的运算可以通过基本运算来实现,也可以直接去实现。

② 在上面各操作中定义的线性表 L 仅仅是一个抽象在逻辑结构层次的线性表,尚未涉及到它的存储结构,因此每个操作在逻辑结构层次上尚不能用具体的某种程序语言写出具体的算法,而算法的实现只有在存储结构确立之后。

15.4 线性表的基本操作实现

下面我们以链表存储方式和数组存储方式分别建立线性表,线性表的建立是以插入操作为基本操作,通过程序结构的控制实现的。该例简要说明利用链表存储方式实现线性表数据结构。正如我们在讲述链表存储结构时所述,链表首先要定义头指针,通过头指针进行链表的访问操作,同时还要定义链表的结束标志,我们一般用空指针值"NULL"表示。

例 15.1 利用链表的插入操作生成链表。

```c
/* 链表操作示例 */
#include <stdio.h>
#include <stdlib.h>

struct listNode                              /* 定义链表结点的结构 */
    { char data;
      struct listNode * nextPtr;
    };
typedef struct listNode LINKNODE;
typedef LINKNODE * LINKNODEPTR;

void insert (LINKNODEPTR * , char);          /* 链表结点的插入操作 */
void printlist (LINKNODEPTR);

main ()
{
  LINKNODEPTR head = NULL;                   /* 定义链表的头指针 */
  int choice;
  char item;

  printf("Pls enter char, 0 is end:");
  scanf(" %c",&item);
  while (item! = '0')
    { insert(&head,item);                    /* 调用插入结点的操作 */
      scanf(" %c",&item);                    /* 继续输入 */
    }
  printf("\n");
  printlist(head);                           /* 调用输出链表的操作 */
}

/* 定义插入结点的操作,该操作是将结点插入在第 1 个结点的位置 */
```

```c
void insert (LINKNODEPTR * sPtr, char value) /* 函数参数是传地址(引用) */
{
    LINKNODEPTR newPtr,previousPtr,currentPtr;
    newPtr = (LINKNODE * )malloc(sizeof (LINKNODEPTR));/* 此处注意强制指针类
                                                           型转换 */
    newPtr->data = value;
    newPtr->nextPtr = NULL;

    /* 插入表中第 1 个元素位置 */
    newPtr->nextPtr = * sPtr;
    * sPtr = newPtr;

}
void printlist (LINKNODEPTR currentPtr)
{
    while (currentPtr != NULL)
    {
        printf("%c--->",( * currentPtr).data);
        currentPtr = currentPtr->nextPtr;
    }
    printf("NULL \n\n");
}
```

例 15.2 以数组方式实现的线性表。

```c
/* 这个程序设计了比较通用的数组结构上的操作函数,并利用这些函数构建数组 */
#include <stdio.h>
#include <stdlib.h>
#define SIZE 5

void outputarray(int data[],int);
void insertelement(int data[],int,int,int,int);

main()
{
    int score[SIZE];
    int i,grade,elementsum; /* elementsum 记录数组当前的元素个数 */
```

```c
    /* 构建数组 */
    printf("请输入不超过%d个学生的成绩,结束为-1\n",SIZE);
    i=0; elementsum=0;
    scanf("%d",&grade);
    while (i<SIZE && grade!=-1)
      {
         insertelement(score,SIZE,elementsum,i,grade);   /* 调用插入数组元
                                                            素的函数,并返
                                                            回插入位置 */

         i++; elementsum++;
         scanf("%d",&grade);
      }
    /* 构建数组结束 */
    outputarray(score,elementsum);
    return 0;
}
/* 函数功能:在数组中的position位置上插入元素element
   参数说明:数组定义的大小,数组中已存放元素的个数 */
void insertelement(int data[],int arraysize,int elementsize,int position,
int element)
{
    int i,temp;
    if (position<=(arraysize-1)) /* 参数正确性检查 */
        if (position<elementsize)  /* 判断是否移动数组元素 */
           {
             i=elementsize;
             while (i>=position)
               { data[i+1]=data[i]; i--; }
           }
    data[position]=element;           /* 插入数组元素 */
    /* return position; */
}


void outputarray(int data[],int elementsize)
```

```
{
    int i = 0;
    printf("\n");
    for (i = 0; i<elementsize; i++)
    printf("%3d",data[i]);
}
```

15.5 算法设计实例

例 15.3 选择排序。

排序问题是线性表中经常遇到的问题,比如我们需要按学生成绩进行排序,需要按学生姓名的字母顺序进行排序等等,因此排序算法也是算法设计中经常讨论的问题,目前已知了很多经典的排序算法,如:选择排序、冒泡排序、快速排序等。下面我们以选择排序为例进行讨论。

问题定义 我们以顺序表(数组)的方式构建了一个线性表,需要对数组元素按照从大到小(降序)的顺序重新排列,要求以最小的额外存储代价实现上述要求。

求解思路 所谓选择就是扫描当前数组元素,选择最大值元素,放到(交换到)当前的最前面。采用递推的设计思想,初始是从 $[0, N-1]$ 中找最大值元素,进行交换元素操作,然后再 $[1, N-1]$,$[2, N-1]$…以此类推,重复上述操作,直到 $[N-1, N-1]$ 为止。

```
/* 这个程序实现了数组的排序(升/降),基于比较通用的数组结构上的操作函数。*/
#include <stdio.h>
#include <stdlib.h>
#define SIZE 5

void outputarray(int data[],int);
int findmax(int data[],int,int);

main()
{
    int score[SIZE];
    int i,grade,elementsum;      /* elementsum 记录数组当前的元素个数 */
    int temp,loc;                /* 用于排序 */
    /* 此处略去构建数组的程序 */
```

```c
    /* 选择排序（降序）*/
    for (i=0; i<elementsum; i++)
      {
        loc=findmax(score,elementsum,i);    /* 查找最大值元素的下标 */
        printf("%d",loc);
        temp=score[i];                       /* 元素交换 */
        score[i]=score[loc];
        score[loc]=temp;
      }
    outputarray(score,elementsum);
    return 0;
}


/* 函数功能:找数组中的最大值元素,并返回其下标
   参数说明:数组名,数组中已存放元素的个数,开始查找的下标 */
int findmax(int data[], int elementsize,int startloc)
{
    int i,maxloc;                /*数组中最大元素值的下标*/

    maxloc=startloc;             /*设置初始值*/
    for (i=startloc; i<elementsize; i++)
     if (data[i]>data[maxloc])   /*比较、更新*/
        maxloc=i;
    return maxloc;               /* 返回最大值的下标*/
}
void outputarray(int data[],int elementsize)
{
    int i=0;
    printf("\n");
    for (i=0; i<elementsize; i++)
     printf("%3d",data[i]);
}
```

例 15.4 求 100 以内的全部素数。

问题定义 这是整数论中的基本问题之一。兼任亚历山大图书馆馆长的希腊学者爱

拉托斯散(Eratosthenes,公元前 276～194 年)设计了一种可以确定 100 以内全部素数的方法,被称为"希腊人的筛子",至今仍被认为是求素数的简单而高效的方法。

基本思路 因为 1 不是素数,所以从 2 开始,将 2 的整数倍的数(比如 4、6、8…这些数为合数)筛掉,然后再将 3 的整数倍的数按照上述方法筛掉,这样将[2,100]中筛掉全部合数(非素数),剩下的就是不大于 n 的全部素数。由于要保存中间的处理和输出最终的结果,所以我们必须采用一种数据结构来完成上述的求解思路,经过分析,我们确定用数组的方式存放 100 以内的数,然后在该数组上进行操作和处理,完成求解任务。

具体做法为:

(1) 把 $2,3,\cdots,n$ 顺序置于数组 sieve[2..n](数组是一种顺序存储结构,用来存放有序的数据集合);

(2) 从 sieve 中找出最小的自然数 next,它便是下一个所判定的素数;

(3) 将 sieve 中大于 next 的所有整数倍的数(合数)筛去(置零);

(4) 如果 next$<\sqrt{n}$,则说明 sieve 中的合数有可能尚未筛尽,转(2)继续筛选;

(5) 依次取出 sieve 中剩下的自然数(即不大于 n 的全部素数)。

下面我们采用自顶向下逐步求精的方法设计该算法。

第一阶段(对问题求解任务进项分解):

把2~100的自然数放到数组sieve[2…100]中
从sieve中筛去一切合数
输出所得素数 (sieve中所剩下的自然数就是所要求的全部素数。)

第二阶段(第二步处理需要进一步求精):

[从sieve中筛去一切合数]
设变量next表示当前最小素数,初值为2,即:next←2;
当: 尚未处理完所有的素数
筛掉该数的所有 (<100) 整数倍的数(合数)
确定下一个最小素数(非合数)

根据上面的求精进一步细化:

这样我们就得到该问题的求解算法:

如果将 next≤100 的条件改为 next$<\sqrt{100}$,则可提高算法的执行效率。开始的设置数组以及最后的输出结果操作可采用循环结构进行,这里就不再细化了。

[筛掉该数的所有（<100）整数倍的数(合数)]

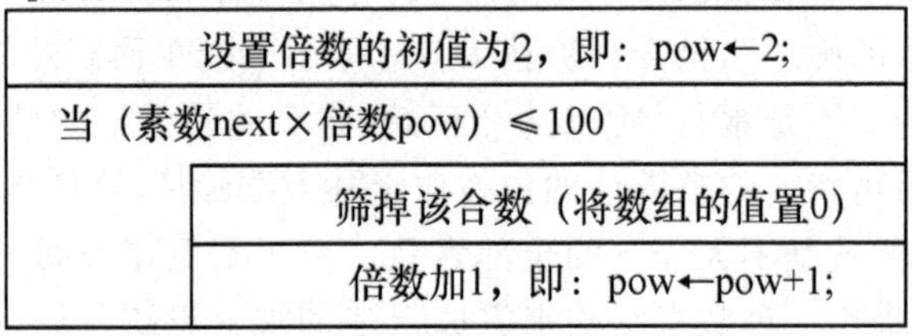

设置倍数的初值为2，即：pow←2;
当（素数next×倍数pow）≤100
筛掉该合数（将数组的值置0）
倍数加1，即：pow←pow+1;

[确定下一个最小素数（非合数）]

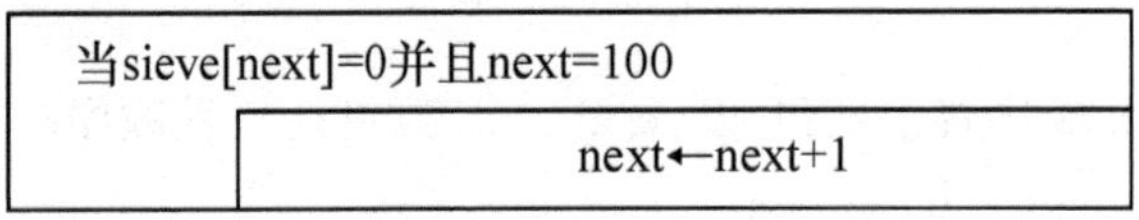

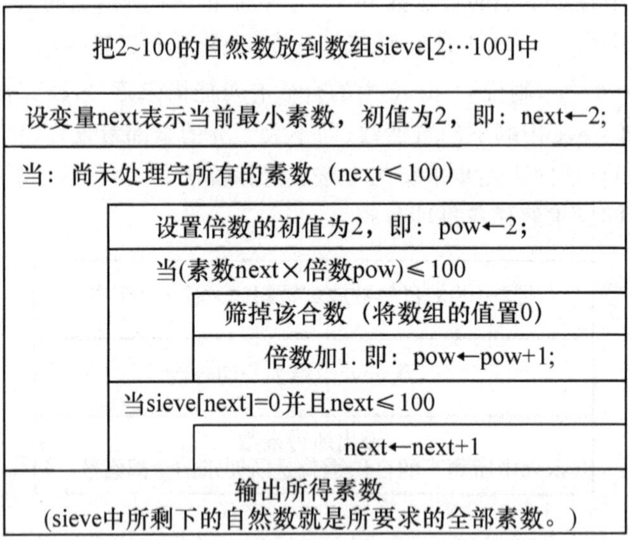

当sieve[next]=0并且next=100
next←next+1

把2~100的自然数放到数组sieve[2…100]中
设变量next表示当前最小素数，初值为2，即：next←2;
当：尚未处理完所有的素数（next≤100）
设置倍数的初值为2，即：pow←2;
当(素数next×倍数pow)≤100
筛掉该合数（将数组的值置0）
倍数加1. 即：pow←pow+1;
当sieve[next]=0并且next≤100
next←next+1
输出所得素数 (sieve中所剩下的自然数就是所要求的全部素数。)

图 15.3　求 100 的内全部素数的算法描述

第 16 章　递归算法设计(二)

16.1　汉诺塔问题

递归的强大功能使得许多问题有非常简单而优雅的解决方法。我们将概括性地介绍一些问题以及利用递归进行问题求解的技术。

例 16.1　汉诺(Hanoi)塔。

喜欢玩智力游戏的人很久以来一直着迷于汉诺塔问题。传说布拉马圣殿(Temple of Brahma)的教士们有一黄铜烧铸的平台,上立 3 根金刚石柱子。A 柱上堆放了 64 个金盘子,每个盘子都比其下面的盘子略小一些。当教士们将盘子全部从 A 柱移到 C 柱以后,世界就到了末日。当然,这个问题还有一些特定的条件,那就是在柱子之间只能移动一个盘子并且任何时候大盘子都不能放到小盘子上。教士们当然还在忙碌着,因为这需要 $2^{64}-1$ 次移动。如果一次移动需要一秒钟,那么全部操作需要 5 000 亿年以上时间。

智力游戏爱好者会被汉诺塔的问题难住,而计算机科学家则可以用递归迅速解出这道题。我们用带 6 个盘子的柱子演示这个问题,如图 16.1 所示。我们将先把 5 个盘子移到 B 柱上,然后再把最大的盘子移到 C 柱上。

这样,问题就简化成仅仅将 5 个盘子从 B 柱移到 C 柱。用同样的算法,我们只需要将上面 4 个盘子先移走,然后将大盘子从 B 移到 C 上。这样,我们要移动的只剩下 4 个盘子。这一过程反复进行下去直到只剩下一个盘子时将其移到 C 柱上。

很显然这是一种递归解法。它将问题分解成若干同样类型的小问题,移动一个盘子的简单操作就是终止条件。

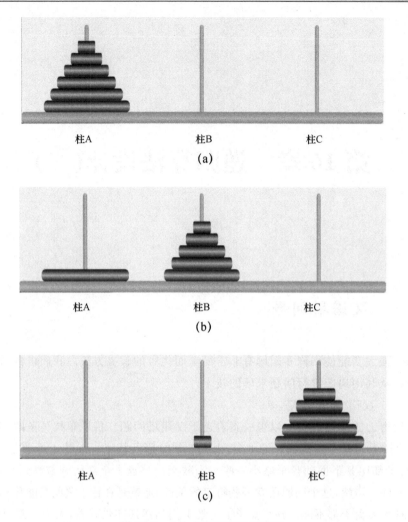

图 16.1 6 个盘子的移动示意图

采用递归的思想,要将 n 个圆盘的问题转化为 $(n-1)$ 个圆盘的问题,这样问题就变为:

(1) 将柱 A 上面的 $(n-1)$ 个圆盘,即编号为 1 到 $(n-1)$ 的圆盘,移到柱 B 上,中间通过柱 C 为辅助,这就成了一个 $(n-1)$ 个圆盘的问题了;

(2) 将柱 A 上的最后一个圆盘,即编号为 n 的圆盘,移到柱 C 上;

(3) 再将柱 B 上的 $(n-1)$ 个圆盘,即编号为 1 到 $(n-1)$ 的圆盘,移到柱 C 上,中间以柱 A 为辅助,这又成了一个 $(n-1)$ 个圆盘的问题。

将 n 个圆盘的问题转化为 $(n-1)$ 个圆盘的问题后,我们可以继续把 $(n-1)$ 个圆盘的问题转化为 $(n-2)$ 个圆盘的问题……直到最后变成 1 个圆盘的问题,这时候,问题就很容易解决了(直接移动就可以了)。

下面就是设计的算法程序(C语言)。为了叙述方便,以下代码注释中的数字用于标识代码行号。

```c
#include<stdio.h>                                   /*1*/
#define FROM 1                /* 定义柱子的编号 2*/
#define MED 2                                       /*3*/
#define TO 3                                        /*4*/
void move(int n,int from,int med,int to);  /* 盘子移动的子程序 5*/
main()                                              /*6*/
{                                                   /*7*/
    int num;                        /* 需要移动的盘子数 8*/
    printf("the number of plate is:");              /*9*/
    scanf("%d",&num);                              /*10*/
    move(num,FROM,MED,TO);                         /*11*/
}                                                  /*12*/


/*   将n个盘子借助于med,从from柱子移动到to柱子。           */
/*   这个过程可以分解成如下3步:                             */
/*     1、将(n-1)个盘子从柱子from,借助于柱子to,移到柱子med;  */
/*     2、将第n个盘子直接从柱子from移动到柱子to;             */
/*     3、将(n-1)个盘子从柱子med,借助于柱子from,移到柱子to;  */
/*   参数说明:n:要移动的盘子个数;from:源柱,med:辅助的柱子,
              to:目标柱                                   */
void move(int n,int from,int med,int to)       /*13*/
{                                              /*14*/
    if (n==1)                                  /*15*/
        printf("%d#盘子从柱%d->柱%d\n",n,from,to);  /*16*/
    else                                       /*17*/
    {                                          /*18*/
        move(n-1,from,to,med);          /* 第1步 19*/
        printf("%d#盘子从柱%d->柱%d\n",n,from,to);  /* 第2步 20*/
        move(n-1,med,from,to);          /* 第3步 21*/
    }                                          /*22*/
```

}   /*23*/

程序运行情况如下：
the number of plate is:3
1#盘子从柱1→柱3
2#盘子从柱1→柱2
1#盘子从柱3→柱2
3#盘子从柱1→柱3
1#盘子从柱2→柱1
2#盘子从柱2→柱3
1#盘子从柱1→柱3

读者可以根据程序运行结果，自己动手"搬"一下这3个盘子，看看是否能按照规则将3个盘子从柱1移动到柱3。

下面，我们来分析一下 move 函数的递归调用过程，如图 16.2 所示。通过这种走程序的方式，让大家对递归过程有一个更清楚的认识。为了直观起见，我们此处不是通过栈的变化来描述函数调用和返回过程，而是用一个矩形代表函数的一次调用，矩形又分成上下两部分，上半部分代表本次函数调用的运行环境，下半部分代表本次函数调用执行的代码。矩形之间连线的箭头代表了函数调用方向，连线上的数字代表了函数调用和返回的次序。

下面对图 16.2 做一简单说明。当运行到 main 函数的第 11 行时，发生函数调用 move(3,1,2,3)，此时将会给 move 函数开辟运行空间，主要用来保存形参和返回地址的值，执行参数结合后运行空间状态如下：n=3,from=1,med=2,to=3,返回地址=11 行。然后执行 move 函数的第 19 行，发出递归调用 move(2,1,3,2)。此时又开辟运行空间，进行参数结合……

图中的标号①～⑦代表了屏幕输出的顺序。大家可以看到，输出结果和程序运行结果是一致的。

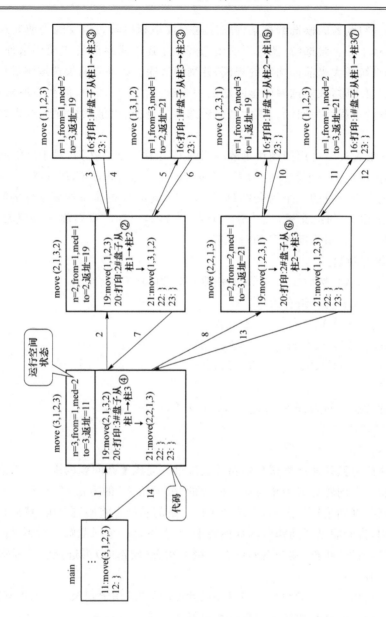

图 16.2 移动 3 个盘子的递归调用过程示意图

16.2 回溯算法设计

回溯法也称为试探法,是一种常用的程序设计技术,该方法首先暂时放弃关于问题规模大小的限制,并将问题的候选解按某种顺序逐一枚举和检验。当发现当前候选解不可能是解时,就选择下一个候选解;倘若当前候选解除了还不满足问题规模要求外,满足所有其他要求时,继续扩大当前候选解的规模,并继续试探。如果当前候选解满足包括问题规模在内的所有要求时,该候选解就是问题的一个解。在回溯法中,放弃当前候选解,寻找下一个候选解的过程称为回溯。扩大当前候选解的规模,以继续试探的过程称为向前试探。

回溯法的一般描述 可用回溯法求解的问题P,通常要能表达为:对于已知的由n元组$(x_1,x_2,\cdots,x_n)$组成的一个状态空间$E=\{(x_1,x_2,\cdots,x_n)|x_i\in S_i,i=1,2,\cdots,n\}$,给定关于$n$元组中的一个分量的一个约束集$D$,要求$E$为满足$D$的全部约束条件的所有$n$元组。其中$S_i$是分量$x_i$的定义域,且$|S_i|$有限,$i=1,2,\cdots,n$。我们称$E$中满足$D$的全部约束条件的任一$n$元组为问题P的一个解。

例16.2 组合问题。

问题描述:找出从自然数1、2、$\cdots$、n中任取r个数的所有组合。

例如$n=5,r=3$的所有组合为:

(1) 1,2,3;   (2) 1,2,4;   (3) 1,2,5;
(4) 1,3,4;   (5) 1,3,5;   (6) 1,4,5;
(7) 2,3,4;   (8) 2,3,5;   (9) 2,4,5;
(10) 3,4,5。

则该问题的状态空间为:$E=\{(x_1,x_2,x_3)|x_i\in S,i=1,2,3\}$。

其中:$S=\{1,2,3,4,5\}$。

约束集为:$x_1<x_2<x_3$。

回溯法的一般思路是通过尝试与纠错的处理过程完成复杂问题的求解。求解问题的思路还是按照将复杂问题分解为相对简单问题的"分而治之"的方法,只是在"尝试"的过程中需要按照某些规则选择候选解,在选择了候选解的基础上将问题分解,然后再重复上面的"尝试"过程,直到满足了问题解的规模要求,或者不是一个问题解。当不是问题解的时候需要"纠错",所谓"纠错"就是返回到上一级的状态(候选解)再选择新的候选解继续"尝试",这就是回溯。

回溯法是常应用于一些特别有趣的程序设计课题的"通用解题法",比如迷宫问题、人狼过河问题等。通常尝试与纠错的处理过程自然地表达为递归方式。下面我们以骑士巡游的问题作为例子来说明分解子任务的一般原理和递归的应用。

给出一块$n\times n$的格子的棋盘,一位骑士放在初始坐标为$<X_0,Y_0>$的格子里并按照象棋的移动规则移动,提出的问题是:是否可以找到可以走遍整个棋盘的方案?即经过一个n^2-1次移动的巡游,使得棋盘上每一个格子恰好被访问一次。

遍历n^2个格子问题分析如下。

(1) 为了求解n^2格子棋盘的遍历,我们需要设计一个数据结构来表示和存放这个棋盘,那么最直接的抽象就是利用二维数组来实现。

(2) 骑士按照移动规则(走日字)的操作是 $<X_i\pm 1,Y_i\pm 2>$,$<X_i\pm 2,Y_i\pm 1>$,(需要根据当前坐标的位置来判断移动是否超越棋盘的边界),因此在当前位置下的可移动的操作就是候选解。

(3) 选择了一个候选解后(即占用了棋盘的一个格子),棋盘的空间就减少了一个格子,这样就将 n^2 格子棋盘的遍历问题简化为 n^2-1 格子的遍历问题。对于剩余空间的遍历,我们仍然采用选择候选解的方法,再将问题空间变小,这就是递归的思想。

(4) 递归的结束条件是:或者找到问题解(即遍历成功),或者是没有候选解但遍历未成功。对于未成功的情况需要回溯进行纠错,返回到上一层继续尝试其他的候选解,如果仍然没有候选解则需要再回溯,以此类推。

基本思路是在某一状态(当前坐标,已经走了 $i-1$ 步)下考虑完成下一步(第 i 步)的移动或发现无路可走的问题。因此我们可以设计一个从当前坐标 (x,y) 出发,在已经走了 $i-1$ 步后试图完成下一步移动(即走第 i 步)的算法,图 16.3 是该子程序的一个描述。

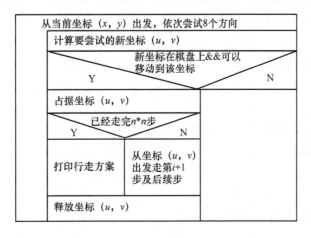

图 16.3 从坐标 (x,y) 出发走第 i 步及后续步算法描述

如果我们要更确切地描述该算法,就需要对数据表示法做出某种决定,这里我们可以选用矩阵(二维数组)表示棋盘;同时我们需要跟踪棋盘格子依次被占的历史,可以选用整数值表示格子被占的情况;接下来是需要确定合适的参数,这些参数确定下一步移动的初始状态,并报告成功与否的消息。

本程序代码如下(假设是 5×5 的棋盘)。

```
#include<stdio.h>
#define SIZE 5

int row[8] = {1,2,2,1,-1,-2,-2,-1};/*8个方向上的x增量*/
int col[8] = {-2,-1,1,2,2,1,-1,-2};/*8个方向上的y增量*/
```

```c
int h[SIZE][SIZE];/*记录走的路径*/
int num;/*记录方案个数*/

void printSolution();/*打印方案*/
void try(int,int,int);

main()
{
    int row,col;
    /*初始化*/
    num = 0;
    for(row = 0;row< = SIZE - 1;row ++ )
      for(col = 0;col< = SIZE - 1;col ++ )
         h[row][col] = 0;

/*占据位置(0,0)*/
    h[0][0] = 1;

    /*从(0,0)出发,为第二步找位置*/
    try(0,0,2);

    /*输出总方案数*/
    printf("总方案数为 % d",num);
}

/*从(x,y)出发,为第 i 步及后续步找合适位置*/
/*从坐标<x,y>出发,求第 i 步到第 SIZE * SIZE 步*/
void try(int x,int y,int i)
{
   int dir,u,v;

    for(dir = 0;dir< = 7;dir ++ ){/*依次试遍 8 个方向*/
       u = x + row[dir]; /*得到的新坐标*/
       v = y + col[dir];
```

```
        /*如果新坐标在棋盘上,并且这一格可以走*/

    if (u>=0 && u<=SIZE-1 && v>=0 && v<=SIZE-1 && h[u][v]==0){
        h[u][v]=i;/*占据位置[u,v]*/

        if(i==SIZE*SIZE){/*已走完25步,则统计方案个数,打印方案,跳出
                        递归*/
            num++;
            printSolution();//打印方案
        }
        else
            try(u,v,i+1); // 从step[i]出发,求(step[i+1]~step[SIZE*SIZE])
        h[u][v]=0;//清空位置
    }
  }
}

/*打印方案,即输出二维数组h的内容*/
void printSolution()
{
    int row,col;

    for(row=0;row<=SIZE-1;row++)
    {
        for(col=0;col<=SIZE-1;col++)
            printf("%4d",h[row][col]);
        printf("\n");
    }
    printf("\n\n");
}
```

从上面的例子可以总结出这类问题求解算法的典型特征是:尝试各种可能的求解步骤并加以记录,当发现某步骤进入"死胡同"不能最终解决问题时,就将它再取出来从记录中删掉,这个过程称为"回溯"。

习 题

16.1 把一个整数作为字符串打印出来,要求数字是以相反顺序生成的,低位数字先于高位数字生成,但他们必须以相反的顺序打印出来。要求用递归法实现。

16.2 设计一个函数,用折半查找法在一个已排序的整型数组(如按升序)中查找一个特定值。要求用递归法实现。

16.3 八皇后问题:在 8×8 的国际象棋盘上放置 8 个皇后,使其不能相互攻击(即任意两个皇后不能在同一行、同一列、同一斜线上)。试用递归法求出所有符合条件的布局。

第 4 篇 计算学科导论与学科知识体系

引　言

　　随着计算机技术的飞速发展,以计算机为基础的信息技术迅速扩展并影响到社会的各个领域,计算机技术和基于计算机的应用技术已经成为信息社会的重要基础设施。计算所覆盖的领域在不断地、迅速地扩展。正是在这样的形势下,"计算"及"计算学科"需要重新给与定义和定位。计算(Computing)学科长期以来被认为代表了两个重要的领域,一个是计算机科学,另一个是计算机工程。随着科学技术的发展,IEEE、ACM 在 CC2001 中将计算学科划分为 4 个领域,分别是:计算机科学、计算机工程、软件工程和信息系统。近期的 CC2004 报告中,在上述 4 个领域的基础上,增加了信息技术学科领域,并预留了未来的新发展领域。我们可以简要地进行一下归纳:

- "计算"学科发生了巨大的变化,"计算"的范畴已经拓展;
- 这种变化对课程设置和教学方法产生了深远的影响;
- "计算"不再是 CS 或 CE 的同义词,"计算"涵盖了许多其他重要学科。

第 17 章 计算学科的科学问题

17.1 计算学科的定义及根本问题

计算学科根本问题的认识过程与人们对计算过程的认识是紧密联系在一起的,因此要分析计算学科的根本问题,首先要分析人们对计算本质的认识过程。下面我们再简要回顾一下前面提到的一些内容。

1. 计算本质的认识历史

在很早以前,人们就碰到了必须计算的问题。已经考证的远在旧石器时代,刻在骨制和石头上的花纹就是对某种计算的记录。然而在 20 世纪 30 年代以前,人们并没有真正认识计算的本质。尽管如此,在人类漫长的岁月中,人们一直没有停止过对计算本质的探索。很早以前,我国的学者就认为对于一个数学问题,只有当确定了其可用算盘解算它的规则时,这个问题才算可解。这就是古代中国的"算法化"思想,它蕴含着中国古代学者对计算的根本问题即"能行性"问题的理解,这种理解对现代计算学科的研究仍具有重要的意义。中国科学院院士吴文俊教授正是在这一基础上围绕几何定理的机器证明展开研究,并开拓了一个在国际上被称为"吴方法"的新领域——数学的机械化领域。吴文俊教授因此于 2000 年获得首届国家最高科学技术奖。

算盘作为主要的计算工具流行了相当长的一段时间。直到中世纪,哲学家们提出了这样一个大胆的问题,能否用机械来实现人脑活动的个别功能?最初的试验目的并不是制造计算机,而是试图从某个前提出发机械地得出正确的结论,即思维机器的制造。早在 1275 年,西班牙神学家雷蒙德露利(R. Lullus)就发明了一种思维机器——"旋转玩具",从而开创了计算机器制造的先河。

"旋转玩具"引起了许多著名学者的研究兴趣,并最终导致了能进行简单数学运算的计算机器的产生。1641年法国人帕斯卡(B. PASCAL)利用齿轮技术制成了第一台加法机;1673年德国人莱布尼茨(G. W. V. Leibniz)在帕斯卡的基础上又制造了能进行简单加减乘除的计算机器;19世纪30年代英国人巴贝奇(C. Babbage)设计了用于计算对数三角函数以及其他算术函数的分析机;20世纪20年代美国人布什(V. Bush)研制了能解一般微分方程组的电子模拟计算机等。计算的这一历史包含了人们对计算过程的本质及其根本问题的探索,同时还为现代计算机的研制积累了经验。

其实对计算本质的真正认识取决于形式化研究的进程,而"旋转玩具"就是一种形式化的产物。不仅如此,它还标志着形式化思想革命的开始。

2. 康托尔的集合论和罗素悖论

形式化方法和理论的研究起源于对数学的基础研究。数学的基础研究是指对数学的对象、性质及其发生、发展的一般规律进行的科学研究。

德国数学家康托尔(G. Cantor,1845~1918年),从1874年开始对数学基础作了新的探讨,发表了一系列集合论方面的著作,从而创立了集合论。康托尔创立的集合论对数学概念作了重要的扩充,对数学基础的研究产生了重大影响,并逐步发展成为数学的重要基础。

然而,不久数学家们却在集合论中发现了逻辑矛盾。其中最为著名的是1901年罗素(B. Russell)在集合论概括原则的基础上发现的罗素悖论,从而导致了数学发展史上的第三次危机。

罗素悖论可以这样形式化地定义:$S=\{x \mid x \notin S\}$。为了使人们更好地理解集合论悖论,罗素将罗素悖论改写成理发师悖论。其大意是一个村庄的理发师宣布了这样一条规定:"给且只给村里那些不自己刮胡子的人刮胡子",现在要问理发师给不给自己刮胡子呢? 如果理发师给自己刮胡子,他就属于那类自己刮胡子的人,按规定该理发师就不能给自己刮胡子;如果理发师不给自己刮胡子,那么他就属于那类不给自己刮胡子的人,按规定他就应该给自己刮胡子。由此可以推出两个相互矛盾的等价命题:理发师自己给自己刮胡子⇔理发师自己不给自己刮胡子。

3. 希尔伯特纲领

为了消除悖论、奠定更加牢固的数学基础,20世纪初逐步形成了关于数学基础研究的逻辑主义、直觉主义和形式主义三大流派,其中形式主义流派的代表人物是大数学家希尔伯特(D. Hilbert)。他在数学基础的研究中提出了一个设想,其大意是:将每一门数学的分支形式化,构成形式系统或形式理论,并在以此为对象的元理论,即元数学中,证明每一个形式系统的相容性,从而导出全部数学的相容性。希尔伯特的这一设想就是所谓的"希尔伯特纲领"。

"希尔伯特纲领"的目标,其实质就是要寻找通用的形式逻辑系统。该系统应当是完备的,即在该系统中,可以机械地判定任何给定命题的真伪。

"希尔伯特纲领"的研究基础是逻辑和代数,主要源于19世纪英国数学家乔治布尔

(G. Boole)所创立的逻辑代数体系(即布尔代数)。1854 年,布尔在他的著作中成功地将"真"、"假"两种逻辑值和"与"、"或"、"非"3 种逻辑运算归结为一种代数。这样,形式逻辑系统中的任何命题都可用数学符号表示出来,并能按照一定的规则推导出结论。尽管布尔没有将"布尔代数"与计算机联系起来,但他的工作却为现代计算机的诞生作了重要的理论准备。希尔伯特的工作建立在布尔工作的基础上,并使其进一步具体化。

希尔伯特对实现自己的纲领充满信心。然而 1931 年,奥地利 25 岁的数理逻辑学家哥德尔(K. G. del)提出的关于形式系统的"不完备性定理"指出,这种形式系统是不存在的。从而宣告了著名的"希尔伯特纲领"的失败,同时也暴露了形式系统的局限性。它表明形式系统不能穷尽全部数学命题,任何形式系统中都存在着该系统所不能判定其真伪的命题。

"希尔伯特纲领"虽然失败了,但它仍然不失为人类抽象思维的一个伟大成果,它的历史意义是多方面的。

首先,"希尔伯特纲领"是在保存全部古典数学的前提下去排除集合论悖论的,它给数学基础问题的研究带来了全新的转机。其次,希尔伯特纲领的提出使元数学得到了确立和发展。最后,对计算学科而言,最具意义的是希尔伯特纲领的失败启发人们应避免花费大量的精力去证明那些不能判定的问题,而应把精力集中于解决具有能行性的问题。

4. 图灵对计算本质的揭示

在哥德尔研究成果的影响下,20 世纪 30 年代后期,图灵(A. M. Turing)从计算一个数的一般过程入手,对计算的本质进行了研究,从而实现了对计算本质的真正认识。

根据图灵的研究,直观地说,所谓计算,就是计算者(人或机器)对一条两端可无限延长的纸带上的一串 0 和 1 执行指令,一步一步地改变纸带上的 0 或 1,经过有限步骤,最后得到一个满足预先规定的符号串的变换过程。图灵用形式化方法成功地表述了计算这一过程的本质。图灵的研究成果是哥德尔研究成果的进一步深化,该成果不仅再次表明了某些数学问题是不能用任何机械过程来解决的思想,而且还深刻地揭示了计算所具有的"能行过程"的本质特征。

图灵的描述是关于数值计算的,不过我们知道英文字母表的字母以及汉字均可以用数来表示,因此,图灵机同样可以处理非数值计算。不仅如此,更为重要的是由数值和非数值(英文字母汉字等)组成的字符串,既可以解释成数据,又可以解释成程序。从而计算的每一过程都可以用字符串的形式进行编码,并存放在存储器中,以后使用时译码,并由处理器执行,机器码(结果)可以从高级符号形式(即程序设计语言)机械地推导出来。

图灵的研究成果是:可计算性=图灵可计算性。在关于可计算性问题的讨论时,不可避免地要提到一个与计算具有同等地位和意义的基本概念,那就是算法。算法也称为能行方法或能行过程,是对解题(计算)过程的精确描述,它由一组定义明确且能机械执行的规则(语句、指令等)组成。根据图灵的论点,可以得到这样的结论:任一过程是能行的(能够具体表现在一个算法中),当且仅当它能够被一台图灵机实现。图灵机与当时哥德尔、

第 17 章 计算学科的科学问题

丘奇(A. Church)、波斯特(E. L. Post)等人提出的用于解决可计算问题的递归函数 λ-演算和 POST 规范系统等计算模型在计算能力上是等价的。在这一事实的基础上,形成了现在著名的丘奇——图灵论题。

图灵机等计算模型均是用来解决"能行计算"问题的,理论上的能行性隐含着计算模型的正确性,而实际实现中的能行性还包含时间与空间的有效性。

5. 计算学科的定义

伴随着电子学理论和技术的发展,在图灵机这个思想模型提出不到 10 年的时间里,世界上第一台电子计算机诞生了。

其实图灵机反映的是一种具有"能行性"的用数学方法精确定义的计算模型,而现代计算机正是这种模型的具体实现。正如前面提到的那样,计算学科各分支领域均可以用模型与实现来描述,而模型反映的是计算学科的抽象和理论两个过程,实现反映的是计算学科的设计过程,模型与实现已蕴含于计算学科的抽象、理论和设计 3 个过程之中。

计算学科各分支领域中的抽象和理论两个过程关心的是解决具有能行性和有效性的模型问题,设计过程关心的是模型的具体实现问题,正因为如此计算学科中的 3 个形态是不可分割密切相关的。

计算运用了科学和工程两者的方法学,理论工作已大大地促进了这门艺术的发展。同时计算并没有把新的科学知识的发现与利用这些知识解决实际的问题分割开来。理论和实践的紧密联系给该学科带来了力量和生机。

正是由于计算学科理论与实践的紧密联系,并伴随着计算技术的飞速发展,计算学科现已成为一个极为宽广的学科。

在进行大量分析的基础上,在《计算作为一门学科》报告中给计算学科作了如下定义:

计算学科是对描述和变换信息的算法过程,包括对其理论、分析、设计、效率、实现和应用等进行的系统研究;它来源于对算法理论、数理逻辑、计算模型、自动计算机器的研究,并与存储式电子计算机的发明一起形成于 20 世纪 40 年代初期。

计算学科包括对计算过程的分析以及计算机的设计和使用。该学科的广泛性在下面一段来自美国计算科学鉴定委员会(Computing Sciences Accreditation Board)发布的报告摘录中得到强调。

计算学科的研究包括从算法与可计算性的研究到根据可计算硬件和软件的实际实现问题的研究。这样,计算学科不但包括从总体上对算法和信息处理过程进行研究的内容,也包括满足给定规格要求的有效而可靠的软硬件设计——它包括所有科目的理论研究、实验方法和工程设计。

6. 计算学科的根本问题

同样,也是在大量分析的基础上,《计算作为一门学科》报告对计算学科中的根本问题作了以下概括。

计算学科的根本问题是什么能被有效地自动进行。

计算学科的根本问题讨论的是"能行性"的有关内容。而凡是与"能行性"有关的讨论，都是处理离散对象的。因为非离散对象，即所谓的连续对象，是很难进行能行处理的。因此，"能行性"这个计算学科的根本问题决定了计算机本身的结构和它处理的对象都是离散型的，甚至许多连续型的问题也必须在转化为离散型问题以后才能被计算机处理。例如，计算定积分就是把它变成离散量，再用分段求和的方法来处理的。

正是源于计算学科的根本问题，以离散型变量为研究对象的离散数学对计算技术的发展起着十分重要的作用。同时，又因为计算技术的迅猛发展使得离散数学越来越受到重视。为此，CC2001 报告特意将它从 CC1991 报告的预备知识中抽取出来，列为计算学科的第一个主领域，命名为"离散结构"，以强调计算学科对它的依赖性。

尽管计算学科已成为一个极为宽广的学科，但其根本问题仍然是什么能被（有效地）自动进行。甚至还可以更为直率地说，计算学科所有分支领域的根本任务就是进行计算，其实质就是字符串的变换。

在弄清计算学科的根本问题的实质后，还可以对计算学科根本问题作进一步的阐述。

在论述人的计算能力方面，著名的数理逻辑学家、美籍华人王浩教授认为，如果我们同意只关心作为机械过程的计算，那么许多论述将更加清楚，并能避免像精神与人体的关系这样的心理学和哲学的问题。因此，就机械过程的计算而言，王浩认为，人要做机器永远不能做的某些计算是不容易的。

17.2 计算学科中的典型问题及其相关内容

在人类社会的发展过程中，人们提出过许多具有深远意义的科学问题，其中的一些问题也对计算学科一些分支领域的形成和发展起了重要的作用。另外，在计算学科的发展过程中，为了便于对计算学科中有关问题和概念的本质的理解，人们还给出了不少反映该学科某一方面本质特征的典型实例。本书将它们一并归于计算学科的典型问题。计算学科典型问题的提出及研究不仅有助于我们深刻地理解计算学科，而且还对该学科的发展有着十分重要的推动作用。下面分别对图论中有代表性的哥德斯堡七桥问题算法与算法复杂性领域中有代表性的梵天（Hanoi，又译为汉诺）塔问题、算法复杂性中的难解性问题、P 类问题和 NP 类问题、证比求易算法、P=？NP 问题、旅行商问题与组合爆炸问题、进程同步中的生产者-消费者问题、哲学家共餐问题、程序设计中的 GOTO 语句等问题及其相关内容进行分析。计算学科中其他的典型问题，请读者参考有关资料。

1. 哥尼斯堡七桥问题

1736 年大数学家列昂纳德·欧拉（L. Euler）发表了关于"哥尼斯堡七桥问题"的论文——《与位置几何有关的一个问题的解》。他在文中指出从一点出发不重复地走遍七桥最后又回到原出发点是不可能的。

欧拉将哥尼斯堡七桥问题抽象为一个数学问题,即经过图中每边一次且仅一次的回路问题。欧拉在论文中论证了这样的回路是不存在的。后来人们把有这种回路的图称为欧拉图。

欧拉的论文为图论的形成奠定了基础。今天图论已广泛地应用于计算学科、运筹学、信息论、控制论等学科之中,并已成为我们对现实问题进行抽象的一个强有力的数学工具。随着计算学科的发展,图论在计算学科中的作用越来越大,同时图论本身也得到了充分的发展。

在图论中还有一个很著名的"哈密尔顿回路问题",该问题是爱尔兰著名学者威廉·哈密尔顿爵士(W. R. Hamilton)1859年提出的一个数学问题。其大意是:在某个图G中,能不能找到这样的路径,即从一点出发,不重复地走过所有的结点,最后又回到原出发点。"哈密尔顿回路问题"与"欧拉回路问题"看上去十分相似,然而又是完全不同的两个问题。"哈密尔顿回路"问题是访问每个结点一次,而"欧拉回路问题"是访问每条边一次。而对图G是否存在"哈密尔顿回路"至今仍未找到满足该问题的充分必要条件。

2. 汉诺塔问题

汉诺塔问题是一个典型的只有用递归方法(而不能用其他方法)来解决的问题。递归是计算学科中的一个重要概念。所谓递归就是将一个较大的问题归约为一个或多个子问题的求解方法,当然要求这些子问题比原问题简单一些,而且在结构上与原问题相同。

现在的问题是当$n=64$时,即64个盘子时,需要移动多少次盘子?要用多少时间?按照上面的算法,n个盘子的汉诺塔问题需要移动的盘子数是$n-1$个盘子的汉诺塔问题需要移动的盘子数的2倍加1。于是

$$h(n)=2h(n-1)+1$$
$$=2(2h(n-2)+1)+1=2^2h(n-2)+2+1$$
$$=2^3h(n-3)+2^2+2+1$$
$$\cdots\cdots$$
$$=2^nh(0)+2^{n-1}+\cdots+2^2+2+1$$
$$=2^{n-1}+\cdots+2^2+2+1=2^n-1$$

因此要完成汉诺塔的搬迁,需要移动盘子的次数为

$$2^{64}-1=18\ 446\ 744\ 073\ 709\ 551\ 615$$

如果每秒移动一次,一年有31 536 000秒,则僧侣们一刻不停地来回搬动也需要花费大约5 849亿年的时间。假定计算机以每秒1 000万个盘子的速度进行搬迁,则需要花费大约58 490年的时间。

通过这个例子,读者可以了解到理论上可以计算的问题,实际上并不一定能行。这属于算法复杂性方面的研究内容。

3. 算法复杂性中的难解性问题、P类问题和NP类问题

算法复杂性包括算法的空间以及时间两方面的复杂性问题,汉诺塔问题主要讲的是算法的时间复杂性。

关于汉诺塔问题算法的时间复杂度,可以用一个指数函数 $O(2^n)$ 来表示,显然当 n 很大(如 10 000)时,计算机是无法处理的。相反,当算法的时间复杂度的表示函数是一个多项式,如 $O(n^2)$ 时,则可以处理。因此,一个问题求解算法的时间复杂度大于多项式(如指数函数)时,算法的执行时间将随 n 的增加而急剧增长,以至于即使是中等规模的问题也不能求解。于是在计算复杂性中,将这一类问题称为难解性问题。人工智能领域中的状态图搜索问题(解空间的表示或状态空间搜索问题)就是一类典型的难解性问题。

在计算复杂性理论中,将所有可以在多项式时间内求解的问题称为 P 类问题,而将所有在多项式时间内可以验证的问题称为 NP 类问题。由于 P 类问题采用的是确定性算法,NP 类问题采用的是非确定性算法,而确定性算法是非确定性算法的一种特例,因此可以断定 P⊆NP。

4. 证比求易算法

(1) 证比求易算法

为了更好地理解计算复杂性的有关概念,我们讲一个被人们称为"证比求易算法"的童话,用来帮助读者理解计算复杂性的有关概念。

从前,有一个酷爱数学的年轻国王向邻国一位聪明美丽的公主求婚。公主出了这样一道题:求出 48 770 428 433 377 171 的一个真因子。若国王能在一天之内求出答案,公主便接受他的求婚。国王回去后立即开始逐个数地进行计算,他从早到晚共算了三万多个数,最终还是没有结果。国王向公主求情,公主将答案相告,223 092 827 是它的一个真因子。国王很快就验证了这个数确能除尽 48 770 428 433 377 171。公主说:"我再给你一次机会,如果还求不出来,将来你只好做我的证婚人了"。国王立即回国,并向时任宰相的大数学家求教,大数学家在仔细地思考后认为这个数为 17 位,则最小的一个真因子不会超过 9 位。于是他给国王出了一个主意:按自然数的顺序给全国的老百姓每人编一个号发下去,等公主给出数目后,立即将它们通报全国,让每个老百姓用自己的编号去除这个数,除尽了立即上报,赏金万两。最后国王用这个办法求婚成功。

(2) 顺序算法和并行算法

在证比求易算法的故事中,国王最先使用的是一种顺序算法,其复杂性表现在时间方面。后面由宰相提出的是一种并行算法,其复杂性表现在空间方面。直觉上,我们认为顺序算法解决不了的问题完全可以用并行算法来解决,甚至会想,并行计算机系统求解问题的速度将随着处理器数目的不断增加而不断提高,从而解决难解性问题。其实这是一种误解,当将一个问题分解到多个处理器上解决时,由于算法中不可避免地存在必须串行执行的操作,从而大大地限制了并行计算机系统的加速能力。下面用阿达尔 G. Amdahl 定律来说明这个问题。

5. P=? NP

(1) P=? NP

在"证比求易算法"中,对公主给出的数进行验证,显然是在多项式时间内可以解决的问题,因此这类问题属于 NP 类问题。

现在,P=NP 是否成立的问题是计算学科和当代数学研究中最大的悬而未决的问题之一。

如果 P=NP,则所有在多项式时间内可验证的问题都将是在多项式时间内可求解(或可判定)的问题。大多数人不相信 P=NP,因为人们已经投入了大量的精力为 NP 中的某些问题寻找多项式时间算法,但没有成功。然而,要证明 P≠NP,目前还无法做到这一点。

在 P=? NP 问题上,库克(S. A. Cook)等人于 20 世纪 70 年代初取得了重大的进展,他们认为 NP 类中的某些问题的复杂性与整个类的复杂性有关。当这些问题中的任何一个存在多项式时间算法时,则所有这些 NP 问题都是多项式时间可解的,这些问题被称为 NP 完全性问题。

NP 完全性问题在理论和实践两方面都具有重要的研究意义。历史上第一个 NP 完全性问题是库克于 1971 年提出的可满足性问题。

可满足性问题就是判定一个布尔公式是否是可满足的。它可以形式化地表示为
$$SAT = \{<\emptyset> | \emptyset \text{ 是可满足的布尔公式}\}$$
关于可满足性问题和 NP 问题的联系,库克给出并证明了这样的定理
$$SAT \in P \text{ 当且仅当 } P=NP$$

现在,在计算科学、数学、逻辑学以及运筹学领域中已发现有总数多达数千个的 NP 完全性问题。其中有代表性的有:哈密尔顿回路问题、旅行商问题(也称货郎担问题)、划分问题、带优先级次序的处理机调度问题、顶点覆盖问题等。

(2) 计算复杂性理论一个重要的应用领域——密码学

计算复杂性理论在密码学研究领域起了十分重要的作用,它给密码研究人员指出了寻找难计算问题的方向,并促使研究人员在该领域取得了革命性的成果。公钥密码系统就是其中的典型例子。

在公钥密码系统中,解密密钥不同于加密密钥,而且很难从加密密钥求出解密密钥。这样,每个人只要建立一对加密密钥和解密密钥,当甲要给乙发一条报文时,只要甲在公共密钥簿上找到乙的加密密钥,并用该加密密钥加密报文,然后发送到乙。由于乙是唯一知道解密密钥的人,因此,只有他能够解密这个报文,从而实现报文的安全传递。这一技术现已在民用和军用系统中得到了广泛的应用。

6. 旅行商问题与组合爆炸问题

旅行商问题(Traveling Salesman Problem,TSP)是威廉·哈密尔顿爵士和英国数学家克克曼(T. P. Kirkman)于 19 世纪初提出的一个数学问题。这是一个典型的 NP 完全性问题。其大意是:有若干个城市,任何两个城市之间的距离都是确定的,现要求一旅行商从某城市出发,必须经过每一个城市且只能在每个城市逗留一次,最后回到原出发城市。问如何事先确定好一条最短的路线,使其旅行的费用最少。

人们在考虑解决这个问题时,一般首先想到的最原始的一种方法就是列出每一条可供选择的路线(即对给定的城市进行排列组合),计算出每条路线的总里程,最后从中选出一条最短的路线。假设现在给定的 4 个城市分别为 A、B、C 和 D,各城市之间的距离为已知数,我们可以通过一个组合的状态空间图来表示所有的组合。从中不难看出,可供选择的路线共有 6 条,从中很快可以选出一条总距离最短的路线。由此推算,我们若设城市数目为 n 时,那么组合路径数则为 $(n-1)!$。很显然,当城市数目不多时要找到最短距离的路线并不难,但随着城市数目的不断增大,组合路线数将呈指数级数规律急剧增长,以致达到无法计算的地步,这就是所谓的"组合爆炸问题"。假设现在城市的数目增为 20 个,组合路径数则为 $(20-1)! \approx 1.216 \times 10^{17}$,如此庞大的组合数目,若计算机以每秒检索 1 000 万条路线的速度计算,也需要花上 386 年的时间。

据文献介绍,1998 年科学家们成功地解决了美国 13 509 个城市之间的 TSP 问题。2001 年又解决了德国 15 112 个城市之间的 TSP 问题。但这一工程代价也是巨大的,据报道,解决 15 112 个城市之间的 TSP 问题,共使用了美国 Rice 大学和普林斯顿大学之间网络互连的、由速度为 500 MHz Compaq EV6 Alpha 处理器组成的 110 台计算机,所有计算机花费的时间之和为 22.6 年。

TSP 是最有代表性的优化组合问题之一,它的应用已逐步渗透到各个技术领域和我们的日常生活中,至今还有不少学者在从事这方面的研究工作,一些项目还得到美国军方的资助。就实际应用而言,一个典型的例子就是机器在电路板上钻孔的调度问题(注:在该问题中钻孔的时间是固定的,只有机器移动时间的总量是可变的),在这里电路板上要钻的孔相当于 TSP 中的"城市",钻头从一个孔移到另一个孔所耗的时间相当于 TSP 中的"旅行费用"。在大规模生产过程中,寻找最短路径能有效地降低成本,这类问题的解决还可以延伸到其他行业中,如运输业、后勤服务业等。然而,由于 TSP 会产生组合爆炸的问题,因此寻找切实可行的简化求解方法就成为问题的关键。

7. 生产者消费者问题与哲学家共餐问题

(1) 生产者-消费者问题

1965 年,戴克斯特拉在他著名的论文《协同顺序进程》(Cooperating Sequential Processes)中,用生产者-消费者问题(Producer-Consumer Problem)对并发程序设计中进程同步的最基本问题,即对多进程提供(或释放),以及使用计算机系统中的软硬件资源(如数据、I/O 设备等)进行了抽象的描述,并使用信号灯的概念解决了这一问题。

在生产者-消费者问题中,所谓消费者是指使用某一软硬件资源时的进程,而生产者是指提供(或释放)某一软硬件资源时的进程。

在生产者-消费者问题中,有一个重要的概念,即信号灯,它借用了火车信号系统中的信号灯来表示进程之间的互斥。

(2) 哲学家共餐问题

在提出生产者-消费者问题后,戴克斯特拉针对多进程互斥地访问有限资源(如 I/O

设备)的问题又提出并解决了一个被人称之为"哲学家共餐"(Dining Philosopher)的多进程同步问题。

对哲学家共餐问题可以作这样的描述:5个哲学家围坐在一张圆桌旁,每个人的面前摆有一碗面条,碗的两旁各摆有一只筷子(注:戴克斯特拉原来提到的是叉子和意大利面条)。

假设哲学家的生活除了吃饭就是思考问题(这是一种抽象,即对该问题而言其他活动都无关紧要),而吃饭的时候需要左手拿一只筷子,右手拿一只筷子,然后开始进餐。吃完后又将筷子摆回原处,继续思考问题。那么一个哲学家的生活进程可表示为:

① 思考问题;
② 饿了停止思考,左手拿一只筷子(如果左侧哲学家已持有它,则需等待);
③ 右手拿一只筷子(如果右侧哲学家已持有它,则需等待);
④ 进餐;
⑤ 放右手筷子;
⑥ 放左手筷子;
⑦ 重新回到思考问题状态①。

现在的问题是:如何协调5个哲学家的生活进程,使得每一个哲学家最终都可以进餐。

考虑下面的两种情况:

① 按哲学家的活动进程,当所有的哲学家都同时拿起左手筷子时,则所有的哲学家都将拿不到右手的筷子,并处于等待状态,那么哲学家都将无法进餐,最终饿死。

② 将哲学家的活动进程修改一下,变为当右手的筷子拿不到时,就放下左手的筷子,这种情况是不是就没有问题? 不一定,因为可能在一个瞬间,所有的哲学家都同时拿起左手的筷子,则自然拿不到右手的筷子,于是都同时放下左手的筷子,等一会,又同时拿起左手的筷子,如此这样永远重复下去,则所有的哲学家一样都吃不到饭。

以上两个方面的问题,其实反映的是程序并发执行时进程同步的两个问题,一个是死锁(Deadlock),另一个是饥饿(Starvation)。

为了提高系统的处理能力和机器的利用率,并发程序被广泛地使用,因此必须彻底解决并发程序中的死锁和饥饿问题,于是人们将5个哲学家问题推广为更一般性的 n 个进程和 m 个共享资源的问题,并在研究过程中给出了解决这类问题的不少方法和工具,如Petri网、并发程序语言等工具。

与程序并发执行时进程同步有关的经典问题还有:读-写者问题(Reader-Writer Problem)、理发师睡眠问题(Sleeping Barber Problem)等。

8. GOTO 语句的问题以及程序设计方法学

1966年,C. BOhm 和 G. Jacopini 发表了关于"程序结构"的重要论文《带有两种形成规则的图灵机和语言的流程图》(Flow Diagrams, Turing Machines and Languages with

Only Two Formation Rules），给出了任何程序的逻辑结构都可以用 3 种最基本的结构，即顺序结构、选择结构和循环结构来表示的证明。

1968 年，戴克斯特拉经过深思熟虑后，在给《ACM 通讯》编辑的一封信中，首次提出了"GOTO 语句是有害的"(Go to Statement Considered Harmful)问题，该问题在《ACM 通讯》杂志上发表后，引发了激烈的争论，不少著名的学者参与了讨论。

经过 6 年的争论，1974 年著名计算机科学家、图灵奖获得者克努特（D. E. Knuth）教授在他发表的有影响力的论文《带有 GOTO 语句的结构化程序设计》(Structured Programming with Goto Statements)中对这场争论作了较为全面而公正的论述：滥用 GOTO 语句是有害的，完全禁止也不明智，在不破坏程序良好结构的前提下，有控制地使用一些 GOTO 语句就有可能使程序更清晰，效率也更高。关于"GOTO 语句"的争论，其焦点应当放在程序的结构上，好的程序应该是逻辑正确、结构清晰、朴实无华。

关于"GOTO 语句"问题的争论直接导致了一个新的学科分支领域，即程序设计方法学的产生，程序设计方法学是对程序的性质及其设计的理论和方法进行研究的学科，它是计算学科发展的必然产物，也是计算机科学与技术方法论中的重要内容。

第 18 章 计算学科中的 3 个学科形态

方法论在层次上有哲学方法论、一般科学技术方法论、具体科学技术方法论之分,它们相互依存、互为作用。在一般科学技术方法论中,抽象、理论和设计是其研究的主要内容。在本章中,我们以一般科学技术方法论为指导,阐述计算学科中的抽象、理论和设计3个过程形态的内容。

抽象、理论和设计3个学科形态(或过程)概括了计算学科中的基本内容,是计算学科认知领域中最基本(原始)的3个概念。不仅如此,它还反映了人们的认识是从感性认识(抽象)到理性认识(理论),再由理性认识(理论)回到实践中来的科学思维方法。

1. 抽象形态

(1) 一般科学技术方法论中有关抽象形态的论述

在一般科学技术方法论中,科学抽象是指在思维中对同类事物去除其现象的次要的方面,抽取其共同的、主要的方面,从而做到从个别中把握一般,从现象中把握本质的认知过程和思维方法,科学抽象是科学认识由感性认识向理性认识飞跃的决定性环节。

抽象源于现实世界,源于经验,是对现实原形的理想化,尽管理想化后的现实原形与现实事物有了质的区别,但它们总是现实事物的概念化,有现实背景。从严格意义上来说,抽象还是粗糙的、近似的。因此,要实现对事物本质的认识,还必须通过经验与理性的结合,实现从抽象到抽象的升华,尽管科学抽象还有待升华,但它仍然是科学认识的基础和决定性环节。

学科中的抽象形态包含着具体的内容,它们是学科中所具有的科学概念、科学符号和思想模型。

(2) 计算学科中有关抽象形态的论述

《计算作为一门学科》报告认为:理论、抽象和设计是我们从事本领域工作的3种主要形态(或称文化方式),它提供了我们定义计算学科的条件,按人们对客观事物认识的先后次序,我们将报告中的抽象列为第一个学科形态,理论列为第二个学科形态。抽象源于实

验科学。按客观现象的研究过程,抽象形态包括以下 4 个步骤的内容:
① 形成假设;
② 建造模型并作出预测;
③ 设计实验并收集数据;
④ 对结果进行分析。

2. 理论形态

(1) 一般科学技术方法论中有关理论形态的论述

科学认识由感性阶段上升为理性阶段就形成了科学理论。科学理论是经过实践检验的系统化了的科学知识体系,它是由科学概念、科学原理以及对这些概念原理的理论论证所组成的体系。

理论源于数学,是从抽象到抽象的升华,它们已经完全脱离现实事物,不受现实事物的限制,具有精确的、优美的特征,因而更能把握事物的本质。

(2) 计算学科中有关理论形态的论述

在计算学科中,从统一合理的理论发展过程来看,理论形态包括以下 4 个步骤的内容:
① 表述研究对象的特征(定义和公理);
② 假设对象之间的基本性质和对象之间可能存在的关系(定理);
③ 确定这些关系是否为真(证明);
④ 结论。

3. 设计形态

(1) 一般科学技术方法论中有关设计形态的论述

Ⅰ 设计形态与抽象理论两个形态存在的联系

设计源于工程,并用于系统或设备的开发,以实现给定的任务。

① 设计形态(技术方法)和抽象、理论两个形态(科学方法)具有许多共同的特点。设计作为变革、控制和利用自然界的手段,必须以对自然规律的认识为前提(可以是科学形态的认识也可以是经验形态的认识)。

② 设计要达到变革、控制和利用自然界的目的,必须创造出相应的人工系统和人工条件,还必须认识自然规律在这些人工系统中和人工条件下的具体表现形式。所以,科学认识方法(抽象、理论两个形态)对具有设计形态的技术研究和技术开发是有作用的。

Ⅱ 设计形态的主要特征与抽象理论两个形态的主要区别
① 设计形态具有较强的实践性;
② 设计形态具有较强的社会性;
③ 设计形态具有较强的综合性。

(2) 计算学科中有关设计形态的论述

在计算学科中,从为解决某个问题而实现系统或装置的过程来看,设计形态包括以下

4个步骤的内容：

① 需求分析；

② 建立设计规格说明；

③ 设计并实现该系统；

④ 对系统进行测试与分析。

设计、抽象和理论3个形态针对具体的研究领域均起作用，在具体研究中，就是要在其理论的指导下，运用抽象工具进行各种设计工作，最终的成果将是计算机的软、硬件系统及其相关资料（如需求说明、规格说明和设计与实现方法说明等）。

4. 3个学科形态的内在联系

(1) 一般科学技术方法论中有关3个学科形态内在联系的简要论述

在计算机科学与技术方法论的原始命题中，蕴含着人类认识过程的两次飞跃。第一次飞跃是从物质到精神，从实践到认识的飞跃。这次飞跃包括两个决定性的环节：一个是科学抽象，另一个是科学理论。科学抽象是科学认识由感性阶段向理性阶段飞跃的决定性环节，当科学认识由感性阶段上升为理性阶段时，就形成了科学理论。第二次飞跃是从精神到物质，从认识到实践的飞跃。这次飞跃的实质对技术学科（计算学科就是一门技术学科）而言，其实就是要在理论的指导下，以抽象的成果为工具来完成各种设计工作。在设计（实践）工作中，又将遇到很多新的问题，从而又促使人们在新的起点上实现认识过程的新飞跃。

(2) 计算学科中有关3个学科形态内在联系的论述

Ⅰ 3个学科形态的内在联系

《计算作为一门学科》报告的实质是学科方法论的思想，其关键问题是抽象、理论和设计3个过程相互作用的问题。

① 抽象源于现实世界，它的研究内容表现在两个方面：一方面是建立对客观事物进行抽象描述的方法；另一方面是要采用现有的抽象方法，建立具体问题的概念模型，从而实现对客观世界的感性认识。

② 理论源于数学，它的研究内容也表现在两个方面：一方面是建立完整的理论体系；另一方面是在现有理论的指导下，建立具体问题的数学模型，从而实现对客观世界的理性认识。

③ 设计源于工程，它的研究内容同抽象、理论一样，也表现在两个方面：一方面是在对客观世界的感性认识和理性认识的基础上，完成一个具体的任务；另一方面是要对工程设计中所遇到的问题进行总结，提出问题，由理论界去解决它。同时，也要将工程设计中所积累的经验和教训进行总结，最后形成方法（如计算机组成结构的设计方法——冯·诺依曼型计算机）以便以后的工程设计。

抽象、理论和设计3个学科形态的划分，有助于我们正确地理解学科3个形态的地位和作用。在计算学科中，人们还完全可以从抽象、理论和设计3个形态出发独立地开展工作,这种工作方式可以使研究人员将精力集中在所关心的学科形态中(如计算机科学侧重理论和抽象形态,计算机工程侧重设计和抽象形态),从而促进计算理论研究的深入和计算技术的发展。

Ⅱ 计算作为一门学科报告关于3个学科形态的论述

① 抽象(建模)是自然科学的根本。科学家们认为,科学的进展过程主要是通过形成假说,然后系统地按照建模过程对假说进行验证和确认取得的。

② 理论是数学的根本。应用数学家们认为,科学的进展都是建立在数学基础之上。

③ 设计是工程的根本。工程师们认为,工程的进展主要是通过提出问题,并系统地按照设计过程,通过建立模型而加以解决的。

Ⅲ 计算作为一门学科报告中有关3个学科形态局限性的论述

《计算作为一门学科》报告对3个学科形态的内在联系作了如下论述:

许多有关数学、科学和工程相对优劣的争论都隐含地基于抽象、理论和设计3个过程中某一个更为根本的假设;而更详细的研究揭示,在计算学科中,"3个过程"是错综复杂地缠绕在一起的,以至于把任何一个作为根本都是不合理的……

以上的论述主要着眼于认识的局部过程以及学科发展中的细节问题,而忽视了认识的一般过程和总体过程,以及"实践是认识的基础,人们的认识归根结底产生于人类的社会实践之中的"科学思维方法。

正是《计算作为一门学科》报告对计算机科学与技术方法论中唯一原始命题认识的局限性,使得专家们忽视了3个过程的内在联系,从而削弱了人们对报告本质的理解,以致CC2001任务组也不得不承认,与《计算作为一门学科》报告密切相关的CC1991教学计划的执行并没有达到预期的效果。

第 19 章　计算学科中的 14 个主领域

《计算作为一门学科》报告给出了最初划分的 9 个主领域中的抽象、理论和设计 3 个学科形态的主要内容，在此基础上 CC2001 报告进一步划分出 14 个主领域中有关抽象、理论和设计 3 个学科形态的主要内容。

1. 离散结构

该主领域包括：集合论、数理逻辑、近世代数、图论和组合数学等主要内容。它属于学科理论形态方面的内容，同时它又具有广泛的应用价值，为计算学科各分支领域基本问题（或具体问题）的感性认识（抽象）和理性认识（理论）提供强有力的数学工具。

2. 程序设计基础

该主领域主要包括：程序设计结构、算法和问题求解、数据结构等内容。它考虑的是如何对问题进行抽象，它属于学科抽象形态方面的内容，并为计算学科各分支领域基本问题的感性认识（抽象）提供方法。

基本问题主要包括：

（1）对给定的问题如何进行有效的描述并给出算法；

（2）如何正确选择数据结构；

（3）如何进行设计、编码、测试和调试程序？

3. 算法与复杂性

主要内容包括：算法的复杂度分析、典型的算法策略、分布式算法、并行算法、可计算理论、P 类和 NP 类问题、自动机理论、密码算法以及几何算法等。

（1）抽象形态的主要内容：算法分析、算法策略（如蛮干算法、贪婪算法、启发式算法、分治法等）、并行和分布式算法等。

（2）理论形态的主要内容：可计算性理论、计算复杂性理论、P 和 NP 类问题、并行计算理论、密码学等。

（3）设计形态的主要内容：对重要问题类的算法的选择、实现和测试、对通用算法的实现和测试（如哈希法、图和树的实现与测试）、对并行和分布式算法的实现和测试、对组合问题启发式算法的大量实验测试、密码协议等。

基本问题主要包括以下几个方面。

(1) 对于给定的问题类最好的算法是什么，要求的存储空间和计算时间有多少，空间和时间如何折衷？

(2) 访问数据的最好方法是什么？

(3) 算法最好和最坏的情况是什么？

(4) 算法的平均性能如何？

(5) 算法的通用性如何？

4. 体系结构

主要内容包括：数字逻辑、数据的机器表示、汇编级机器组织、存储技术、接口和通信、多道处理和预备体系结构、性能优化、网络和分布式系统的体系结构等。

(1) 抽象形态的主要内容包括：布尔代数模型、基本组件合成系统的通用方法、电路模型和在有限领域内计算算术函数的有限状态机、数据路径和控制结构模型、不同的模型和工作负载的优化指令集、硬件可靠性（如冗余、错误检测、恢复与测试）、VLSI 装置设计中的空间、时间和组织的折衷、不同的计算模型的机器组织（如时序的、数据流、表处理、阵列处理、向量处理和报文传递）、分级设计的确定（即系统级、程序级、指令级、寄存器级和门级等）。

(2) 理论形态的主要内容包括：布尔代数、开关理论、编码理论、有限自动机理论等。

(3) 设计形态的主要内容包括：快速计算的硬件单元（如算术功能单元、高速缓冲存储器）、冯·诺依曼机（单指令顺序存储程序式计算机）、RISC 和 CISC 的实现、存储和记录信息，以及检测与纠正错误的有效方法、对差错处理的具体方法（如恢复、诊断、重构和备份过程）、为 VLSI 电路设计的计算机辅助设计（CAD）系统和逻辑模拟、故障诊断、硅编译器等、在不同计算模型上的机器实现（如数据流、树、LISP、超立方结构、向量和多处理器）、超级计算机等。

基本问题主要包括以下几个方面。

(1) 实现处理器、内存和机内通信的方法是什么？

(2) 如何设计和控制大型计算系统，而且使其令人相信，尽管存在错误和失败，但它仍然是按照我们的意图工作的？

(3) 哪种类型的体系结构能够有效地包含许多在一个计算中能够并行工作的处理元素？

(4) 如何度量性能？

5. 操作系统

(1) 抽象形态的主要内容包括：不考虑物理细节（如面向进程而不是处理器、面向文件而不是磁盘）而对同一类资源上进行操作的抽象原则、用户接口可以察觉的对象与内部计算机结构的绑定(Binding)、重要的子问题模型(如进程管理、内存管理、作业调度、两级存储管理和性能分析)、安全计算模型(如访问控制和验证)等。

(2) 理论形态的主要内容包括:并发理论、调度理论(特别是处理机调度)、程序行为和存储管理的理论(如存储分配的优化策略)、性能模型化与分析等。

(3) 设计形态的主要内容包括:分时系统、自动存储分配器、多级调度器、内存管理器、分层文件系统和其他作为商业系统基础的重要系统组件,构建操作系统(如 Unix、DOS、Windows)的技术,建立实用程序库的技术(如编辑器、文件形式程序、编译器、连接器和设备驱动器)、文件和文件系统等内容。

基本问题主要包括以下几个方面。

(1) 在计算机系统操作的每一个级别上,可见的对象和允许进行的操作各是什么?

(2) 对于每一类资源,能够对其进行有效利用的最小操作集是什么?

(3) 如何组织接口才能使得用户只需与抽象的资源而非硬件的物理细节打交道?

(4) 作业调度、内存管理、通信、软件资源访问、并发任务间的通信以及可靠性与安全的控制策略是什么?

(5) 通过少数构造规则的重复使用进行系统功能扩展的原则是什么?

6. 网络计算

(1) 抽象形态的主要内容包括:分布式计算模型(如 C/S 模式、合作时序进程、消息传递和远方过程调用)、组网(分层协议、命名、远程资源利用、帮助服务和局域网协议)、网络安全模型(如通信、访问控制和验证)等。

(2) 理论形态的主要内容包括:数据通信理论、排队理论、密码学、协议的形式化验证等。

(3) 设计形态的主要内容包括:排队网络建模和实际系统性能评估的模拟程序包、网络体系结构(如以太网、FDDI、令牌网)、包含在 TCP/IP 中的协议技术、虚拟电路协议、Internet、实时会议等。

基本问题主要包括以下几个方面。

(1) 网络中的数据如何进行交换?

(2) 网络协议如何验证?

(3) 如何保证网络的安全?

(4) 分布式计算的性能如何评价?

(5) 分布式计算如何组织才能够使通过通信网连接在一起的自主计算机参加到一项计算中,而网络协议、主机地址、带宽和资源则具有透明性?

7. 程序设计语言

(1) 抽象形态的主要内容包括:基于语法和动态语义模型的语言分类(如静态型、动态型、函数式、过程式、面向对象的、逻辑、规格说明、报文传递和数据流),按照目标应用领域的语言分类(如商业数据处理、仿真、表处理和图形),程序结构的主要语法和语义模型的分类(如过程分层、函数合成、抽象数据类型和通信的并行处理),语言的每一种主要类型的抽象实现模型、词法分析、编译、解释和代码优化的方法,词法分析器、扫描器、编译器组件和编译器的自动生成方法等。

(2) 理论形态的主要内容包括:形式语言和自动机、图灵机(过程式语言的基础)、POST 系统(字符串处理语言的基础)、λ-演算(函数式语言的基础)、形式语义学、谓词逻辑、时态逻辑、近世代数等。

(3) 设计形态的主要内容包括:把一个特殊的抽象机器(语法)和语义结合在一起形成的统一的可实现的整体特定语言(如过程式的 COBOL、FORTURN、ALGOL、PASCAL、Ada、C)、函数式的(LISP)、数据流的(SISAL、VAL)、面向对象的(Smalltalk、CLU、C++、Java)、逻辑的(Prolog)、字符串(SNOBOL)和并发(CSP、Concurrent PASCAL、Modula 2))、特定类型语言的指定实现方法,程序设计环境、词法分析器和扫描器的产生器(如 YACC、LEX)、编译器产生器、语法和语义检查、成型、调试和追踪程序、程序设计语言方法在文件处理方面的应用(如制表、图、化学公式)、统计处理等。

基本问题主要包括以下几个方面。

(1) 语言(数据类型、操作控制结构、引进新类型和操作的机制)表示的虚拟机的可能组织结构是什么?

(2) 语言如何定义机器?机器如何定义语言?

(3) 什么样的表示法(语义)可以有效地用于描述计算机应该做什么?

8. 人机交互

主要内容包括:以人为中心的软件开发和评价、图形用户接口设计、多媒体系统的人机接口等。

(1) 抽象形态的主要内容包括:人的表现模型(如理解、运动、认知、文件、通信和组织)、原型化、交互对象的描述、人机通信(含减少人为错误和提高人的生产力的交互模式心理学研究)等。

(2) 理论形态的主要内容包括:认知心理学、社会交互科学等。

(3) 设计形态的主要内容:交互设备(如键盘、语音识别器)、有关人机交互的常用子程序库、图形专用语言、原形工具、用户接口的主要形式(如子程序库、专用语言和交互命令)、交互技术(如选择、定位、定向、拖动等技术)、图形拾取技术、"以人为中心"的人机交互软件的评价标准等。

基本问题主要包括以下几个方面。

(1) 表示物体和自动产生供阅览的照片的有效方法是什么?

(2) 接受输入和给出输出的有效方法是什么?

(3) 怎样才能减小产生误解和由此产生的人为错误的风险?

(4) 图表和其他工具怎样才能通过存储在数据集中的信息去理解物理现象?

9. 图形学和可视化计算

主要内容包括：计算机图形学、可视化、虚拟现实、计算机视觉等。

(1) 抽象形态的主要内容：显示图像的算法、计算机辅助设计（CAD）模型、实体对象的计算机表示、图像处理和加强的方法。

(2) 理论形态的主要内容：二维和高维几何（包括解析、投影、仿射和计算几何）、颜色理论、认知心理学、傅立叶分析、线性代数、图论等。

(3) 设计形态的主要内容：不同的图形设备上图形算法的实现、不断增多的模型和现象的实验性图形算法的设计与实现、在显示中彩色图的恰当使用、在显示器和硬拷贝设备上彩色的精确再现、图形标准、图形语言和特殊的图形包、不同用户接口技术的实现（含位图设备上的直接操作和字符设备的屏幕技术）、用于不同的系统和机器之间信息转换的各种标准文件互换格式的实现、CAD 系统、图像增强系统等。

基本问题主要包括以下几个方面。

(1) 支撑图像产生以及信息浏览的更好模型；

(2) 如何提取科学的（计算和医学）和更抽象的相关数据？

(3) 图像形成过程的解释和分析方法。

10. 人工智能

主要内容包括：约束可满足性问题、知识表示和推理、Agent、自然语言处理、机器学习和神经网络、人工智能规划系统和机器人学等。

(1) 抽象形态的主要内容：知识表示（如规则、框架和逻辑）以及处理知识的方法（如演绎、推理）、自然语言理解和自然语言表示的模型（包括音素表示和机器翻译）、语音识别与合成、从文本到语音的翻译、推理与学习模型（如不确定、非单调逻辑、Bayesian 推理）、启发式搜索方法、分支界限法、控制搜索、模仿生物系统的机器体系结构（如神经网络）、人类的记忆模型以及自动学习和机器人系统的其他元素等。

(2) 理论形态的主要内容：逻辑（如单调、非单调和模糊逻辑）、概念依赖性、认知、自然语言理解的语法和语义模型，机器人动作和机器人使用的外部世界模型的运动学和力学原理，以及相关支持领域（如结构力学、图论、形式语法、语言学、哲学与心理学）等。

(3) 设计形态的主要内容：逻辑程序设计软件系统的设计技巧、定理证明、规则评估、在小范围领域中使用专家系统的技术、专家系统外壳程序、逻辑程序设计的实现（如 PROLOG）、自然语言理解系统、神经网络的实现、国际象棋和其他策略性游戏的程序、语音合成器、识别器、机器人等。

基本问题主要包括以下几个方面。

(1) 基本的行为模型是什么？如何建造模拟它们的机器？

(2) 规则评估、推理、演绎和模式计算在多大程度上描述了智能？

(3) 通过这些方法模拟行为的机器的最终性能如何？

(4) 传感数据如何编码才使得相似的模式有相似的代码？

(5) 电机编码如何与传感编码相关联？
(6) 学习系统的体系结构怎样？
(7) 这些系统是如何表示它们对这个世界的理解的？

11. 信息系统

主要内容包括：信息模型与信息系统、数据库系统、数据建模、关系数据库、数据库查询语言、关系数据库设计、事务处理、分布式数据库、数据挖掘、信息存储与检索、超文本和超媒体、多媒体信息与多媒体系统、数字图书馆等。

(1) 抽象形态的主要内容：表示数据的逻辑结构和数据元素之间关系的模型（如 E-R 模型、关系模型、面向对象的模型），为快速检索的文件表示（如索引），保证更新时数据库完整性（一致性）的方法，防止非授权泄露或更改数据的方法，对不同类信息检索系统和数据库（如超文本、文本、空间的、图像、规则集）进行查询的语言，允许文档在多个层次上包含文本、视频、图像和声音的模型（如超文本），人的因素和接口问题等。

(2) 理论形态的主要内容：关系代数、关系演算、数据依赖理论、并发理论、统计推理、排序与搜索性能分析以及支持理论、密码学。

(3) 设计形态的主要内容：关系、层次、网络、分布式和并行数据库的设计技术，信息检索系统的设计技术，安全数据库系统的设计技术，超文本系统的设计技术，把大型数据库映射到磁盘存储器的技术，把大型的只读数据库映射到光存储介质上的技术等。

基本问题主要包括以下几个方面。
(1) 使用什么样的建模概念来表示数据元素及其相互关系？
(2) 怎样把基本操作（如存储、定位、匹配和恢复）组合成有效的事务？
(3) 这些事务怎样才能与用户有效地进行交互？
(4) 高级查询如何翻译成高质量的程序？
(5) 哪种机器体系结构能够进行有效的恢复和更新？
(6) 怎样保护数据，以避免非授权访问、泄露和破坏？
(7) 如何保护大型的数据库，以避免由于同时更新引起的不一致性？
(8) 当数据分布在许多机器上时如何保护数据保证性能？
(9) 文本如何索引和分类才能够进行有效的恢复？

12. 软件工程

主要内容包括：软件过程、软件需求与规格说明、软件设计、软件验证、软件演化、软件项目管理、软件开发工具与环境、基于构件的计算形式化方法、软件可靠性、专用系统开发等。

(1) 抽象形态的主要内容：规约方法（如谓词转换器、程序设计演算、抽象数据类型和 Floyd-Hoare 公理化思想）、方法学（如逐步求精法、模块化设计）、程序开发自动化方法（如文本编辑器、面向语法的编辑器和屏幕编辑器）、可靠计算的方法学（如容错、安全、可靠性、恢复、多路冗余)、软件工具与程序设计环境、程序和系统的测度与评价、软件系统到特定机器的相匹配问题域、软件研制的生命周期模型等。

(2) 理论形态的主要内容：程序验证与证明、时态逻辑、可靠性理论以及支持领域：谓词演算、公理语义学和认知心理学等。

(3) 设计形态的主要内容：归约语言，配置管理系统，版本修改系统，面向语法的编辑器，行编辑器、屏幕编辑器和字处理系统，实际使用并受到支持的特定软件开发方法(如 HDM、Dijkstra、Jockson、Mills 和 Yourdon 倡导的方法)，测试的过程与实践(如遍历、手工仿真、模块间接口的检查)，质量保证与工程管理，程序开发和调试、成型，文本格式化和数据库操作的软件工具，安全计算系统的标准等级与确认过程的描述，用户接口设计，可靠容错的大型系统的设计方法，"以公众利益为中心"的软件从业人员认证体系。

基本问题主要包括以下几个方面。

(1) 程序和程序设计系统发展背后的原理是什么？
(2) 如何证明一个程序或系统满足其规格说明？
(3) 如何编写不忽略重要情况且能用安全分析的规格说明？
(4) 软件系统是如何历经不同的各代进行演化的？
(5) 如何从可理解性和易修改性着手设计软件？

13. 社会和职业的问题

主要内容包括：计算的历史、计算的社会背景、分析方法和工具、专业和道德责任、基于计算机系统的风险与责任、知识产权隐私与公民的自由、计算机犯罪、与计算有关的经济问题、哲学框架等。

该主领域属于学科设计形态方面的内容。根据一般科学技术方法论的划分，该领域中的价值观、道德观属于设计形态中技术评估方面的内容，知识产权属于设计形态中技术保护方面的内容，而 CC1991 报告提到的美学问题则属于设计形态中技术美学方面的内容。

基本问题主要包括以下几个方面。

(1) 计算学科本身的文化、社会、法律和道德的问题；
(2) 有关计算的社会影响问题，以及如何评价可能的一些答案的问题；
(3) 哲学问题；
(4) 技术问题以及美学问题。

14. 科学计算

主要内容包括：数值分析、运筹学、模拟和仿真、高性能计算等。

(1) 抽象形态的主要内容：物理问题的数学模型，连续或离散的形式化表示，连续问题的离散化技术，有限元模型等。

(2) 理论形态的主要内容：数论、线性代数、数值分析以及支持领域：包括微积分、实数分析、复数分析和代数等。

（3）设计形态的主要内容：用于线性代数的函数库与函数包，常微分方程，统计、非线性方程和优化的函数库与函数包，把有限元算法映射到特定结构上的方法等。

基本问题主要包括以下几个方面。

（1）如何精确地以有限的离散过程近似表示连续和无限的离散过程？

（2）如何处理这种近似产生的错误？

（3）给定某一类方程在某精确度水平上能以多快的速度求解？

（4）如何实现方程的符号操作，如积分、微分以及到最小项的归约？

（5）如何把这些问题的答案包含到一个有效的、可靠的、高质量的数学软件包中？

附录 A 模拟电梯系统程序设计

本课程设计的任务是根据"'模拟电梯控制'任务说明书"的规定设计实现一个模拟电梯控制的软件,这一任务可由包含 2~3 名同学的小组集体完成。通过该课程设计,希望同学们能够应用所学的知识解决实际的问题,培养和提高理论结合实际的能力,要求在求解问题的过程中:

(1) 能够进行计算抽象(自动机建模)、信息抽象(数据结构建模);
(2) 应用结构化程序设计方法,培养良好的程序设计风格与习惯;
(3) 学习了解软件开发的整个过程,学习书写简单软件文档;
(4) 学习多人合作开发软件的方法,提高合作和协同工作的能力。

A.1 任务说明书

要求根据下面的功能说明描述实现模拟电梯控制软件。

1. 电梯配置

(1) 共有 1 个电梯。

(2) 共有 maxfloor 层楼层,这里 maxfloor 暂时取做 9。

(3) 中间层每层有上下两个按钮,最下层只有上行按钮,最上层只有下行按钮。每层都有相应的指示灯,灯亮表示该按钮已经被按下,如果该层的上行或者下行请求已经被响应,则指示灯灭。

(4) 电梯内共有 maxfloor 个目标按钮,表示有乘客在该层下电梯。有指示灯指示按钮是否被按下。乘客按按钮导致按钮指示灯亮,如果电梯已经在该层停靠则该按钮指示灯灭。

(5) 另有一启动按钮(GO)。当电梯停在某一楼层后,接受到 GO 信息就继续运行。

如果得不到 GO 信息,等待一段时间也自动继续运行。

(6) 电梯内设有方向指示灯表示当前电梯运行方向。

2. 电梯的运行控制

(1) 电梯的初始状态是电梯位于第一层处,所有按钮都没有按下。

(2) 乘客可以在任意时刻按任何一个目标钮和呼叫钮。呼叫和目标对应的楼层可能不是电梯当前运行方向可达的楼层。

(3) 如果电梯正在向 I 层驶来,并且位于 I 层与相邻层(向上运行时是 $I-1$ 层或者向下运行时是 $I+1$ 层)之间,则因为安全考虑不响应此时出现的 I 层目标或者请求。如果电梯正好经过了 I 楼层,运行在 I 楼层和下一楼层之间,则为了直接响应此时出现的 I 层目标或者请求,必须至少到达运行方向上的下一楼层然后才能掉头到达 I 楼层(假设掉头无须其他额外时间),如果 I 楼层不是刚刚经过的楼层则可以在任意位置掉头,此时掉头后经过的第一个楼层不可停。

(4) 电梯系统依照某种预先定义好的策略对随机出现的呼叫和目标进行分析和响应。

(5) 乘客数量等外界因素(可能导致停靠时间的长短变化)不予考虑。假设电梯正常运行一层的时间是 $5S$,停靠目标楼层、上下乘客和电梯继续运行的时间是 $5S$。

(6) 当电梯停靠某层时,该层的乘客如果错误的按目标或呼叫按钮都不予响应。

(7) 电梯停靠某一层后,若无目标和呼叫,则电梯处于无方向状态,方向指示灯全灭,否则电梯内某个方向的指示灯亮,表示电梯将向该方向运行。等接到"GO"信号后电梯立即继续运行。若无 GO 信号,则电梯在等了上下乘客和电梯继续运行时间后也将继续运行。

(8) 当一个目标(呼叫)已经被服务后,应将对应的指示灯熄灭。

3. 电梯运行的控制策略

以下是几个候选策略。

(1) 先来先服务策略

将所有呼叫和目标按到达时间排队,然后一一完成。这是相当简单的策略,只需要设计一个将呼叫和目标排队的数据结构。因为该策略效率也很低,所以没有实际的电梯采用这种策略。

(2) 顺便服务策略

顺便服务是一种最常见的简单策略。这种策略在运行控制中所规定的安全前提下,一次将一个方向上的所有呼叫和目标全部完成。然后掉转运行方向完成另外一个方向上的所有呼叫和目标。

可以采用设定目标楼层的办法来实现这个策略,即电梯向一个目标楼层运行,但这个楼层可以修改。具体策略如下。

① 修改目标楼层的策略

a. 如果电梯运行方向向上,那么如果新到一个介于当前电梯所处楼层和目标楼层之间,又可以安全到达的向上呼叫或者目标,将目标楼层修改为这个新的楼层。

b. 如果电梯运行方向向下,那么如果新到一个介于当前电梯所处楼层和目标楼层之间,又可以安全到达的向下呼叫或者目标,将目标楼层修改为这个新的楼层。

② 确定新的目标楼层

如果电梯向上运行,当它到达某个目标楼层后,则依照以下顺序确定下一个目标楼层。

a. 如果比当前层高的楼层有向上呼叫或者目标,那么以最低的高于当前楼层的有向上呼叫或者目标的楼层为目标。

b. 如果无法确定目标楼层,那么以最高的向下呼叫或者目标所在楼层为电梯当前目标楼层。

c. 如果无法确定目标楼层,那么以最低的向上呼叫所在楼层为电梯当前的目标楼层。

d. 如果仍然不能确定目标楼层(此时实际上没有任何呼叫和目标),那么电梯无目标,运行暂停。

如果电梯向下运行,依照以下顺序确定下一目标楼层。

a. 如果比当前层低的楼层有向下呼叫或者目标,那么以最高的低于当前楼层的有向下呼叫或者目标的楼层为目标。

b. 如果无法确定目标楼层,那么以最低的向上呼叫或者目标所在楼层为电梯当前目标楼层。

c. 如果无法确定目标楼层,那么以最高的向下呼叫楼层为目标楼层。

d. 如果仍然不能确定目标楼层(此时实际上没有任何呼叫和目标),那么电梯无目标,运行暂停。

③ 最快响应策略

响应所有的现在存在的所有呼叫和目标所需时间(采用不同方案电梯停靠时间相同,所以不必考虑)最短的策略。

可选方案一是电梯先向上运行响应经过各层的目标和向上呼叫,再向下运行响应所有向下呼叫以及途经各层的目标,最后再向上响应剩余的向上呼叫。二是恰好相反,先向下,再向上,最后再向下运行。

由于呼叫和目标会随时增加,所以实际上有时这种策略并不好。另外有时这将导致电梯突然向相反的方向运行。为了防止经常性的改变方向,我们可以采用设定只有当原来的运行方向比相反方向的代价高 20% 的时候才切换方向。

④ 最短平均等待时间策略

假设每一呼叫楼层等待的人数和每一目标楼层走出电梯的人数相等。计算响应当前所有呼叫和目标全部乘客所需时间的总和(包括等待时间和电梯运行时间,对于提出呼叫而尚未进入电梯的乘客则只计算等待时间)。对于这种策略,基本上也是只有像 3 一样的两种选择方案。由于呼叫和目标会随时增加,所以实际上这种策略有时并不好,但它比最快响应时间策略较为稳定和高效。另外有时这将导致电梯突然向相反的方向运行。为了防止经常性的改变方向,我们可以采用设定只有当原来的方向比替代方向的代价高20%的时候才切换运行方向。

注意:除了先来先服务以外,我们不能预先设定固定不变电梯运行的目标楼层。

⑤ 同学们也可以自己提出新的控制策略

要求重点要实现顺便服务策略,应在一相对独立的程序块中实现控制策略,这样能方便地对其进行修改而不影响程序的其他部分。

4. 输入输出

(1) 输入

就是一系列的呼叫和目标。输入可以采用两种方法:

① 以键盘输入呼叫和目标。例如我们可以设定如下:当敲击键 1、2、3、4、5、6、7、8、9 时表示电梯内有乘客按目标按钮,指定相应目标楼层。当敲击键 Q、W、E、R、T、Y、U、I 时表示 8 层到 1 层有上行呼叫请求。当敲击键 A、S、D、F、G、、H、J、K 时表示 9 层到 2 层有下行呼叫请求。

② 将呼叫和目标写入一个正文文件,然后程序读取这些呼叫和目标数据后可以在没有人工干预的情况下模拟电梯运行情况。其中一个呼叫/目标占一行,包括如下内容。

呼叫和目标的编号,统一编号,从 0001 开始,占 4 个字节。

该输入的时间,以整数表示,从小到大排列,占 4 个字节,从 0000 开始,单位 s。

呼叫/目标/GO/结束,表明该行是什么。0 表示呼叫,1 表示目标。2 表示 GO,3 表示输入到此结束,占一个字节。

目的楼层,仅用与呼叫或者目标,呼叫所在楼层或者目标楼层,占一个字节。

呼叫方向,仅用于呼叫,0 表示上行,1 表示下行,占一个字节。

每个数据项之间用一个空白字符隔开。不必考虑检查数据的正确性。

(2) 输出

① 电梯运行的动画显示:包括显示各按钮指示灯的亮灭情况、电梯方向指示灯和电梯位置及运行情况。

② 电梯运行情况的记录(结果)文件。

记录文件也是文本文件,每一行表示一次停靠,包括以下内容。

停靠时间:开始停靠某楼层的时间,以整数表示,从小到大排列,占 4 个字节,从 0 开始,单位 s。

楼层:停靠的楼层,占一个字节(1~9)。

每个数据项之间用一个空白字符隔开。程序中不必考虑检查数据的正确性。

5. 基本的要求和较高的要求

以下内容仅供有余力的同学参考实现。

(1) 程序的运行方式

如果输入从数据文件中取得,则程序的运行应该有两种方式,动画方式、快速方式和完全方式。如果输入从键盘输入,那么必须采用动画方式,否则因为我们来不及输入呼叫和目标而没有意义。

① 动画方式花费较长的时间来直观地模拟电梯运行。
② 快速方式则没有动画,只是生成记录文件。
③ 完全方式花费较长的时间来直观地模拟电梯运行,同时生成记录文件。

基本要求只实现动画方式。

(2) 控制策略

基本要求实现先来先服务和顺便服务策略,可以指定电梯模拟系统使用不同的策略。较高的要求是可以在多个策略之间由我们控制进行切换。

(3) 输入输出

基本要求实现键盘输入、动画输出。

(4) 统计分析

统计分析每个乘客乘电梯花费的平均时间。

如果实现了多个策略,则可以对不同策略加以比较。

(5) 程序的适应性考虑

例如如何不要作很多修改就可以适应楼层数改变(例如增加到 30 层)等等。

A.2 程序设计步骤

1. 人员组织准备

2~3 人自由组合成一个小组来完成本课程设计。要求每组有一个组长,负责组织工作和程序总体结构与模块接口的协调,负责分配任务以及作出决策。

每组还要有一个文档员,文档员负责小组正式会议的记录工作以及其他文档的最后的整理定稿工作。

要求小组每周至少举行一次正式会议,请同学们考虑如何才能使会议有效率。

在软件开发全过程中,该阶段大约占用 5% 以下的时间。

2. 明确任务

学习任务说明书,对它进行必要的剪裁和补充。

在软件开发全过程中,该阶段大约占用 15%~25% 的时间。

3. 总体设计与任务划分

将系统划分为若干个功能模块。要求首先要明确定义功能模块的接口,包括各模块之间的调用关系、功能模块名和调用它的参数,另外还要明确高层次的算法和重要的数据结构。然后将任务分配到人,各个同学的工作量不应相差太大。要注意到组长负责小组工作的协调需要一定的工作量,文档工作也有一定工作量。以后的详细设计中功能模块的接口除非发生无解的情况,否则不应该被轻易修改。

在软件开发全过程中,该阶段大约占用10%~15%的时间。

4. 详细设计

对分给自己的模块的分析设计,包括局部数据结构和算法,要求使用某一种详细设计辅助工具(例如伪代码、N-S图等)写出详细设计的文档。

在软件开发全过程中,该阶段大约占用15%~25%的时间。

5. 编程

在设计比较大的程序时尤其要注意程序设计风格。

在软件开发全过程中,该阶段大约占用10%~20%的时间。

6. 调试

调试的要点在于定位错误,所以请考虑如何才能高效率做到这一点,特别地,要知道是谁的那部分程序有错误,然后让他来改正自己的错误。

作业完成后需要:
- 演示模拟控制软件的运行情况;
- 提交完整的作业报告文档。

A.3 需要提交的文档

要求提交的阶段性文档是完善的任务书、总体设计说明书(含任务划分说明)、详细设计说明书和程序清单。另外还要求提交会议纪要。既可以提交书面的文档,也可以提交电子文档。注意每一阶段的文档不应该在实验结束后补写,而应该是在实验进行中书写,同时指导整个实验过程。

1. 会议纪要

记录本小组组长、成员基本情况及指导教师姓名,小组正式会议的记录,包括主持人,记录人,参加人,讨论问题概要、进展情况等,在其他文档中出现的内容可以少记或不记,每次记录以一页左右为宜。

2. 完善的任务书

对任务说明书的补充,然后自己写一个非常完整的任务书。

3. 总体设计与任务划分

要求用某种方式写出总体结构,明确说明任务的划分情况以及各模块之间的接口。对影响全局的其他程序结构、数据结构进行说明。

4. 详细设计

每个人对分给自己的模块进行分析设计,确立程序结构,定义局部数据结构和算法设计等。以伪代码、N-S 图等良好的形式给出。将各人的设计汇总,以小节方式列出。电梯控制策略的详细说明应该包含在这一部分。

5. 程序清单

要注意程序风格。

6. 测试报告

要求给出用 2～4 个包含多个呼叫及目标的实际例子(即运行过程)对软件进行测试,记录获得的结果并判断程序是否正确工作。

7. 使用说明

对生成的可执行文件名,启动方法及使用方法进行必要的说明(例如键的分配)。

8. 体会、评论与收获

必写,内容随意。在组间交流会上进行口头经验交流。

A.4 系统接口和程序总体结构

1. 软硬件环境

一个软件的开发总是要在一定的软硬件环境下进行,模拟电梯控制软件的开发环境除了我们要编写的 C 语言程序外,还包括一组已经编制好的子程序以及一些给出的数据定义,它们的主要功能是表示电梯系统参数,模拟电梯运行以及处理各类信号的输入输出。要注意利用它们提供的一些控制显示和键盘输入的函数和过程来简化输入和输出(包括动画)的设计。当然也可以利用编程语言提供的函数和过程来完成输入和输出。

2. 模拟电梯的显示以及信号的输入输出

输入信号包括 2×maxfloor－2 个呼叫按钮,maxfloor 个目标按钮,以及一个 GO 按钮,我们可以自行定义如下:

键	呼叫按钮	键	目标按钮
G	5下	5	5
T	4上	4	4
H	4下	3	3
Y	3上	2	2
J	3下	1	1
U	2上	G	GO
K	2下		
I	1上		

电梯模拟图形及指示灯输出：
自行定义

3. 程序的总体结构

下面的内容仅供参考。

我们可以在主程序中写如下两个过程调用：

  Configure;

  Simulation;

前者在进行模拟前设置一些参数，这比较简单。而后者则是进行仿真模拟，这相当复杂，所以下面我们就来讨论如何设计 Simulation。

这一类的模拟仿真程序有一个共同的特点是要模拟某个系统在一段时间内的情况，所以我们很自然地要从时间上对该问题进行分解，就是说

```
Simulation()
{
    Initialize;{初始化过程}
DO
        Lift_status();{计算电梯状态在这一时刻的变化,例如到达某层,就要设
        定为已经完成了该层的目标,同时将电梯停下来等}
        Writemessage();{输出信息(包括动画)}
        Getinput();{接收当前时刻的新输入(包括新目标和新呼叫)}
        Control();{调用控制策略程序决定电梯该如何运动}
        Time = time + 1;{推进仿真时间,假定每一秒电梯进行上述操作一次}
    While not endcondition;
}
```

这就是可以模拟电梯系统的基本结构了。这个程序结构的基本思想就是模拟了电梯每个时刻做的几件事情，然后将时间向后推移一个时间单位，然后再做那几件事，于是就模拟了电梯的工作状态。

以下的进一步细化工作在此不再赘述。

参 考 文 献

1. Behrouz A. Forouzan. 刘艺,段立,钟维亚,等,译. 计算机科学导论. 北京:机械工业出版社,2004
2. 张长海,陈娟. C 程序设计. 北京:高等教育出版社,2004
3. 张尧学,史美林. 计算机操作系统教程(第 2 版). 北京:清华大学出版社,2000
4. 张素琴,吕映之,等. 编译原理. 北京:清华大学出版社,2005
5. Bernard Kolman. 离散数学结构(第 4 版) 北京:高等教育出版社,2001
6. 王柏,杨娟. 形式语言与自动机. 北京:北京邮电大学出版社,2003
7. Peter Linz. 孙家骕,等,译. 形式语言与自动机导论. 北京:机械工业出版社,2005
8. 中国计算机科学与技术学科教程 2002 研究组. 中国计算机科学与技术学科教程 2002. 北京:清华大学出版社,2002